普通高等教育农业农村部"十三五"规划教材

 "大国三农"系列规划教材

 普通高等教育"十四五"规划教材

食品胶体学

李 媛 王 鹏 主编

U0219191

中国农业大学出版社
·北京·

内 容 简 介

本书是国内首部将胶体学与食品科学交叉的新型教材。本书以胶体科学理论的系统介绍为基础，在胶体学中有机融合了物理化学、生物化学、营养学等相关内容；为食品原料和功能基料的提取、加工、贮藏及其在人体内的消化和吸收提供了新的视角；为食品组分的相互作用、食品胶体稳定性、新型食品研发和功能食品配方等研究领域提供了新的参考方向；为特医食品、3D打印食品、分子重构食品和人造肉类等未来食品的研究领域提供了科学支撑。本书采取纸质版与视频二维码相结合的方式，体现了丰富的学科特色和思政特色，对完善食品专业学科建设、促进学科发展、培养多学科交叉和创新实践型人才具有重要的指导意义。

图书在版编目(CIP)数据

食品胶体学 / 李媛，王鹏主编. -- 北京：中国农业大学出版社，2023.1(2023.10 重印)
ISBN 978-7-5655-2701-2

Ⅰ.①食…　Ⅱ.①李…②王…　Ⅲ.①食品化学-胶体化学-高等学校-教材　Ⅳ.①TS201.7

中国版本图书馆 CIP 数据核字(2021)第 262208 号

书　　名	食品胶体学
	Shipin Jiaotixue
作　　者	李　媛　王　鹏　主编

策划编辑	张　程	**责任编辑**	张　程　刘　聪
封面设计	郑　川　李尘工作室		
出版发行	中国农业大学出版社		
社　　址	北京市海淀区圆明园西路 2 号	**邮政编码**	100193
电　　话	发行部 010-62733489,1190	**读者服务部**	010-62732336
	编辑部 010-62732617,2618	**出 版 部**	010-62733440
网　　址	http://www.caupress.cn	**E-mail**	cbsszs@cau.edu.cn
经　　销	新华书店		
印　　刷	涿州市星河印刷有限公司		
版　　次	2023 年 1 月第 1 版　2023 年 10 月第 2 次印刷		
规　　格	185 mm×260 mm　16 开本　14.5 印张　360 千字　彩插 1		
定　　价	68.00 元		

图书如有质量问题本社发行部负责调换

普通高等学校食品类专业系列教材

编审指导委员会委员

（按姓氏拼音排序）

编 审 人 员

出 版 说 明
（代总序）

岁月如梭，食品科学与工程类专业系列教材自启动建设工作至现在的第 4 版或第 5 版出版发行，已经近 20 年了。160 余万册的发行量，表明了这套教材是受到广泛欢迎的，质量是过硬的，是与我国食品专业类高等教育相适宜的，可以说这套教材是在全国食品类专业高等教育中使用最广泛的系列教材。

这套教材成为经典，作为总策划，我感触颇多，翻阅这套教材的每一科目、每一章节，浮现眼前的是众多著作者们汇集一堂倾心交流、悉心研讨、伏案编写的景象。正是大家的高度共识和对食品科学类专业高等教育的高度责任感，铸就了系列教材今天的成就。借再一次撰写出版说明（代总序）的机会，站在新的视角，我又一次对系列教材的编写过程、编写理念以及教材特点做梳理和总结，希望有助于广大读者对教材有更深入的了解，有助于全体编者共勉，在今后的修订中进一步提高。

一、优秀教材的形成除著作者广泛的参与、充分的研讨、高度的共识外，更需要思想的碰撞、智慧的凝聚以及科研与教学的厚积薄发。

20 年前，全国 40 余所大专院校、科研院所，300 多位一线专家教授，覆盖生物、工程、医学、农学等领域，齐心协力组建出一支代表国内食品科学最高水平的教材编写队伍。著作者们呕心沥血，在教材中倾注平生所学，那字里行间，既有学术思想的精粹凝结，也不乏治学精神的光华闪现，诚所谓学问人生，经年积成，食品世界，大家风范。这精心的创作，与敷衍的粘贴，其间距离，何止云泥！

二、优秀教材以学生为中心，擅于与学生互动，注重对学生能力的培养，绝不自说自话，更不任凭主观想象。

注重以学生为中心，就是彻底摒弃传统填鸭式的教学方法。著作者们谨记"授人以鱼不如授人以渔"，在传授食品科学知识的同时，更启发食品科学人才获取知识和创造知识的思维与灵感，于润物细无声中，尽显思想驰骋，彰耀科学精神。在写作风格上，也注重学生的参与性和互动性，接地气，说实话，"有里有面"，深入浅出，有料有趣。

三、优秀教材与时俱进，既推陈出新，又勇于创新，绝不墨守成规，也不亦步亦趋，更不原地不动。

首版再版以至四版五版，均是在充分收集和尊重一线任课教师和学生意见的基础上，对新增教材进行科学论证和整体规划。每一次工作量都不小，几乎覆盖食品学科专业的所有骨干课程和主要选修课程，但每一次修订都不敢有丝毫懈怠，内容的新颖性，教学的有效性，齐头并进，一样都不能少。具体而言，此次修订，不仅增添了食品科学与工程最新发展，又以相当篇幅强调食品工艺的具体实践。每本教材，既相对独立又相互衔接互为补充，构建起系统、完整、实用的课程体系，为食品科学与工程类专业教学更好服务。

四、优秀教材是著作者和编辑密切合作的结果，著作者的智慧与辛劳需要编辑专业知识和奉献精神的融入得以再升华。

同为他人作嫁衣裳，教材的著作者和编辑，都一样的忙忙碌碌，飞针走线，编织美好与绚丽。这套教材的编辑们站在出版前沿，以其炉火纯青的编辑技能，辅以最新最好的出版传播方式，保证了这套教材的出版质量和形式上的生动活泼。编辑们的高超水准和辛勤努力，赋予了此套教材蓬勃旺盛的生命力。而这生命力之源就是广大院校师生的认可和欢迎。

第1版食品科学与工程类专业系列教材出版于2002年，涵盖食品学科15个科目，全部入选"面向21世纪课程教材"。

第2版出版于2009年，涵盖食品学科29个科目。

第3版(其中《食品工程原理》为第4版)500多人次80多所院校参加编写，2016年出版。此次增加了《食品生物化学》《食品工厂设计》等品种，涵盖食品学科30多个科目。

需要特别指出的是，这其中，除2002年出版的第1版15部教材全部被审批为"面向21世纪课程教材"外，《食品生物技术导论》《食品营养学》《食品工程原理》《粮油加工学》《食品试验设计与统计分析》等为"十五"或"十一五"国家级规划教材。第2版或第3版教材中，《食品生物技术导论》《食品安全导论》《食品营养学》《食品工程原理》4部为"十二五"普通高等教育本科国家级规划教材，《食品化学》《食品化学综合实验》《食品安全导论》等多个科目为原农业部"十二五"或农业农村部"十三五"规划教材。

本次第4版(或第5版)修订，参与编写的院校和人员有了新的增加，在比较完善的科目基础上与时俱进做了调整，有的教材根据读者对象层次以及不同的特色做了不同版本，舍去了个别不再适合新形势下课程设置的教材品种，对有些教材的题目做了更新,使其与课程设置更加契合。

在此基础上,为了更好满足新形势下教学需求,此次修订对教材的新形态建设提出了更高的要求,出版社教学服务平台"中农 De 学堂"将为食品科学与工程类专业系列教材的新形态建设提供全方位服务和支持。此次修订按照教育部新近印发的《普通高等学校教材管理办法》的有关要求,对教材的政治方向和价值导向以及教材内容的科学性、先进性和适用性等提出了明确且具针对性的编写修订要求,以进一步提高教材质量。同时为贯彻《高等学校课程思政建设指导纲要》文件精神,落实立德树人根本任务,明确提出每一种教材在坚持食品科学学科专业背景的基础上结合本教材内容特点努力强化思政教育功能,将思政教育理念、思政教育元素有机融入教材,在课程思政教育润物细无声的较高层次要求中努力做出各自的探索,为全面高水平课程思政建设积累经验。

教材之于教学,既是教学的基本材料,为教学服务,同时教材对教学又具有巨大的推动作用,发挥着其他材料和方式难以替代的作用。教改成果的物化、教学经验的集成体现、先进教学理念的传播等都是教材得天独厚的优势。教材建设既成就了教材,也推动着教育教学改革和发展。教材建设使命光荣,任重道远。让我们一起努力吧!

罗云波

2021 年 1 月

序　一

自人类文明诞生以来,人类就开始使用分散体系的科学技术指导日常生活长达几千年;从使用黏土、油漆和墨水等材料,到将食材加工成美味的食品,这样的例子不胜枚举。在 18—19 世纪自然科学蓬勃发展之际,这一分散体系的科学被定义为胶体科学(Colloids Science),其中英国科学家 Graham、Ridead 和荷兰科学家 Kruijt、Overbeek 对学科的发展做出了重大的贡献。如今,我们将胶体科学重新定义为一门研究多相体系中粒子相互作用的学科。它是一门集生物学、化学以及分子和粒子相关物理学的交叉学科。食品就是由胶体构成的,因此胶体科学理论是探究食品体系结构和功能的科学问题的关键。因此,撰写一本理论和实践相结合的食品胶体学教科书对食品科学与工程专业的教学、科研、企业技术应用和产品开发都是十分必要的。

《食品胶体学》适用于中国高校教师、研究生、本科生以及食品企业研发人员等。该书涵盖了食品胶体的历史回顾、基本概念、重要理论、前沿技术和未来展望等以及对食品加工、稳定性、机械特性、表征方法、功能和感官特性进行了详细和深入的讨论;还包括许多实践案例及前沿研究。

我非常高兴地看到中国学术界正在将胶体科学作为食品科学教学的中心框架,并且由衷地感激能将我们荷兰瓦赫宁根大学食品胶体科学交叉理论带到中国,播撒知识的种子。我很高兴我的博士生李媛把我教给她的知识传授给她在中国的学生。我希望《食品胶体学》能够为读者们带来有用的知识指导,开阔新的视野和受到启发,在这一全新而美好的学科中收获硕果。

Prof. Martien Cohen Stuart

荷兰皇家科学院院士
荷兰瓦赫宁根大学研究中心
2021 年 5 月 10 日

Preface

Mankind has been dealing with the technology of disperse systems since the dawn of civilization: the use of materials like ink, paint, and clay, but also the processing of food to an edible product, can be traced back many millennia. When the Natural Sciences took shape during the 18th and 19th century, the term *Colloids Science* was coined for the study of such systems, and in particular British (Graham, Rideal) and Dutch (Kruijt, Overbeek) scientists contributed a lot to its later development. Today, we define Colloid Science as the science of heterogeneous matter; it finds itself at the cross-roads of the natural sciences: chemistry, biology, and the physics of molecular and particle collectives. As such it is key to the understanding of food products, and therefore a textbook about food colloids is an indispensable course element for any student of Food Science.

Food Colloids Science is such a textbook for teachers, Masters and Bachelors at Chinese universities, also for product developer for food industry. It covers both basic concepts, history, chemical and physical principles, as well as detailed and in-depth discussions of food processing, stability, mechanical properties, characterization methods, and sensory properties. It also includes many case studies for practice.

I am very glad to see that the academic community in China is adopting colloid science as a central framework for the purpose of teaching food science, and most grateful that the teachings in our laboratory have become the seeds of knowledge so far away from home. I am glad that my student Yuan Li had transferred the knowledge I taught to her to the students in China. It is my wish that students of *Food Colloids Science* will not only enjoy it as a field guide, but will also be inspired to bring new insights to their beautiful subject, and thereby make it grow and bear fruit.

Prof. Martien Cohen Stuart

Academician of Royal Dutch Academy of Science (KNAW)
Wageningen University and Research Center, The Netherlands
10th May, 2021

序　二

　　食品科学是人民高质量健康生活的基本保障。无论是食品生产加工技术的突破，还是食品质量与安全问题的控制，以及营养健康食品的研发都是关系到国计民生的大事。食品本身通常是由多种不同类型的胶体颗粒或凝胶形成的复杂体系。"食品胶体学"正成为涵盖物理化学、生物化学、营养学和食品科学等多学科的交叉领域。它为食品原料和功能基料的提取、加工、贮藏、体内消化和营养吸收等奠定了科学的理论基础，是食品科学的新兴学科发展方向，近几年来国内外相关研究领域科研工作者已普遍达成共识。

　　食品胶体学的概念最早由西方学者提出，目前已成为欧美、日本等高校食品科学专业的必修课。食品胶体学也成为国际上著名的与食品相关的跨国集团如联合利华、嘉吉等研发部门的重要发展方向。食品胶体学在研究食品组分的相互作用、食品胶体稳定性、新型食品研发和功能食品配方等领域发挥着重要作用，也将成为特医食品、3D打印食品、分子重构食品和人造肉类等未来食品研究领域的科学支撑。我国食品胶体学的研究晚于欧美和日本。当前大部分高校在食品胶体学基础教育的课程设置和人才培养模式等方面还处在不断探索阶段，也缺乏适宜的食品胶体学相关的教材。因此，编写出版一部专业性强的高水准的有关食品胶体学的教材，对完善食品专业学科建设、促进学科发展、培养多学科交叉和创新实践型人才具有重大的现实意义。

　　在我国全面建成小康社会取得伟大历史性成就、决战脱贫攻坚取得全面胜利之际，为祖国培养实现第二个百年奋斗目标的专业人才，是所有高等院校学科教育的神圣使命。这部教材的编者都是来自我国顶尖食品学科院校从事食品胶体学研究的专家、学者。他们根据学科的前沿性、创造性和应用性的编写需求，结合食品专业的学科特点及教学要求，融入长期积累的教学与工作经验，编写完成了这部兼具科学性和实用性的教材。同时，也将思政建设融入教材编写，培养具有社会主义核心价值观的创新实践型人才。在此我向所有辛勤付出的编者表示诚挚的敬意和衷心的感谢，也要感谢中国农业大学出版社对本教材顺利出版给予的鼎力支持。我衷心希望这部教材的问世能为我国食品学科建设和专业人才培养起到极大的促进作用，也为国际上胶体与界面学科的发展注入新的力量。

中国科学院化学研究所

2021 年 12 月 12 日于北京

前　　言

　　《食品胶体学》是列入普通高等教育农业农村部"十三五"规划的新编教材。本教材主要面向高校高年级学生,章节安排着重于食品胶体的基础知识和产业化应用,并兼顾食品胶体领域的前沿热点。本教材在分子、纳米和介观尺度上对食品胶体展开介绍,引导读者利用物理化学、材料科学和软物质科学的多学科交叉理论和实验手段去理解食品胶体。书中重点介绍了食品胶体的热动力学、相互作用力、界面特性,以及食品凝胶、分子自组装、功能因子递送载体等,以及上述内容与食品体系的反应、感官品质,胶体稳定性、乳化性、流变和营养吸收等性质之间的联系。书中还引入了食品功能性胶体的最新研究进展。

　　食品专业是一个应用性很强的专业门类,本教材是以产业需求为导向编写的。近年来,食品胶体的相关知识不断被应用于食品生产、加工、贮藏等产业链,有效解决了食品营养、安全和新资源开发等产业问题,推动着食品产业的转型升级,而悄然兴起的大健康食品产业和未来食品产业,更给以功能性食品胶体为基础的新型食品设计带来了新的机遇。然而,与西方国家相比,目前我国食品胶体学的理论研究相对薄弱,在产业化中的应用还较为欠缺,缺乏理论和实践相结合的、系统的本科生教材。因此,我们组织了9所高校和科研院所的相关专家编写了《食品胶体学》。

　　从学科建设角度看,食品学是一个典型的交叉学科。众多从事食品专业教学的人员一直在探索,如何从食品的角度将物理化学、材料科学、软物质科学等传统基础学科进行重构,将其交叉融合成一门与食品学科建设和人才培养的优化升级相匹配的课程。《食品胶体学》本着"厚基础、强应用、重创新"的原则,构建了物理化学、胶体科学和食品科学之间相互联系的理论知识网络集群;引入国内外最新的食品胶体科研成果,促进最新的"研"资源及时转化为"教"资源;注重引导学生利用胶体学知识探究不同食品体系形成和变化的机理、设计新型食品结构,培养具有创新能力的高素质食品人才。

　　本书邀请了食品胶体学科研一线并取得了一定成绩的青年教师撰写,他们主要负责与自己科研领域相关的章节,并分别在各自高校承担着食品胶体的相关课程教学,具有丰富的科研和教学经验。第一章由福州大学的黄彦和中国农业大学的刘锦芳共同撰写,第二章由湖南农业大学的罗洁撰写,第三章由南京农业大学的王鹏撰写,第四章由广州大学的袁杨撰写,第五章由华南理工大学的万芝力撰写,第六章由浙江工商大学的章悦撰写,第七章由中国农业大学的王鹏杰撰写,第八章由西北农林科技大学的刘夫国撰写,第九章

由中国农业大学的李媛撰写,第十章由华中农业大学的李艳撰写。全书由中国农业大学的任发政和中国科学院化学研究所的李峻柏主审。同时,我们还专门设计了教学动画视频帮助学生理解一些重要的基础理论,也附上本领域最新的研究成果和相关文献,以便扩展学生阅读。本次重印结合实际教学,在相关章节中融入党的二十大精神内容,便于同学们学习理解,提高教学效果。

虽然编写团队对本教材高度重视,但是由于学科内容广泛且编写时间仓促,疏漏和不足之处,祈盼诸位同仁和其他读者指正。

李 媛 王 鹏

2023 年 9 月

目　　录

1
绪　　论

食品胶体科学（food colloids science）是涵盖食品科学、物理化学、材料科学等多学科的交叉领域，是研究多组分、多相食品分散体系的一门学科。除了少数几类由单一液相构成的食品以外（如酒、白醋），一般的食品中或多或少都有胶体体系存在。为了更好地描述和解释这些食品胶体的复杂行为与性质，需要借鉴胶体化学、高分子物理等学科的基本理论，并将其与食品体系中的应用场景结合。由此，食品胶体科学伴随着典型的交叉学科特征应运而生。当我们讨论一个食品的品质变化时，重点关注 2 点：①它会朝着什么方向变化；②这一变化将在多长时间内发生。这 2 点分别对应着这一变化的热力学和动力学过程。本书将同样以食品胶体体系变化中的热力学与动力学讨论为基础，探究其对食品质构、加工性质、组分相互作用、稳定性、表界面性质等方面的影响，并进一步阐释以上因素如何决定不同类型的食品功能性胶体的最终性质。

在本章中，我们将着重介绍食品胶体的宽泛内涵，典型的食品胶体体系及其特性、食品胶体科学的发展进程，以及这一学科在国内发展的简要历史。

1.1　食品胶体

1.1.1　食品胶体的定义与特征

食品胶体是由食品大分子、硬颗粒及其聚集体分散在连续相中构成的胶体体系。胶体（colloid）一词源自希腊文 κολλα（胶），于 1861 年由英国科学家 Thomas Graham 率先提出，但是，直到 1907 年，俄国化学家 Benmaph 才给出胶体明确的定义：分散相粒子至少在一个尺度上的大小处在 1～100 nm 范围内的分散系统即为胶体。由此可见，胶体系统是多种多样的，胶体是物质存在的一种特殊状态，而不是一种特殊物质，不是物质的本性。食品胶体定义的出现始于 20 世纪 80 年代对食品乳状液的研究。与化学学科对胶体的定义略有不同的是，由于食品分散体系往往更复杂，尺寸分布更广，所以将分散相粒子尺度在几纳米到几微米范围内的食品分散体系都称为食品胶体。

胶体的特征主要为：存在明显光散射（图 1-1）；连续相和分散相之间存在巨大的界面，其体系存在的界面自由能远大于粗分散体系；胶粒之间存在相互作用，包括静电作用、疏水作用、氢键等，这些相互作用力决定着胶体的稳定性。同样地，这些作用力在食品胶体体系中也决定着食品质构、稳定性等性质。食品胶体科学的研究，也多是基于对食品胶体体系的表界面性质、作用力等特性的讨论而进行的。

图 1-1　光束透过真溶液（左一）和胶体连续相体系（左二到右一）的效果图（丁达尔效应）

食品胶体体系属于分散体系。分散体系是指一种物质或几种物质高度分散到另一种物质（称为分散介质）中所形成的体系。分散相（dispersed phase）是指分散体系中不连续的部分，即被分散的物质或者颗粒，如牛奶中的酪蛋白胶束和油滴。连续相（continuous phase）是指分散体系中连续的部分，又称分散介质，如牛奶中的水。分散体系和胶体体系的分类可以依据分散相的尺寸、分散相连续相的相态、分散相的尺寸分布等方式进行。

①根据分散相粒子的大小可将分散体系分为3种（表1-1），其中食品分散体系的尺度通常介于1 nm～1 cm，以乳制品胶体体系和其他常见食品胶体体系为例，常见食品胶体分散体系的尺度分布见图1-2。

表 1-1　3 种分散体系的特征

分散体系类别	粗分散体系	胶体体系	分子分散体系
粒子尺寸	$>1\ \mu m$	$1\ nm\sim1\ \mu m$	$<1\ nm$
体系	多相体系	多相体系	多相体系
是否有界面	悬浊液	有界面	均一，无界面
是否易沉淀	易沉淀	难沉淀	难沉淀

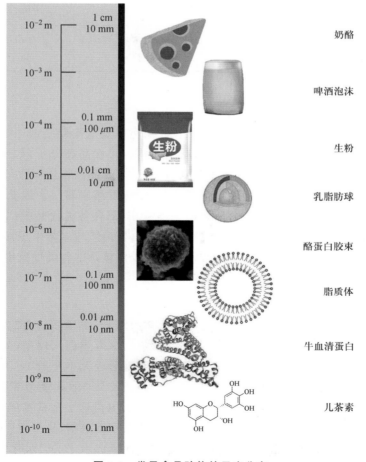

图 1-2　常见食品胶体的尺度分布

②根据分散相及连续相的状态可将分散体系分为气-液体系、气-固体系、固-固体系和液-液体系等。食品胶体本身是一种复杂的、多组分的多相分散体系。根据分散相及分散介质的状态，我们也可将常见食品胶体体系分为以下 7 种（表 1-2）。

③根据食品胶体分散相的形貌、性质和分布情况可将分散体系分为单分散体系（monodispersed system）和多分散体系（polydispersed system）。单分散体系中粒子种类单一，粒径分布范围较窄，粒子大小基本一致；多分散体系中同时包含不同粒子如液滴、固体颗粒或气泡等，粒径分布范围较宽，粒子大小有一定差异，形状或电荷等也不尽相同，实际胶体体系大多数属于这种情况。

表 1-2　常见食品胶体体系的分类

分散相	连续相	名称	举例
液	气	气溶胶	弥漫香气的雾
固		粉末	奶粉、淀粉、砂糖
气	液	泡沫	搅奶油、啤酒沫
液		乳胶体	牛奶、黄油、蛋黄酱
固		溶胶	果蔬汁、肉汤、鸡蛋羹
气	固	固态泡沫	冰激凌、面包、饼干
液		固体凝胶	鱼子、果冻、果酱

1.1.2　食品胶体的组成

食品胶体中常见的连续相主要包括：空气、水、油脂以及聚集凝结成三维网络状态的蛋白质、多糖等大分子。食品胶体体系中常见的分散相包括：①食品高分子（如蛋白质、多糖、脂肪和可食性的合成高聚物），分子量从数万至数百万不等；②食品软物质颗粒，包括气泡、油滴、胶束、高聚物复合体等；③食品硬物质颗粒，包括冰晶、植物纤维颗粒等。因此，蛋白质和多糖作为食品的重要组成成分，其无论作为分散相还是连续相，都在各类食品中广泛存在。同时，与水和油脂这类分子结构和相行为相对简单的物质相比，蛋白质与多糖由于其复杂、多变和可随环境变化的分子构型与分子间相互作用，常常在食品胶体体系的各类性质中起着决定性作用，因此是食品胶体科学和工业中相关研究的重点对象。

1.1.2.1　食品高分子分散相

蛋白质是高分子有机化合物，常见的蛋白质有大豆蛋白、乳清蛋白、酪蛋白、肌球蛋白等，其分子直径为 2～20 nm，其空间结构各异，包括流线型（如酪蛋白）、球型（如 β-乳球蛋白）、棒状（如肌纤维蛋白）。蛋白质在连续相中（一般为水相）易形成大小介于 1～100 nm 的质点，因此蛋白质具有布朗运动、光散射现象、不能透过半透膜以及具有吸附能力等胶体的一般性质。

蛋白质胶体的稳定性依赖于蛋白质的水化层和表面电荷这 2 个基本因素（图 1-3）。由于蛋白质表面带有如—NH_3^+、—COO^-、—OH、—SH 等亲水性基团，易于发生水合作用（hydration），每 1 克蛋白质可结合 0.3～10 g 水，使蛋白质表面形成水化层。水化层使蛋白质之间相互隔开，避免蛋白质因聚集而沉淀。蛋白质胶体在等电点状态时净电荷为零，在非等电点状态

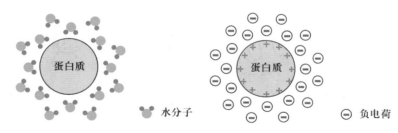

图 1-3　蛋白质的水化层（左）和表面电荷（右）

时，蛋白质带同性电荷，即在酸性溶液中带正电荷，在碱性溶液中带负电荷，与其周围的反离子构成稳定的双电层。蛋白质分子间表面双电层的同性电荷相互排斥，能阻止其聚集。根据蛋白质胶体稳定性原理，通过破坏这两个主要的稳定因素，蛋白质分子间的引力会增加而聚集沉淀，如盐析法、有机溶剂沉淀法。如果加入适当的试剂使蛋白质分子处于等电点状态或失去水化层，蛋白质胶体也将不再稳定并产生沉淀。蛋白质由于同时具有亲水和疏水区域而具有两亲性，两亲性使蛋白质可以稳定存在于油水界面，具有优异的乳化特性，因此蛋白质在食品中经常被用作乳化稳定剂，此特性会在食品乳化部分进行具体讨论；同时，蛋白质在加热情况下疏水基团暴露，增强其凝胶性，可以通过疏水相互作用形成凝胶（例如，煮鸡蛋）。有些特殊的蛋白质分子，例如，胶原蛋白可以通过氢键作用形成三股螺旋交界区域，以形成热可逆凝胶，在肉皮冻和布丁食品中应用。

多糖（polysaccharide）是由多个单糖分子缩合失水而成的糖类物质，分子质量从几万到几千万不等，其结构单位之间以糖苷键相连接形成直链或支链大分子，直链一般以 α-1,4-糖苷键（如淀粉）和 β-1,4-糖苷键连成；支链中链与链的连接点通常是 α-1,6-糖苷键。多糖在自然界分布极广，如构成动植物细胞壁的肽聚糖和纤维素，可以储藏养分并具有特殊生物活性的糖原和淀粉等。

由于多糖类物质的分支中含有大量的极性基团，所以对水分子具有较大的亲和能力，导致多糖类物质在食品中具有限制水分流动的作用。同时，多糖分子在体系中以无规线团的形式存在，其紧密程度与单糖的组成和连接形式密切相关。多糖在体系中旋转时需要占据大量空间，使多糖分子彼此碰撞的概率提高，分子间摩擦力增加，从而增加体系黏度，起到增稠效果。如图 1-4 所示，多糖的分子链构象、尺寸与多糖的分子量、支链含量和带电量密切相关，同属直链或支链的多糖，分子量越大，黏度越高；相同分子量的多糖，支链多糖分子比直链多糖分子占有的空间体积小，因而分子相互碰撞的概率降低，黏度降低；带电荷的多糖分子由于同种电荷之间的静电斥力，导致链伸展、链长增加，体系的黏度大大增加。

多糖还具有较好的凝胶性质，在食品中应用广泛。例如，海藻酸钠、果胶可以和钙离子配位形成凝胶，卡拉胶可以和钾离子配位形成凝胶，在果冻等产品中应用较多，更多案例会在食品凝胶部分阐述。

多糖形成的胶体体系稳定性与分子结构密切相关。不带电荷的直链多糖由于形成胶体体系后分子之间可以通过氢键相互结合，随着时间的延长，结合程度逐渐增加，易形成分子结晶并在重力作用下沉淀。支链多糖胶体体系也会因多糖分子凝聚而变得不稳定，但速度较慢。带电荷的多糖由于分子间相同电荷的斥力，其胶体体系稳定性较高。

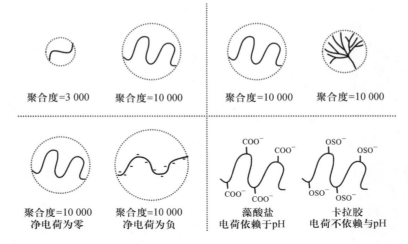

图 1-4　不同聚合度、支链化程度、带电情况多糖的示意图

1.1.2.2　食品软物质颗粒分散相

食品软物质通常是由食品高分子、油滴、表面活性物质构成的一类复合结构,包括乳液、凝胶、胶束、自组装纳米管、脂质体、微胶囊等。这类复合结构的生成往往是通过食品分子间的物理相互作用实现的,例如,离子键、疏水作用、氢键等,与共价键和分子结晶结构相比具有可逆性,因此这些复合结构的机械强度较弱、结构可控性高且能根据外界环境和刺激发生变化,所以被称为软物质。食品软物质作为分散相占据了食品胶体体系中极大的部分,生活中常见的食品胶体几乎都可以囊括到这一范畴内。

1.1.2.3　食品硬物质颗粒分散相

食品胶体中也存在以硬颗粒和晶体为分散相的体系,例如,玉米醇溶蛋白分散液、冰激凌中的冰晶、芝麻糊等各类糊状食品中的固体颗粒等。对于这类胶体来说,固体颗粒的尺寸对食物口感的影响显著,大尺寸的颗粒往往会破坏食品追求的细腻口感。然而,这些固体颗粒本身具有较高的机械强度,难以被破坏、打碎成均一、细小的颗粒,因此,制备尺寸较小且均一的固体分散相往往是这类胶体体系关注的焦点。

1.1.3　食品胶体的性质

1.1.3.1　胶体稳定性

胶体体系具有较大的界面和界面能,因此在热力学上食品胶体并不稳定。食品胶体的稳定性介于溶液和浊液之间,在一定条件下能稳定存在,属于介稳体系,因此食品胶体的稳定性是一个动力学概念。胶体具有介稳性的原因有许多,例如,当胶体粒子表面带有电荷,带同种电荷的分散相颗粒之间的库伦斥力可以有效防止颗粒间的碰撞和聚集,从而使颗粒维持稳定的分散状态;当食品高分子存在时,高分子在胶体颗粒表面的吸附也会导致颗粒出现桥连絮凝、空间位阻稳定、排液絮凝、排液稳定等一系列不同的稳定性特征。作为食品胶体体系的重要性质之一,食品胶体的相互作用和稳定机制将在本书第 4 章中进行详细的介绍。

1.1.3.2　多组分的相互反应性

食品胶体体系中的组分较多,这些组分之间可能发生各种化学的或物理的反应,从而引起食品胶体性质的改变。

无论是在天然食品还是在加工成品中,水、蛋白质、脂类、糖类、纤维素、矿物质等食品组分与溶解和分散在食品体系中的分子间发生的物理和化学相互作用会产生一些宏观结构。一些常见的结构形式有液滴或球、丝或带、片或膜、囊、胶束、颗粒、晶体和气泡。在水分含量高的食品体系中,这些结构通过共价键、离子键、氢键和疏水相互作用来稳定。原材料的生化状态和产品加工工艺都会对食品体系宏观结构的大小、形状、稳定性、分布和相互作用产生影响,进而深刻影响产品的诸多特性,尤其是质构和外观。有些食品具有由蛋白质纤丝、细丝和片构成的微观结构,例如,蛋白质纤丝/束与小麦面筋蛋白基质上黏附的淀粉颗粒构成的小麦面筋的微观结构。在制作面包面团的过程中,淀粉和面筋颗粒的水合和膨胀有利于蛋白质聚合物的交联,进而形成黏弹性的网状结构。

1.1.3.3 光学和电学性质

食品胶体体系同样具有一般胶体体系所拥有的光散射、电泳等光学和电学性质。利用这些特殊的性质,我们不仅可以实现对食品胶体本身形貌、理化性质的测定,还可以实现食品加工过程中对食品胶体的特殊处理。例如,我们可以利用胶体颗粒布朗运动中其光散射强度波动的情况来测定食品胶体颗粒的尺寸(动态光散射);根据食品胶体的带电情况,我们还可以通过外加电场实现食品胶体的分离或表面电位的测定等。

1.2 典型食品胶体介绍

为方便讨论,我们将典型的食品胶体按照其连续相的种类不同分为以液体、固体和气体为连续相的胶体,以及具有复杂多级结构的胶体体系(如肉品胶体)。

1.2.1 连续相为液体的食品胶体

1.2.1.1 牛奶与酸奶

牛奶是由水、蛋白质、脂肪、糖和无机盐共同组成的分散体系。虽然从肉眼看,它是一个乳白色的流体,但从胶体的角度分析,牛奶也是一个胶体分散体系。经过显微镜不同倍数的放大,可以看出牛奶包含多种不同尺寸的颗粒,如同不同大小的球分散在水中(图 1-5),其中脂肪质量分数约为 3.7%,以脂肪球的形式存在(图 1-6)。与一般的乳化体系相比,牛奶中脂肪球上的膜结构较为复杂,这个膜与一般的表面活性剂形成的吸附层不同,在化学组成上包括极性脂类(磷脂和神经节苷脂等)、蛋白质和一些酶类。

牛奶中蛋白质含量约为 3.5%,按照蛋白质在溶解相和分散相的种类分为酪蛋白和乳清蛋白。牛奶中的酪蛋白主要以 200 nm 左右的聚集体形式存在,又称为酪蛋白胶束(图 1-6,图 1-7),每毫升牛奶中约含有 1×10^{14} 个酪蛋白胶束颗粒。牛奶中的酪蛋白不是单独存在的,是由 α_{s1}-酪蛋白、α_{s2}-酪蛋白、β-酪蛋白和 κ-酪蛋白 4 种蛋白质和矿质元素结合并相互缠绕形成的复合物。牛奶的酸凝、酶凝以及液态乳稳定性的变化从本质上来说都是酪蛋白胶束发生聚集等变化导致的。

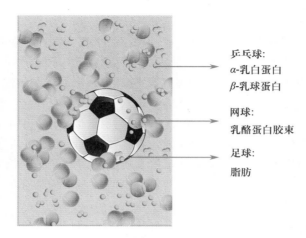

图 1-5　牛奶的组成（同比例放大）

乒乓球：
α-乳白蛋白
β-乳球蛋白

网球：
乳酪蛋白胶束

足球：
脂肪

乳脂肪球　　酪蛋白胶束

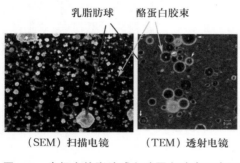

（SEM）扫描电镜　　（TEM）透射电镜

图 1-6　牛奶中的脂肪球和酪蛋白胶束示意图

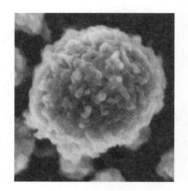

图 1-7　酪蛋白胶束的结构[1]

（文献引自 Dalgleish et al.，2004，经版权所有 2021 ELSEVIE 许可使用，版权号：5054211097658）

　　酪蛋白胶束的基本理化性质见表 1-3。从表 1-3 中我们可以看出，酪蛋白胶束包含着大量的水（平均 1 g 蛋白要结合 3.4 g 水），这是酪蛋白胶束内部结构的一个很重要的特点。在组成结构方面，所有的酪蛋白都没有太多规则的二级结构，同时也没有固定不变的三级结构。因此它们的结构被称为流变性的或无定性形态的结构。这就意味着酪蛋白的结构很容易随着外界环境的变化而变化。

　　酪蛋白胶束是由水分子、酪蛋白和矿物质元素共同组成的。具体化学组成见表 1-4，从表 1-4 可以看出，除去水分子后的酪蛋白胶束含有约 93% 的酪蛋白和 7% 的矿物质元素，这与传统意义上的胶束存在很大区别。虽然酪蛋白胶束是由约 2 万个酪蛋白分子结合在一起的，但是它们的结构并不像传统意义上的胶束一样具有亲水的头部和疏水的尾部。

表 1-3　牛乳酪蛋白胶束的理化性质[2]

理化性质	数值
直径/nm	120
体积/cm^3	2.1×10^{-15}

续表1-3

理化性质	数值
密度/(g/cm^3)	1.063 2
质量/g	$2.2×10^{-15}$
水分含量/%	63
水合性/(g H$_2$O/g 酪蛋白)	3.7
容积度/(cm^3/g)	44
分子质量(湿基)/(g/mol)	$1.3×10^9$
分子质量(干基)/Da	$5×10^8$
多肽链的数量/个	$5×10^3$
每毫升牛乳中胶束的数量/个	$10^{14}～10^{16}$
每毫升牛乳中胶束的表面积/cm^2	$5×10^4$
分子间间距/nm	240

表 1-4　荷斯坦牛乳酪蛋白每 100 克胶束的组成[3]　　　　　　　　　g

成分	含量	成分	含量
$α_{s1}$-酪蛋白	35.6	磷酸	2.9
$α_{s2}$-酪蛋白	9.9	镁	0.1
$β$-酪蛋白	33.6	钠	0.1
$κ$-酪蛋白	11.9	钾	0.1
其他酪蛋白	2.3	柠檬酸	0.4
钙	2.9		

尽管酪蛋白胶束中含有镁、钠、钾和柠檬酸盐等盐类物质,但磷酸钙的含量大概只占总胶束中盐含量的90%。胶束中钙和无机磷的含量分别约占牛乳中总钙和总磷含量的72%和48%[4]。

在牛奶中还有一些其他的成分,如乳脂蛋白颗粒、体细胞等。乳脂蛋白颗粒由细胞膜的残片、微绒毛和其他化合物组成。体细胞主要是指白细胞,大小约为 10 $μm$,每毫升牛奶中体细胞的数量为 $1×10^5$ 个左右,白细胞中含有各种细胞质成分,如酶和核酸等,这些物质共同组成牛奶胶体体系。

脂肪是引起牛乳不稳定反应的最大因素。脂肪在乳中的不稳定表现主要包括脂肪上浮和脂肪聚集,其中脂肪聚集又分为桥连絮凝(bridging flocculation)、聚集(aggregation)和聚结(coalescence)3 种形式。在特定条件下,这些不稳定的反应可以协同发生,反应间还会互相影响。牛乳中的脂肪以球形液滴的形式分布于乳中,粒径为 0.1～15 $μm$,平均粒径为 3～4 $μm$。

脂肪在牛乳中的存在形式主要包括:①天然脂肪球;②脂肪球聚集物;③由均质产生的小脂肪球;④聚结的脂肪球;⑤非球状游离油脂;⑥不同类型的脂肪球混合物。与小脂肪球相比,大脂肪球在挤奶抽吸、加工过程中更容易发生聚集和水解,形成脂肪球聚集物、聚结的脂肪球或非球状游离油脂等聚集形式,从而导致不同粒径脂肪球对乳品功能特性的影响不同。脂肪在牛乳中的超分子结构示意图如图 1-8 所示。

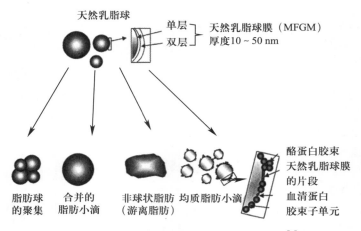

图 1-8　脂肪在牛乳中的超分子结构示意图[5]

酸奶是以牛奶为原料,经过巴氏杀菌后再向牛奶中添加有益菌(发酵剂),经发酵后,再冷却灌装的一种牛奶制品。酸奶可以追溯到 4 500 年前,当时居住在安纳托利亚高原的游牧民族便已经掌握了制作酸奶的方法。20 世纪初,酸奶在世界范围内逐渐成为一种大众化食品。酸奶的营养价值较高,其发酵过程可使牛乳中 20％以上的糖和蛋白质被分解,酪蛋白颗粒在乳酸的作用下解离成小颗粒,更易于人体消化吸收。此外,酸奶中含有多种维生素及其他营养成分,在发酵过程中,产生人体生长发育不可缺少的维生素 A 和 B 族维生素。不仅如此,酸奶还提供了清爽新鲜的醇厚风味和入口即化的特殊口感,吸引了更广泛的消费人群。

市场上酸奶制品多以凝固型、搅拌型和添加各种果汁果酱等辅料的果味型为主。牛乳的酸凝处理是酸奶生产最重要的环节,酸凝的过程中酪蛋白胶束表面净电荷数量逐渐减少,斥力下降,引力增加,维持酪蛋白胶束结构稳定性的胶束磷酸钙逐渐溶解,酪蛋白相互聚合,最终形成酸凝乳凝胶(图 1-9)。在酸凝乳凝胶体中,乳脂肪以脂肪球的形式镶嵌于酪蛋白颗粒构成的凝胶体纤维网中,脂肪球的直径为 3.1～5.1 μm,乳脂肪球呈标准的椭圆形。与此同时,乳酸菌也镶嵌在酸凝乳凝胶之中。

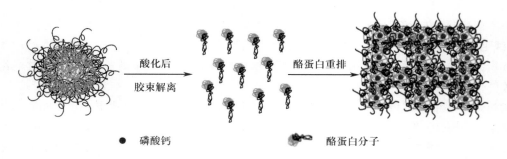

图 1-9　酸奶凝胶形成过程图

1. 2. 1. 2　果蔬汁

为了保持纤维、果肉或籽粒等均匀悬浮在果蔬汁中,常常添加结冷胶、芦荟凝胶等食用胶以维持果蔬汁胶体体系均匀稳定,使其在长时间贮藏过程中不产生明显下沉分层现象。另外,在奶茶店等饮料门店中销售的鲜榨或现做果蔬汁饮品中,常利用海藻酸钠等物质在有高价离子存在下形成凝胶的特性制作爆珠,极大地丰富了果蔬汁饮料的形式。

1.2.1.3 啤酒与气泡饮料

啤酒、可乐等含气泡饮品的胶体稳定性与泡沫质量相互关联。例如,啤酒中的蛋白质是引起啤酒浑浊的主要物质,又是啤酒泡沫物质的主要组成成分。啤酒中蛋白质的组成成分极大地影响着泡沫的稳定性;而啤酒的胶体稳定性很大程度上取决于啤酒中蛋白质组成及其络合物。在啤酒制备过程中,酒花添加量、添加方法、煮沸强度对啤酒胶体稳定性及泡沫质量均有明显影响。而这些影响的背后,都蕴含了食品胶体科学的机理,因此,为了提高啤酒胶体稳定性及泡沫质量,合理运用食品胶体科学必不可少。

1.2.2 连续相为固体的食品胶体

1.2.2.1 冰激凌

冰激凌是以牛奶或乳制品为主要原料,加入蛋或蛋制品、蔗糖、乳化剂、稳定剂、香料等辅料,经混合、杀菌、均质、成熟、凝冻、成型、硬化等加工过程制成的冷冻乳制品。冰激凌既可被视为一种乳状液体系,也可被认为是泡沫体系或分散体系,甚至被视为凝胶。它含有蛋白质、脂肪液滴、空气泡和冰状晶体(图 1-10)。所有这些都分散于同一水溶液连续相中,并且聚集成一种半固态的冰冻状态的体系。其中,

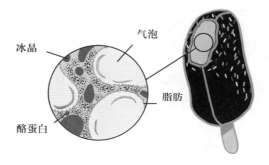

图 1-10 冰激凌微结构示意图

乳脂肪经均质处理,可以提高乳化效果,增加料液黏度,有利于凝冻搅拌时增加膨胀率。蛋或蛋制品中的卵磷脂与乳化剂、稳定剂可以共同起到乳化稳定的作用,赋予冰激凌细腻的组织结构和稳定的形态。

二维码 1 冰激凌制作视频

1.2.2.2 面包

面包是一种以五谷(一般是麦类)为主要原料,以酵母、鸡蛋、油脂、糖、盐等为辅料,加水调制成面团,经过分割、成型、醒发、烘烤等过程加工而成的焙烤食品。对于生面团来说,其中含有的盐、糖、蛋白质、脂肪和淀粉的高浓度溶液都溶解在相对少量的水中,但是赋予面团弹性的缠结谷蛋白网络会将溶液截留。因此,从技术上讲,生面团是一种凝胶。在烘烤过程中,酵母菌发酵释放出的 CO_2,以及随着温度升高产生的水蒸气,形成分散相(气体),而连续相为固体,可以认为是固体泡。除了面包及上述冰激凌以外,馒头、蛋糕、饼干、蛋卷等也都可以称为固体泡。

1.2.2.3 奶酪

奶酪又名干酪,是以牛乳、稀奶油、部分脱脂乳、酪乳或这些原料的混合物为原料,通过添加乳酸菌发酵,经酸或酶凝乳后,排出部分乳清而制成的新鲜或成熟的乳制品。按加工后是否经过成熟的步骤,奶酪可分为新鲜干酪与成熟干酪,其中成熟干酪是当前消费量最大的干酪。牛乳酶凝乳是制作奶酪最关键的步骤,能将液态牛奶转变为含有脂肪的凝胶体系,能显著影响干酪得率、化学组成及质构流变特性。酶凝乳凝胶是以鲜乳为原料,经过添加发酵剂和凝乳酶使乳凝固,再经排出乳清、压榨、发酵成熟而制成的凝胶型乳制品。酶凝乳凝胶的产生主要分为 2 个过

程：①凝乳酶特异性地水解 κ-酪蛋白肽链，释放亲水端的酪蛋白巨肽，降低胶束稳定性，形成凝块；②体系中的钙离子与 κ-酪蛋白水解后得到的副 κ-酪蛋白之间形成桥连（钙桥），使副 κ-酪蛋白凝聚，最终形成凝胶（图 1-11）。

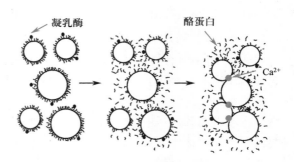

图 1-11　干酪形成机理示意图

1.2.2.4　果冻

果冻是一种典型的食品胶体体系，利用食用胶（果胶、明胶、琼脂、卡拉胶等）的凝胶作用，长链分子相互交联将水、糖、果汁、果肉等凝固在一起形成具有一定弹性的固态或半固态食品。其质构状态主要取决于使用胶的种类、添加量、温度等因素。为了满足实际生产需要，经常使用复配的凝胶剂。在果冻体系中，果汁为分散相，果胶凝胶为连续相，这种液体分散在固体中的分散体系称为固体凝胶。除了奶酪及果冻外，豆腐干、豆类、木耳、挂面等吸水膨胀的分散体系都可以被认为是固体胶。

1.2.3　连续相为气体的食品胶体

常见的以气体为连续相的胶体包括粉末和雾气，食品中典型的例子就是奶粉。奶粉是以新鲜牛奶或羊奶为原料，用冷冻或加热的方法，除去乳中几乎全部的水分，经干燥后添加适量的维生素、矿物质等加工而成的冲调食品。奶粉也是一种典型的食品胶体体系。在其体系中，固体为分散相，气体为连续相。除奶粉外，同类型的胶体体系还有淀粉、小麦粉、砂糖等。

奶粉具有较好的水结合能力，向肉糜、肉汁等产品中添加奶粉可以改善其质地，提高产品黏性。乳粉的复水性是评价其质量的关键指标。影响复水性的因素包括蛋白的变性程度、离子强度、温度、酪蛋白胶束的大小等。

乳粉经过高温喷雾干燥而得，热处理会改变乳成分的理化性质。当温度加热到 60 ℃ 以上时，乳清蛋白会发生变性，酪蛋白胶束结构发生改变，酪蛋白会与变性的乳清蛋白发生交联反应，蛋白与乳糖也会发生反应，如磷、钙以及镁等离子从可溶状态向胶体状态转化，维生素损失，pH 降低，乳脂肪球膜蛋白发生变化等。在加热过程中，酪蛋白胶束通常比较稳定，但在非常高的温度下，会发生一些解聚和聚合反应。乳清蛋白经高温变性后，原本在蛋白结构内部的基团暴露在表面。由于蛋白质的二硫键和巯基的交换反应，离子相互作用和疏水相互作用导致变性的乳清蛋白与酪蛋白发生聚集。

1.2.4　肉品胶体

家畜身体上有 300 多块形状、大小各异的肌肉，其基本结构见图 1-12，基本构造单位是肌纤维，肌纤维之间有一层很薄的结缔组织膜围绕隔开，此膜叫作肌内膜；每 50～150 条肌纤维聚集成束，称为肌束，外包一层结缔组织鞘膜，称为肌束膜；这样形成的小肌束也叫初级肌束，由数十条初级肌束集结在一起并由较厚的结缔组织膜包围就形成了次级肌束（或叫二级肌束）。许多次级肌束集结在一起即形成肌肉块，外面包有一层较厚的结缔组织叫肌外膜。这些分布在肌肉中的结缔组织膜既起着支架的作用，又起着保护作用。血管、神经通过这 3 层膜穿行其中，伸入肌纤维的表面，以提供营养和传导神经冲动。此外，还有脂肪沉积其中，使肌肉断面呈现大理石样纹理。

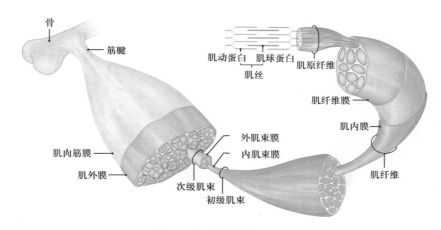

图 1-12　骨骼肌结构示意图

肌纤维是肌肉的基本构造单位,而肌纤维中 60%～70% 的固形成分是肌原纤维。肌原纤维主要由蛋白质组成,形状呈直径 1～2 μm 的细长圆柱状,其长轴与肌纤维的长轴相平行并浸润于肌浆中。肌浆最主要的成分是水,占 75%～80%,另外还有肌红蛋白、酶、肌糖原及其代谢产物和无机盐类等。由此可见,肌肉可以视为由水作为分散相,由蛋白质、碳水化合物、无机盐等为分散质的多相胶体体系。

在生肉经加热变成块状熟肉的过程中,其胶体体系的性质发生了变化。肉类在煮制过程中最明显的变化是连续相水分减少,肌纤维热变性凝固收缩。加热时包围脂肪滴的结缔组织由于受热收缩使脂肪细胞受到较大的压力,细胞膜破裂后脂肪流出成为分散相的重要构成。肌肉中结缔组织含量多,肉质坚韧,但在 70 ℃ 以上水中长时间煮制,结缔组织多的反而比结缔组织少的肉质柔嫩,这是由于此时的结缔组织受热软化的程度对肉的柔软起着主导作用。

盐水火腿是熟肉制品中火腿类的主要产品,是西式肉制品的主要制品之一。虽其名曰火腿,但它与中国的传统火腿截然不同。它是大块肉经整形修割(剔去骨、皮、脂肪和结缔组织)、盐水注射腌制、嫩化、滚揉、充填入粗直径的肠衣或模具中,再经熟制、烟熏(或不烟熏)、冷却等工艺制成的熟肉制品,包括盐水火腿、方腿、圆腿、庄园火腿等。在盐水火腿的制作过程中,为了加快食盐的渗透,防止腌肉的腐败变质,目前广泛采用盐水注射。盐水注射最初出现的是单针头注射,进而发展为由多针头的盐水注射机进行注射。另外,为进一步加快腌制速度和盐液吸收程度,注射后通常采用按摩或滚揉操作,即利用机械的作用促进盐溶性蛋白质抽提,以提高制品的保水性,改善肉质。从制作工艺来看,盐水火腿是在原料肉的胶体体系基础上,进一步将连续相中的水分比例增大。同时注射进去的盐水和提取出来的盐溶性蛋白质共同形成了局部的肌纤维-盐水的胶体体系。

乳化凝胶类肉制品是指主要以脂肪组织(肥膘)、肌肉组织(瘦肉)、水为基本原料,依次经过斩拌、灌装、杀菌(热诱导凝胶形成)和冷却等工艺制成的一类产品。斩拌之后,加热之前的乳化肉糜是由肌肉和结缔组织纤维(或纤维片段)的基质悬浮于包含有可溶性蛋白和其他可溶性肌肉组分的水介质构成的,分散相是固体或液体的脂肪球,连续相是内部溶解(或悬浮)有盐和蛋白质的水溶液(图 1-13)。

由蛋白-脂肪-水构成的胶体系统稳定机理的解释主要有 2 种学说。一种学说是乳化理论,该理论认为整个肉糜是水包油型的乳化体系,肉制品中脂肪的稳定是由于肉糜中脂肪颗粒周围

界面蛋白膜的形成。这层膜作为水相和油相之间的界面,有效地阻止了脂肪颗粒彼此的结合。通过电泳对脂肪球膜蛋白进行分析,结果表明肌球蛋白是界面蛋白膜层的主要组成部分。肌球蛋白分子在油-水界面上形成单分子层,重链朝向油相,轻链朝向水相,而其他蛋白质分子主要通过疏水作用力、共价键和氢键等形式实现蛋白质-蛋白质相互作用,随着其他肌原纤维蛋白逐渐沉积变厚,在脂肪表面形成一个半刚性的膜。另一种学说是物理镶嵌固定学

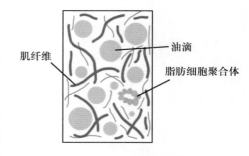

图 1-13　乳化肉糜的胶体体系构成示意图

说,该学说认为,热加工之前脂肪被包埋在基质(连续相)蛋白中,在热加工过程中,脂肪球表面上的蛋白质和基质蛋白质会发生蛋白质相互作用,形成一种半刚性的凝胶网状结构,整个体系得以稳定。

上述生的乳化肉糜经过加热之后形成的凝胶会被视为一个复杂体系,由提取的肌原纤维蛋白经过加热诱导形成了一个交织的网络结构,脂肪球可以填充凝胶网络结构中空位置。近年来,一些学者认为肉糜乃至最终的热诱导凝胶的稳定性是蛋白膜和物理镶嵌固定共同作用的结果。这是因

二维码 2　乳化香肠的制备过程

为脂肪表面膜的形成导致肉糜煮制或产品贮藏期间水和脂肪的渗出,并且伴随着质构变化和食用口感变差。而凝胶体系中的脂肪起到了填料的作用,从而提升了热诱导凝胶的弹性模量。

1.3　食品胶体学的发展历程及方向

1.3.1　食品胶体的发展历史

在人类的生产实践中,食品胶体的应用几乎和人类的文明一样悠久。例如,早在公元前8 000年左右,人类便首次发现了"奶酪";约在公元前3 000年,苏美尔人记载的约20种软奶酪是奶酪诞生最早的证明,同一时期在欧洲和埃及也出现了奶酪制造设备;1815年,第一家奶酪工厂在瑞士建成,奶酪开始被大规模生产,不久之后,科学家们发现了大规模生产凝乳酶的方法,工业生产的奶酪便开始迅速风靡世界。再如,粉皮是我国的传统淀粉凝胶食品,深受人们的喜爱。早在北魏的《齐民要术》、元代的《居家必用事类全集》中就记载了多种使用粉皮配制的菜肴,如"假鳖羹"等,并用其做仿荤的"假鱼脍",清代《食宪鸿秘》中之"素鳖",鳖裙是粉皮加了墨汁制成的[6]。这些都是食品胶体早期应用的生动实例。

虽然对于食品胶体的使用具有悠久的历史,但食品胶体研究真正成为一门学科则是始于20世纪80年代,由以荷兰瓦赫宁根大学的Peter Walstra教授和英国利兹大学的Eric Dickinson教授为代表的食品科学家提出食品乳状液概念。这一概念随后发展成为食品胶体理论,不仅从理论上解释了乳制品生产、储存过程中的性质变化,更带动形成了庞大的食品胶体研究群体,成为现代食品科学中最重要的独立学科之一。

过去20年,我国的食品胶体学科取得了飞速的发展。江南大学的相关研究团队在研究食品淀粉胶体、大米蛋白、多糖、乳清蛋白等营养消化、食品质构调节和包装材料方面取得了较好的成果;华南理工大学相关研究团队研究植物蛋白在递送、营养、乳化方面的作用;南昌大学团

队主要研究多糖的构效关系、肠道菌群及生理功能；中国农业大学相关团队主要研究乳制品胶体、大豆蛋白胶体、饮料胶体和功能因子递送载体；东北农业大学团队主要侧重大豆蛋白构效关系及应用；华中农业大学侧重魔芋、蛋白在质构调节和农产品加工方面的应用；大连工业大学注重海产品胶体的构效关系、食品纳米颗粒、包埋和应用；浙江工商大学致力于食品纳米技术、口腔加工和胶体方向的研究；南京农业大学主要从事肉品胶体构效关系和应用；中国农业科学院农产品加工研究所相关团队主要研究花生蛋白乳化加工等方面的应用；上海交通大学相关团队则侧重食品胶体在减盐降糖方面的应用基础研究。

1.3.2　食品胶体的发展现状与展望

随着现代食品学科的发展，科研工作者更加注重深入和细化的研究，逐渐开始从微观胶体分子尺度来揭示影响食品宏观性质的机理，并且越来越突出胶体在质构调控、营养和稳定性方面的功能特性。例如，"功能性食品胶体"和"食品递送体系"成了食品胶体领域新的增长点，是国际学术界迅速发展的领域，是食品科学的一个新兴交叉学科方向，为开发营养健康食品奠定理论基础，是未来新兴食品的一大发展方向。在 Web of Science 检索关键词"food colloids"，得到 SCI 论文数目从 2008 年至 2018 年处于逐年增长的趋势，涉及的领域主要包括食品科学、工程、农业、生物技术、营养、材料科学等。"十三五"国家重点研发计划也涉及较多食品胶体及其功能特性的项目。分析 2019 年国家自然科学基金委食品方向 C20 代码资助情况，共资助项目 515 项，其中食品胶体与递送载体相关项目总共占比 10.87%，食品胶体相关项目近年来呈现上升趋势。

食品胶体在国际上的研究正在蓬勃发展。例如，针对人口老龄化的问题，日本开展了大量针对老年人特殊需求的功能性食品胶体体系的研发，包括针对老年人吞咽障碍设计的具有特殊流变性质的食品胶体；针对肠胃蠕动功能欠缺设计的易消化食品胶体等。再如，杜邦、巴斯夫等国际知名企业均设有专门的食品部门，致力于研发应用在饮料、酿酒、麦片、营养补充剂等各类食品中的用以改善或提供相应胶体和流变性质的添加剂。

尽管食品胶体学科在过去的 20 年中取得了长足的发展，然而仍有大量的问题需要解答。例如，食品亲水胶体之间以及食品亲水胶体与其他食物成分之间相互作用的内在机制仍然不甚清晰，在不同尺度上调控这些相互作用依然困难重重。如何通过食品胶体的结构化（微/纳米颗粒、纤维化、凝胶化、乳化或相分离）来设计未来食品结构具有重要的理论和应用价值。例如，针对老年人、糖尿病患者等特殊人群需求的特殊食物产品或针对素食者的植物源人造肉类的开发。另外，食物的消化和吸收可以认为是体内的胶化过程，食物成分的体内胶体状态可以显著影响其消化行为和营养功能。然而，这些食品胶体到底是如何被吸收的，它们的生物命运和随后的生理效应还不清楚。因此，食品胶体与人体（或细胞）的相互作用和相关的信号传递、胶体颗粒在体内和细胞内的运输及其调控机制将成为未来食品科学技术研究的关键基础科学问题。再如，传统的食品烹饪和加工过程中总是会产生大量的微/纳米胶体颗粒，这些颗粒是食品风味和保健功能的物质基础。然而，这些食品胶体的稳态加工及利用其实现体内精准递送方面的研究也还处于起步阶段。探索这些食品胶体体系中的关键科学问题也将为解决我国食品工业"卡脖子"问题的技术奠定重要的理论基础[7]。

综上所述，近几年来，食品胶体理论在原本关注产品使用和加工性质的基础上得以延伸，被拓展运用于阐释食品在食用过程中和人体内的传输与消化行为，将食品胶体科学与生理学、生物物理、微生物学等生命学科融合，迸发出新的研究热点和活力。与此同时，现代科学仪器

的发展也为食品胶体化学的研究提供了新的手段。近年来各种表征技术,如高分辨成像技术、核磁共振(NMR)、电子自旋共振(ESR)、光电子能谱、拉曼光谱以及穆斯堡尔谱、石英晶体微天平等的发展,使人们对吸附在固体表面上的分子状态的本质,有了更深入的了解。使用冷冻电镜、激光散射、超离心技术研究的蛋白质大分子的构型,也取得了惊人的成功。近代化学和物理的发展,进一步促进了人们对食品胶体化学中理论的探讨。因此,食品胶体的未来研究无疑是需要不同学科的密切合作,也更值得广大食品科技工作者和从业人员无限期待。

1.4 食品胶体学的思政教育引导

1.4.1 以思政核心价值观为指导构建课程体系

2018年8月,教育部、财政部和国家发改委联合发布了《关于高等学校加快"双一流"的建设的指导意见》,明确指出"'双一流'高校要打破传统学科之间的壁垒,在前沿和交叉学科领域培植新的学科生长点""创新学科组织模式,打破传统学科之间的壁垒,加强学科协同交叉融合,构建协同共生的学科体系"。2020年5月,教育部印发《高等学校课程思政建设指导纲要》,明确指出,课程思政要紧紧围绕培养什么人、怎样培养人、为谁培养人这一根本问题展开。政治思想素质、人文道德情怀、专业技能水平的培养直接影响青年学生在未来社会发展中的责任担当、价值判断、工作成就等,影响社会主义现代化建设的实现程度和发展水平。因此,高校应以"创新学科组织模式,打破传统学科之间的壁垒,加强学科协同交叉融合"为理念,构建协同共生的学科体系。

食品胶体学是一门将食品科学、物理、化学、生物、医学和材料科学等学科紧密连接在一起的交叉性学科。其涉及范围广、应用领域新,因此近年来受到了食品领域的科学家和食品工业界的广泛关注,是食品学科新的学科增长点。食品胶体学的设立符合国家对高校新兴交叉学科建设的战略部署,也符合本领域食品科学前沿发展的需要,为后续国际化的特色学科交叉课程建设及学生培养具有非常重要的战略意义。在当前的时代背景下,食品胶体学课程将全方位地将社会主义核心价值观教育贯穿课堂教学中的各个层面,紧紧围绕教师队伍"主力军"、课程建设"主战场"、课堂教学"主渠道"3个方面,首先从社会主义核心价值观中的德育元素中提取出与本课程相关的"富强""法治""爱国""敬业""诚信"等要素;其次在教学设计中,以专业知识讲授为主线,将课程思政要素有机地融入课程,让食品专业学生能自觉以社会主义核心价值观为指导思想去理解食品胶体学研究的目的与意义、端正科学研究的态度、实现专业知识水平增长与个人综合素质提高的有机统一,为我国食品学科发展、食品工业建设打下坚实的理论基础。

学习食品胶体学,在深刻掌握食物结构变化趋势的基础上,提高食品功能与营养,同时全方位、多途径开发食物资源,依靠新型食品技术,使食品向更丰富生物资源拓展,从而满足我国居民不断升级的食物消费需求。

1.4.2 以前辈科学家案例为引导融入思政教育元素

胶体这个概念最早由英国科学家 Thomas Graham 于1861年提出,在之后100多年的发展与研究中,西方科学家在食品胶体学领域始终处于领先地位。直至20世纪90年代,赴海外留学的中国留学生数量逐步增长,以王章、许时婴教授为代表的大量前辈科学家学成之后毅然回国,开展食品胶体相关研究,为我国食品胶体学的研究与应用拉开了序幕。

　　在接下来的30年，通过大批专家学者的不懈奋斗，我国在食品胶体学相关科研与应用工作中取得了丰硕的成果。其中，国内相关研究团队完善了奶酪凝乳基础理论，解决了奶酪熔化、拉伸与成熟等技术难题，帮助国产奶酪工业化生产突破了"卡脖子"的技术壁垒。还有一些科学家致力于中国特色肉品加工与质量控制研究，探索了传统肉制品、低温肉制品、冷却肉等胶体体系品质形成机理、关键技术与创新性应用，为推动我国肉制品工持续发展做出了卓越贡献。众多科学家也系统研究了以传统豆制品为代表的植物蛋白凝胶体系，产、学、研紧密结合，相关技术推广已为我国实现良好的经济效益。近年来，功能因子稳态化和靶向递送等国际前沿领域也在国内得到飞速发展，促进了我国功能性配料和食品原料的发展产业化。此外，食品胶体学领域还有大量无私奉献的专家学者，他们听从党和国家的号召，脚踏实地、创新奉献，体现了新时代科研工作者身上的家国情怀与人格魅力。当代大学生应当继续传承这种民族精神与时代精神，努力提高自身综合素质，在成长过程中实现专业知识与思政素质的同步提高。

1.4.3　建立科学完善的效果评价体系

　　将思政教育拓展到专业课程教育、教学过程中，可以有效拓宽学生接受思政教育的空间，解决思政课程与专业课程之间"两张皮"的问题，实现人才培养路径上的同向同行。学生在被动学习专业知识的同时，也应主动挖掘其背后所蕴含与体现的思政要素，提高自身思政素质。为了确保专业知识与思政教育教学效果，应建立科学完善的效果评价体系。食品胶体学应在教学过程中注重观察课堂效果、及时追踪课后效果、分析总结考试效果，通过问卷调查、面对面访谈等多种形式，全面分析总结思政教育成效。

❓ 思考题

　　1. 请列举2个连续相分别是液体和连续相是固体的食品胶体体系。
　　2. 分析我国传统饮食（如鸡汤）的胶体体系构成。

▦ 参考文献

　　[1] HRISTOV P，MITKOV I，SIRAKOVA D. Measurement of Casein Micelle Size in Raw Dairy Cattle Milk by Dynamic Light Scattering [M]. 2016：19-21.

　　[2] FOX P F，BRODKORB A. The casein micelle：Historical aspects，current concepts and significance [J]. International Dairy Journal，2008，18(7)：677-684.

　　[3] MCMAHON D J，BROWN R J. Composition，Structure，and Integrity of Casein Micelles：A Review1 [J]. Journal of Dairy Science，1984，67(3)：499-512.

　　[4] AHMAD S，GAUCHER I，ROUSSEAU F，et al. Effects of acidification on physico-chemical characteristics of buffalo milk：A comparison with cow's milk [J]. Food Chemistry，2008，106(1)：11-17.

　　[5] LOPEZ C. Focus on the supramolecular structure of milk fat in dairy products [J]. Reprod Nutr Dev，2005，45(4)：497-511.

　　[6] 孙川惠，武强，张炳文. 淀粉凝胶食品：粉皮、凉粉的研究进展 [J]. 中国食物与营养，2016，22：40-43.

　　[7] LU W，NISHINARI K，MATSUKAWA S，et al. The future trends of food hydro-colloids [J]. Food Hydrocolloids，2020，103，105713.

2
食品胶体结构与感官品质

　　内容简介：本章主要介绍了食品的胶体结构与感官品质的关系，首先从食品口腔加工的概念入手，介绍了食品的口腔感知过程及食品风味和质地的感知规律，其次从乳液和乳液凝胶两方面重点介绍了食品胶体在口腔中的结构变化与感官感知的关系，并以具体事例阐述了如何定向设计具备特定感官品质的食品胶体结构。

　　食品胶体因其功能的多样性，已成为消费者日常饮食的重要组成部分，如在汤类、肉汁、沙拉酱、调味酱等中充当增稠剂，在布丁、果冻等中充当凝胶剂，在酸奶、冰激凌和奶油等中充当乳化剂，在肉类和乳制品中作为脂肪替代物等。此外，食品胶体还可以以涂层剂、澄清剂、悬浮剂、生物包材等多种形式应用于食品。因此，食品的感官品质与食品中的胶体结构及作用密切相关。为了更好地提升食品的感官品质，选择合适的食品胶体类型，应了解食品胶体在口腔中的加工行为，明确口腔加工对食品胶体的结构及感官感知的影响机制。因此，本章将描述食品胶体在口腔加工过程的结构变化与感官感知的关系，并阐述如何根据口腔加工特征定向设计具备特定感官品质的食品胶体结构。

　　食品科学以满足人的第一生理需求为目的，在此基础上食品胶体学使食品在转向卫生、营养的同时，开发更美味、更安全可持续的食品，从而满足人民日益增长的对食品的精神享受，提高人民的生活品质。

　　学习目标：要求学生掌握食品胶体在口腔中的结构变化与感官感知的关系，了解食品口腔加工特征，并以此定向设计具备特定感官属性的食品胶体结构。

2.1　食品口腔加工与感官感知

2.1.1　食品口腔加工概念

食物在口腔加工的过程是食品消化的第一阶段,是保证食物安全进入下一步消化、为机体提供能量和营养的关键环节。食物进入口腔后,在牙齿破碎、舌-上颚挤压、唾液润滑等共同作用下破碎、分解,并与唾液混合形成食团,最终触发吞咽并进一步消化。食品口腔加工过程可赋予消费者愉悦的感受,同时有利于人体对食物中能量和各种营养组分的吸收,其过程涉及食品物性学、口腔生理学和感官心理学等多门学科,因此食品口腔加工逐步发展成为国际食品科学研究的一个新领域。

2.1.2　食品口腔加工与感官感知

口腔是食品感官感知的关键环节,食物从进入口腔开始到吞咽后余味消失为止的所有感觉统称为口感。口感是食物在口腔中发生物理、化学变化而对人类生理和心理产生的综合性感觉,主要涉及味觉、后鼻嗅觉、口腔触觉和嗜好心理,对应食品的滋味、气味和质地等感官属性。

2.1.3　口腔感知过程及影响因素

食品口腔加工过程包括 5 个关键步骤:咀嚼破碎、唾液浸入、食物团形成、吞咽和口腔清洁,其中咀嚼和唾液的影响对口感的形成格外重要。

食品在咀嚼过程中可能发生的变化主要有以下 4 个方面:①加热/冷却到体温,食物特性的变化;②食物与唾液混合及相关润滑作用的影响;③唾液淀粉酶对淀粉基成分的酶促作用;④在舌头、牙齿和口腔表面之间的润滑介质因流体动力学诱导发生的形变。

唾液的存在对人的口腔感知有很大影响。唾液是人类唾液腺分泌的复杂混合物,一般由 4 种组分构成:①含有缓冲电解质的连续水相(pH 约为 7);②由亲水性大分子蛋白(黏蛋白)构成的丝状凝胶网络;③被凝胶网络包裹的一系列蛋白质、胶束和其他大分子物质;④不溶性脂质颗粒、细菌和上皮细胞的悬浮液。其中,唾液中的黏蛋白对于食品口腔加工和感知都是非常重要的因素。黏蛋白一般占唾液总蛋白的 $10\% \sim 25\%$,是高度糖基化的蛋白质$[(0.5 \times 10^3) \sim (20 \times 10^3) \text{kDa}]$,在中性环境下带有净负电荷,分子间通过静电力、范德华力以及耗竭效应、疏水作用力和钙诱导发生交联。这些高分子量大分子的缔合和缠结产生的流变行为具有弱凝胶的特征。基于以上特征,唾液自身拥有一定的黏弹性,这有利于促使食物颗粒聚集,调控食品基质和口腔表面之间的摩擦性。同时,唾液可与食物材料发生接触进而使食品基质润湿、软化和形成团块,还可在口腔壁或口腔与舌头之间形成移动润滑层(厚度 $8 \sim 40~\mu\text{m}$),以为吞咽做准备。唾液同样也可以影响口腔内感受到的摩擦感,通常认为摩擦感较强的食物奶油感的感知较弱。摩擦感的强弱与唾液的润滑特性、食物团块相对于舌头的运动速度以及舌头对团块施加的压力有关。

2.1.4　食品口腔风味感知

风味(滋味与气味)感知主要由食物中的风味物质在口腔内释放的速度和程度决定。食物入口后,一方面,食物中具有呈味效应的滋味化合物溶于唾液并被唾液包裹润滑,在舌-上腭的挤压下运动并充满口腔,进而进入舌味蕾细胞从而被人体感知,产生滋味口感;另一方面,随着咀嚼的进行,食物的颗粒逐步变小,在食物基质中的挥发性香气化合物从食物中释放至口腔气相中,并随着呼吸气流传送至鼻腔被嗅觉受体感知,产生气味感知,又称香气感知。

食品口腔加工是滋味感知的关键,味觉主要以酸、甜、苦、咸、鲜5种基本味觉感知组成,此外,还有涩味、游离脂肪酸味、淀粉味、辣味和麻味。其中,涩味的主要产生机制是单宁类或多酚类化合物与唾液中的富含酪氨酸蛋白质结合发生沉降效应,从而在舌头和口腔黏膜之间发生摩擦而产生,与口腔生理条件密切相关。食物在口腔加工过程中的香气感知是一个动态的过程,主要取决于食品基质(结构和成分),如食品的黏度和硬度、脂肪含量等均可影响食品中挥发性物质在口腔内释放的速度和程度;香气成分也是复杂的,通常由多种挥发物混合组成,这些挥发性成分的性质不同,其与大分子(蛋白质、多糖等)相互作用或者在水和油相中溶解度的不同,也会影响香气的释放模式;另外,个体的生理特征(如呼吸速率、唾液成分和唾液流速、软腭张开度以及咀嚼和吞咽动作等)也会导致个体间香气释放存在较大差异。

2.1.5　食品口腔质地感知

质地感知基于食物在口腔中咀嚼产生的口腔触觉,取决于食品的初始质构参数(微观结构和机械性质)以及口腔的咀嚼生理参数(唾液分泌量、咬合力、咀嚼时间以及咀嚼效率等),是食物本身和人共同作用的结果。口腔中的舌头、嘴唇和脸颊内侧都布满了触觉感受器和三叉神经,因此,在食物放入口腔时,这些感受器已经将食物的基本质构特征传递至大脑。这些信息经过大脑分析后,通过控制咀嚼的力度以及唾液的分泌,在牙齿和舌头以及唾液分泌的精确合作下逐步将食物变成一个柔软、含水量高且具有一定黏弹性的安全、可吞咽的食物团,因此,质构的感知伴随着整个食团的形成和吞咽过程。食物咀嚼的第一阶段主要是指大颗粒变成小颗粒和唾液浸入食团的初步阶段,该阶段主要是以食物的基本机械特征变化为主,包括弹性、黏性、咀嚼性、内聚性和黏度等;食物咀嚼的第二阶段由于大量唾液分泌和浸入,食团变得柔软有黏弹性,其主要展现出流体的特征;待食团达到一定的柔软程度、黏度以及润滑程度后,完成吞咽动作。

在整个口腔加工过程中,滋味和香气物质的释放与传递、咀嚼过程中食团质构的变化是同时进行的,三者之间存在着协同作用和交互作用。因此,食品在口腔加工过程中的感官感知是复杂且多元化的,是舌头、牙齿、唾液分泌腺体、嗅觉系统、味觉系统以及大脑神经传递和调控系统共同作用的结果,同时也是人与食物相互作用的结果[1](图 2-1)。

2.2　食品胶体结构与感官感知

食品胶体是消费者日常饮食的重要组成部分,许多软的固体和液体食品在本质上是胶状的(乳液、凝胶、悬浮液和泡沫),包括牛奶、冰激凌、香肠、乳饮料、调味品等。为满足消费者的健康饮食需求,食品胶体的开发逐渐聚焦于食品的减脂、减糖、降盐及定向营养素的富集,然

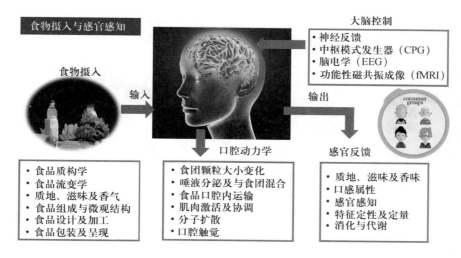

图 2-1　食物摄入与感官感知过程总览图

而,这些改变通常会带来食品感官品质的改变。研究显示,基于乳液的复杂胶体结构具备改善食品胶体的营养特性同时维持良好感官品质的潜力。为设计更合适的食品胶体微观结构从而发挥其最佳感官功能,需要先了解食品胶体在口腔加工中的结构变化规律。

乳液和乳液凝胶广泛代表了从液体(如牛奶、调味汁)到半固体(如酸奶、冰激凌)再到固体(如奶酪)的各种食品,因此,本文将从乳液和乳液凝胶两部分,讨论食品胶体在口腔中的结构变化与感官感知的关系。

2.2.1　食品胶体在口腔中的结构变化与质地感知

2.2.1.1　乳液在口腔的失稳与质地感知

水包油乳液在口腔中的停留时间通常较短(只有几秒钟),但受到多种口腔环境条件的影响,如唾液的稀释,口腔温度、中性 pH 和各种离子,并受到口腔接触面(如牙齿-牙齿、舌-牙齿和舌-腭)间的高剪切和挤压。除了物理和机械方面的因素,乳液还可与唾液生物聚合物发生相互作用,如 α-淀粉酶和乳液可形成高度糖化的负电荷黏液。

在口腔环境中,乳液可因盐诱导的静电屏蔽、黏蛋白导致的耗竭效应、唾液导致的桥连等原因发生失稳絮凝(图 2-2)。不同的絮凝种类可能导致不同的感官感知。例如,可逆耗竭絮凝的乳液(如在中性 pH 下由乳清蛋白稳定的乳液),在口腔中主要被感知为奶油感和脂肪感,而不可逆桥连絮凝的乳液(如被溶菌酶稳定的乳液)则产生干燥、粗糙和涩的感知[2]。

1. 静电絮凝

由于静电屏蔽或离子结合效应,静电稳定的乳液可在口腔中发生絮凝,其絮凝程度取决于口腔介质中存在的矿物质离子的浓度。由于唾液中含有具备缓冲能力的各种强离子和弱离子,而离子诱导效应降低了乳液间的静电排斥力,因而可导致乳液失稳。研究显示,由带正电的乳铁蛋白稳定的乳液与只含唾液盐(不含黏蛋白)的人工唾液混合时,乳液发生了大范围的聚集,ζ-电位从 +50 mV 急剧下降到 +27 mV,这主要是由于唾液中的离子屏蔽了乳液表面乳铁蛋白分子的正电荷[3]。

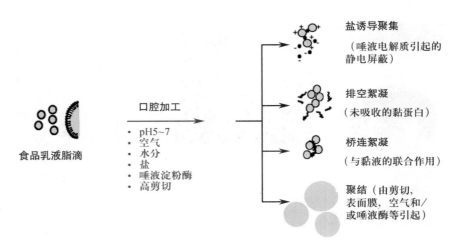

图 2-2　乳液在口腔内失稳形式示意图

2. 桥连絮凝

由于唾液中存在黏蛋白,在口腔环境中带正电荷的乳液会与带负电荷的黏蛋白在静电作用下发生桥连絮凝。黏蛋白是一种高度糖基化的蛋白质,含有 $50\%\sim80\%$ 的寡糖,主要是 N-乙酰半乳糖胺、N-乙酰葡萄糖胺、岩藻糖、半乳糖和唾液酸(N-乙酰神经氨酸),以及微量的甘露糖和硫酸盐,其中负电荷主要来源于唾液酸残基的羧酸基或硫酸化糖。黏蛋白等电点约为2.6,在生理 pH 下去质子化。流变学结果证实,桥连机制导致脂滴形成"致密的"不可逆絮状体,这种"不可逆絮团"的形成将导致口腔内收敛性、干燥性和粗糙感的感知,与多酚类化合物与唾液作用导致的感官属性类似[4]。

3. 排空絮凝

排空絮凝是指乳液连续相中存在未吸附的生物聚合物通过在液滴周围的连续相中诱导渗透压梯度来促进乳液滴的高密度堆积。这种排空絮凝过程中形成的聚集体通常较弱且可逆。带弱负电荷或非离子表面活性剂稳定的乳液,由于阴离子黏蛋白分子的存在,排空絮凝占主导地位。研究显示,在带弱负电荷(如表面活性剂为 β-乳球蛋白、分离乳清蛋白和 β-酪蛋白)和中性(表面活性剂吐温-20)的 pH 为 6.7 的乳液中可观察到快速的可逆絮凝,且絮体在稀释和剪切时被破坏,即发生排空絮凝[5]。值得注意的是,这些带弱负电荷的乳液在口腔中几乎没有滞留,且表现出更高的黏厚度、脂肪感、润滑性和奶油感的感知强度。

4. 聚结

乳液的口腔聚结对提升奶油感感知的积极作用已得到研究者的共识,这主要是由于聚结增加了口腔摩擦表面脂滴的面积和相应的润滑性。考虑到唾液中存在淀粉酶,诱导口腔中乳液发生聚结最常用的方法就是利用含有疏水基团的改性淀粉设计乳液的油水界面。研究显示,由辛烯基琥珀酸酯化淀粉稳定的含 $10\%(w/w)$ 葵花籽油的乳液在唾液中可发生快速的不可逆聚结,并显著提升了乳液的脂肪相关属性的感知强度,降低了其与摩擦相关属性(如粗糙度和收敛性)的感知强度[6]。在咀嚼过程中,空气的引入也可以诱导口腔内的乳液聚结。空气可以使乳液滴在空气-水界面扩散,导致相邻的附着脂滴聚结,并导致随后的油相释放。此外,舌脂酶的存在也有可能诱导口腔中的乳液聚结。

综上所述，乳液在口腔中可发生不同方式的失稳现象，而不同的失稳类型将导致不同的感官感知变化。在食品胶体结构设计中，针对特定的感官属性（如涩味或奶油感）选择合适的乳化剂以精准调控乳液在口腔的失稳反应，成为设计低脂食品或脂肪替代物的一种潜在策略。

2.2.1.2　乳液凝胶在口腔的结构变化与质地感知

乳液凝胶结构在口腔机械作用下破碎崩解，对质地感知影响显著。凝胶在咀嚼作用下的破碎及在口腔温度下的熔化，将导致脂滴从凝胶基质中释放，从而显著影响凝胶的奶油感和油脂感的脂肪属性感知。脂滴的释放取决于凝胶的破裂程度、凝胶基质中的脂滴和凝胶基质间的相互作用，以及胶凝剂在乳胶填充凝胶中的熔化行为等因素。

凝胶的破碎程度受凝胶的结构和机械性质影响显著。首先，凝胶的硬度影响凝胶的破碎程度。一般来说，较硬的凝胶需要更多的咀嚼周期和咀嚼力，并导致在咀嚼过程中出现更高的破碎程度。感官实验结果也显示，硬度较低的凝胶所需的咀嚼循环次数明显少于硬度较高的凝胶。其次，乳液凝胶中脂滴的大小影响凝胶的破裂程度，并影响脂滴从凝胶基质中释放的水平。随着凝胶中脂滴尺寸的增大，乳液凝胶的剪切储存模量、断裂力和断裂应变显著降低。激光共聚焦显微图显示，含有小脂滴的凝胶可以看作一种颗粒聚集型凝胶，而含有大脂滴的凝胶可以被视为一种蛋白质基质空间连续的颗粒填充凝胶（图2-3）。在给定的体系中，与大脂滴相比，小脂滴吸附的界面蛋白质表面积较大，因此脂滴可与蛋白质基质形成较强的结合，这种强结合能有效地将施加的应力从蛋白质基质转移到乳液滴上，并提高凝胶强度。因此，随着脂滴尺寸的增大，凝胶的破碎力和断裂应变显著降低。

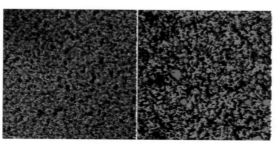

a. 含小脂滴凝胶　　　　　　b. 含大脂滴凝胶

图 2-3　含不同粒径脂滴的乳蛋白凝胶图

（文献引自 Jie Luo et al.，2017，经版权所有 John Wiley and Sons 许可使用，版权号：5055680714156）

凝胶基质中的脂滴粒径也影响脂滴的释放程度。由小粒径脂滴构成的颗粒聚集型凝胶，在口腔加工过程中，由于其周围较厚的蛋白质涂层的保护以及蛋白质涂层与脂滴之间在低静电斥力下的强烈相互作用，脂滴很难从凝胶中释放。然而，对于由大粒径脂滴构成的颗粒填充的凝胶，由于油-蛋白质界面的应力传递能力较低，脂滴在形变或外力剪切时很容易释放，从而导致凝胶界面开裂；从凝胶基质释放后，脂滴的尺寸显著增大，即口腔加工过程中释放的脂滴发生聚结。

此外，凝胶基质中的脂滴和凝胶基质间的蛋白质相互作用及胶凝剂在乳液填充凝胶中的熔化行为也对乳液凝胶中脂滴的释放影响显著。与以非离子表面活性剂吐温-20稳定的乳液

相比,以分离乳清蛋白为表面活性剂的乳液凝胶在相同口腔加工条件下释放的油脂为前者的一半,这主要是由于脂滴表面的乳清蛋白可与凝胶基质形成共价交联[7]。此外,乳清蛋白凝胶在口腔温度下不熔化,也会抑制脂滴的释放,从而使凝胶感知为粗糙、易碎的属性。与此对应,含有非结合液滴的体系和由明胶或 κ-卡拉胶等胶体组成的凝胶基质,可在口腔加工条件下熔化,奶油感感知显著增强。

2.2.2 食品胶体在口腔中的结构变化与风味感知

在口腔加工中,乳液和乳液凝胶在生理触发因素(如机械力、口腔温度和酶)的作用下失稳与破裂,显著影响风味物质从食品胶体中的释放程度,进而影响食品胶体的风味感知。食品胶体结构与风味感知的关系主要可总结为以下 4 点。

2.2.2.1 风味感知强度随着食品胶体硬度的增加而线性下降

研究显示,低酰基结冷胶、卡拉胶、海藻酸钙以及黄原胶和刺槐豆胶混合物的多糖凝胶的断裂应变(硬度)越小,感受到的甜味强度就越高[8],即风味强度随着食品胶体硬度的增加而呈现线性下降的规律。破裂应变较小、质地较脆的凝胶会在口腔加工的早期阶段崩解,从而使与唾液接触的食团表面积增加,进而增大了人们对滋味的感知强度。也就是说,就与唾液的相互作用而言,滋味感知强度与食团颗粒大小有关。然而,明胶和某些复合凝胶的硬度与风味感知并不符合这一规律。由于明胶的熔融温度较低,其在口腔温度下即可熔化,有效促进了风味物质的释放;而某些复合凝胶(如黄原胶和刺槐豆胶复合物的凝胶)由于黏聚性较强,质地可变形度高,因而可将风味成分包裹在凝胶基质中,减少食团与唾液的接触面积,降低风味的感知。

2.2.2.2 风味感知强度随食品胶体黏度的增加而降低

研究显示,蔗糖、氯化钠、咖啡因和酒石酸的味觉阈值在水中最低,在泡沫中居中,在凝胶中最高[8],即风味感知程度随食品黏度的增加而显著降低。然而,风味感知强度的下降与黏度并非呈现单一的线性关系。在较低的浓度范围内,风味感知强度保持不变,当超过胶体的临界浓度后,风味强度才开始迅速下降。这主要是因为黏度可以降低风味化合物的扩散系数,从而降低感知的风味强度。

2.2.2.3 风味感知随着食品胶体种类的不同而变化

食品胶体可通过与风味物质的增强或掩蔽作用影响风味物质的感知。例如,羟丙甲基纤维素和 κ-卡拉胶的添加可降低凝胶中咸味和大蒜味道的感知强度,但实际相关香气化合物的鼻腔浓度并无变化。此外,由淀粉构成的凝胶可在唾液淀粉酶的作用下被分解,而不同的淀粉种类对淀粉酶的敏感性不同。由于唾液淀粉酶属于 α-淀粉酶,可溶性淀粉和直链淀粉对唾液淀粉酶的敏感性强。研究显示,糊化的苋菜红直链淀粉乳液凝胶中的风味化合物比在糊化的小麦淀粉乳液凝胶中释放得更快。

2.2.2.4 风味物质的释放程度与食品凝胶中乳液特性高度相关

在口腔加工时,油脂的释放随着乳液滴大小的增加而增加,与小粒径脂滴较难从凝胶基质释放有关。因此,改变凝胶基质中乳液的粒径可以改变风味释放。此外,改变乳液的油相体积也可以改变风味物质的释放行为,进而影响凝胶的风味感知。Phan 等降低了乳液中的油脂体积,发现风味物质的释放显著滞后[9]。另外,乳液的乳化剂也显著影响风味物质的释放。在以阿拉伯树胶为内水相稳定剂的油包水包油(O/W/O)型乳状液中,和司盘-80比,外水相使用聚甘油蓖麻醇酸酯(PGPR)制备的乳液稳定性更好,因此可以更大程度地减少风味释放[10]。

综上所述,可以根据特定感官属性,设计食品胶体结构,从而增强有利风味的感知,掩盖不良风味的影响。

2.3　具备特定感官品质食品胶体结构的定向设计

2.3.1　可吞咽性食品胶体结构设计

伴随人口老龄化的快速发展,老年人的健康服务需求将日益增加,对经济社会发展形成严峻挑战。因舌压降低、牙齿咬合强度和效率减弱、唾液分泌率下降、口腔-面部肌肉横截面积及肌肉密度减小以及呼吸道与进食道协调性不佳等诸多因素,老年人吞咽困难和吞咽障碍越来越普遍,由此导致的如营养不良及吸入性肺炎等风险,都对老年人群造成极大的危害。基于此,饮食与吞咽安全的特殊膳食食品的设计已成为各发达国家和新兴发展中国家广泛关注的民生问题。其中,利用食品胶体作为质构改良剂成为该类食品开发的关键技术。

在咀嚼过程中,食物从最初的形状和大小转变为一种舒适的可吞咽形式。当颗粒大小、润滑性和食团的凝聚力达到标准时,就会发生吞咽。因此,低流动性和易变形是吞咽困难人群所需食品胶体的结构特征。

首先,口腔唾液的边界摩擦系数比水的边界摩擦系数低两个数量级,与唾液的混溶性决定了食团的润滑性。研究显示,与相对弹性的单一结冷胶相比,由相对塑性的木耳种子胶与结冷胶组成的二元凝胶亲水性更强,因此与唾液相容性高,表现出弱凝胶(或结构流体)的行为[11],更利于吞咽。因此,弱凝胶的流变性和与唾液的高度混溶性是获得良好可吞咽食团的关键,而黏弹性的优化对于吞咽困难食品的质构设计非常重要。

其次,与薄的食团相比,黏性较大、较厚的食团会在口腔中停留相对较长的时间。这种食团通过口腔咽部的速率较慢,所以可以保护气道,降低吸入性肺炎的风险。因此,通过絮凝或添加亲水胶体作为增稠剂,如淀粉、黄原胶、瓜尔豆胶和卡拉胶,可改变液体、半固体食品和混合凝胶结构的质构属性而使食品增稠,从而实现"安全"吞咽。此外,用于吞咽困难增稠剂配方的多糖胶体除了需要具备在冷水中水合的能力,还需具备不易结块、储存时黏度稳定而在口腔加工时黏度可快速增加的特点。一项关于20种具备不同质构属性的亲水胶体与可吞咽性的关系研究显示,κ-卡拉胶与刺槐豆胶之间的协同作用可使其具有较高的硬度和弹性的感知,这意味着κ-卡拉胶/刺槐豆胶混合凝胶的咀嚼时间更长,但食用难度也更大[12]。Laguna和Sarkar通过在κ-卡拉胶中添加"不活跃的填料颗粒",如海藻酸钙微凝胶颗粒,设计了混合生物聚合物凝胶模型[13]。该凝胶模型可因生物聚合物间的不相容而改变凝胶网络结构,在不增加进食难度的情况下有效增加食品的口腔滞留时间,从而增加吞咽安全性。

最后,多糖类胶体的构象与味觉成分的结合强度近年来成为研究的重点。分子缔合或聚集程度不仅影响凝胶的力学和热性能(热可逆性或不可逆性),也会改变食团的脱水缩合程度。就风味释放而言,脱水缩合可能是有利的,脱水缩合程度越大,滋味感知就越强烈。然而,对于吞咽困难的人群来说,脱水缩合可能是不利的,脱水缩合的程度越大,发生气管倒流和抽吸的风险就越高,这与水的湍流性质有关。因此,在开发可吞咽性食品时需要考虑胶体构象与味觉成分的缔合强度。目前,日本市场上已有专门用于防止脱水缩合并维持食品原有形状的多糖类胶体产品,又称速溶胶凝剂。在这种速溶胶凝剂中,应优先选用无须加热即可水合的多糖类胶体。

2.3.2 低脂类食品胶体结构设计

随着消费者对营养认识的深化,低脂/脱脂类食品的需求量越来越大。然而,如何在降低食品脂肪含量的基础上维持其与全脂食品相同的感官属性始终是低脂食品设计与开发的难点。利用食品胶体改善低脂食品的感官品质成为开发低脂食品的有效手段。

第一,以乳液为基础的低脂替代物已经在低脂食品中得到广泛的应用。研究显示,通过选择合适的乳化剂制备乳液,可以在替代 20% 以上脂肪含量的同时维持与全脂相似的摩擦系数,从而很好地赋予低脂食品良好的脂肪属性感知。在低脂巧克力的开发中,可可脂乳液已成功取代巧克力中的纯脂肪相,且不影响可可脂脂肪的晶体多态性。然而,乳液的晶体网络微观结构可影响硬度的感知,为了维持巧克力的脂肪感知,可以选用明胶作为乳液的水相,因为明胶熔点较低,可在口腔温度下熔化,从而保持可可脂巧克力的熔融特性。

水包油包水($W_1/O/W_2$)双重乳液也被应用到低脂替代物的开发中。$W_1/O/W_2$ 双重乳液可将实心脂肪球内部的脂肪部分用水相替代(图 2-4b),有效降低脂肪含量。同时,通过乳化调控,双重乳液的粒径、结构和界面组分可与实心脂肪球完全一致,保持乳脂肪赋予的感官效能,是理想的脂肪替代物。然而,$W_1/O/W_2$ 双重乳液的"两膜三相"结构使其热力学不稳定性较高。内水相 W_1 与外水相 W_2 之间可因为拉普拉斯压力及渗透压的作用发生水分迁移。此外,油相内 W_1/O 乳液液滴也可能发生碰撞而聚合。研究发现,对内水相进行凝胶化处理是提高双重乳液稳定性的有效手段(图 2-4c)。凝胶化后 W_1/O 乳液液滴相互碰撞时聚合稳定性显著提升,且在穿越油水界面时会遇到更大的能量壁垒,产率大幅提升。因此,内水相凝胶化 $G/O/W$ 双重乳液具备成为良好脂肪替代物的潜力。

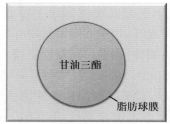 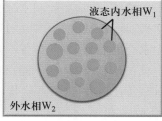 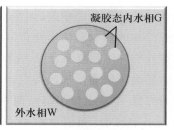

a. 乳脂肪球   b. $W_1/O/W_2$ 双重乳液   c. $G/O/W$ 双重乳液

图 2-4　乳脂肪球与 $W_1/O/W_2$、$G/O/W$ 双重乳液滴结构示意图

第二,可选用生物聚合物相分离的混合物作为脂肪替代物。该结构的凝胶强度主要由连续相性质决定,因此,可利用溶液向凝胶转变前聚合物在溶液中的不相容性,设计"水包水"乳液。如明胶-麦芽糊精混合生物聚合物体系可在一定条件下形成"水包水"乳液,且麦芽糊精的

二维码3 低脂奶
酪制备过程视频

短链水胶体可形成类似脂肪结晶的结晶性结构,因此该乳液可模拟脂肪晶体在口腔的感官特性,已用于全脱脂产品中并实现了良好的涂抹性和口腔润滑性。然而,该类乳液由于脂肪完全缺失,可能存在风味缺陷的问题。

第三,可使用剪切凝胶,在水基系统中制备颗粒结构,从而调控低脂食品的感官感知。通过在多糖(如明胶、卡拉胶和琼脂)的凝胶过程中施加剪切,并调控剪切速率和冷却速率,可以实现生物聚合物构象有序化和凝胶化的有效调控,从而在增加生物聚合物浓度的同时不影响流体凝胶系统中凝胶颗粒的体积分数,并显著改变凝胶颗粒的材料形式和结构,实现体系不同的感官感知特征。

第四,"充气乳液"作为一类脂肪替代物也越来越得到关注。在该类乳液中,相当大比例的脂肪相被"乳化"的气滴所取代,而这些气滴在大小、形状、流变特性以及与结构其余部分的相互作用方面均与油脂类似。充气乳状液在构建时使用了一组新的蛋白质(如疏水素),它们在空气-水界面组装,然后聚集在一起形成凝胶状结构。该界面结构可赋予乳液弹性恢复力,维持液滴长时间的稳定性。为了在保持产品风味的同时实现流变性能匹配,单一产品结构内可使用充气乳液和充油乳液的组合来构建三相乳液(图 2-5)。尽管气体是否能赋予乳液与油脂相似的感官特性尚无定论,然而最近的摩擦学研究结果显示,加入充气乳液可以有效降低乳液的口腔摩擦性[14]。

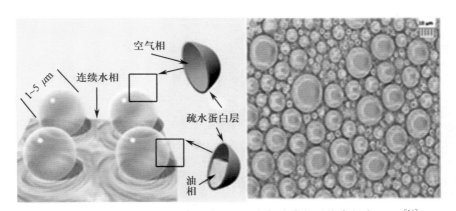

标尺为 100 μm,油滴的平均直径为 8 μm,充气液滴的平均直径为 2 μm[14]

图 2-5 贮存 4 天后由疏水蛋白稳定的充气充油蛋黄酱乳液的(a)显微照片和(b)示意图
(文献引自 Benjamin J D et al.,2010,经版权所有 Elsevier 许可使用,版权号:5055690411321)

2.3.3 风味增强类食品胶体结构设计

从口腔加工学的角度来看,固体食物在口腔中停留时间的增加,将增加咀嚼周期,进而使食物有足够时间分解至食团完全形成,并将增加味觉触发分子向感受器的扩散速度。对于软固体而言,挥发性香气的释放和风味沉积与舌头运动引起的混合效应和食物在口腔停留的时间有关。为了增加软固体和液体在口腔中的停留时间,从而增加香气或风味的释放,可加强食物与口腔表面(黏膜)的相互作用。因此,黏附性生物聚合胶体成为增强风味释放效应的良好来源,并已在制药业中成功应用。某些食品源的胶体是味道增强剂的良好来源。如海藻酸盐和果胶具有很强的黏附能力。

另外,研究显示,在凝胶总体香气浓度恒定的情况下,凝胶内香气在空间内的不均匀分布可增强食品的香气感知,且香气不均匀程度越大感知到的香气强度就越高(图2-6)。基于这一结果,通过改变食品胶体内香气分布的不均匀性以在不增加进食负担的前提下提升食品的香气感知,成了食品开发的一种新策略。

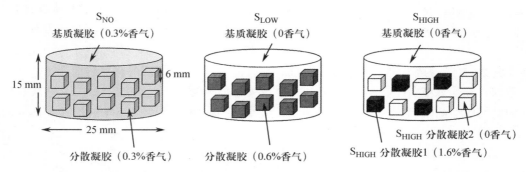

S_{NO}:香气的空间分布比较均匀,分散凝胶和基质凝胶中都含有0.3%的香气化合物;S_{LOW}:香气的空间分布不均匀程度较低,所有分散凝胶中都含有0.6%的香气化合物(总共0.3%);S_{HIGH}:香气空间分布的不均匀程度较高,其中40%的分散凝胶中含有1.5%的香气化合物(分散凝胶1),其余60%的分散凝胶中不含香气化合物(分散凝胶2)(总共0.3%)[15]。

图2-6 香气不同空间分布的凝胶样品示意图

❓ 思考题

1. 请根据乳液在口腔的失稳现象,谈谈如果想要增强食品奶油感的感知,应该选用何种带电特性的乳化剂制备乳液?

2. 如果想设计一款适合老年人食用的可吞咽性食品,就得先开发一种吞咽困难增稠剂,该增稠剂必须具备在冷水中易水合且不易结块的特征,请查阅相关资料,谈谈变性淀粉和黄原胶相比,哪种更方便做吞咽困难增稠剂?

▨ 参考文献

[1] SPENCE C. Multisensory flavor perception [J]. Cell, 2015, 161(1):24-35.

[2] PRINZ J F, LUCAS P W. Saliva tannin interactions [J]. Oral Rehabilitation, 2000, 27(11):991-994.

[3] SARKAR A, KAMARUDDIN H, BENTLEY A, et al. Emulsion stabilization by tomato seed protein isolate: influence of pH, ionic strength and thermal treatment [J]. Food Hydrocolloids, 2016, 57:160-168.

[4] ROSSETTI D, YAKUBOV G E, STOKES J R, et al. Interaction of human whole saliva and astringent dietary compounds investigated by interfacial shear rheology [J]. Food Hydrocolloids, 2008, 22(6):1068-1078.

[5] SILLETTI E, VINGERHOEDS M H, NORDE W, et al. The role of electrostatics in saliva-induced emulsion flocculation [J]. Food Hydrocolloids, 2007, 21(4):596-606.

［6］DRESSELHUIS D M，HOOG E H A，STUART M A C，et al. The occurrence of in-mouth coalescence of emulsion droplets in relation to perception of fat ［J］. Food Hydrocolloids，2008，22(6)：1170-1183.

［7］SALA G，VLIET T，STUART M C，et al. Deformation and fracture of emulsion-filled gels：effect of gelling agent concentration and oil droplet size ［J］. Food Hydrocolloids，2009，23(7)：1810-1817.

［8］MCKEY A O，VALASSI K. The discernment of primary tastes in the presence of different food textures ［J］. Food Technology，1956，10：238-240.

［9］PHAN V A，LIAO Y C，ANTILLE N，et al. Delayed volatile compound release properties of self-assembly structures in emulsions ［J］. Agricultural and Food Chemistry，2008，56(3)：1072-1077.

［10］CHO YH，PARK J. Evaluation of process parameters in the o/w/o multiple emulsion method for flavor encapsulation ［J］. Food Science，2003，68(2)：534-538.

［11］ISHIHARA S，NAKAUMA M，FUNAMI T，et al. Swallowing profiles of food polysaccharide gels in relation to bolus rheology ［J］. Food Hydrocolloids，2011，25(5)：1016-1024.

［12］HAYAKAWA F，KAZAMI Y，ISHIHARA S，et al. Characterization of eating difficulty by sensory evaluation of hydrocolloid gels ［J］. Food Hydrocolloids，2014，38：95-103.

［13］LAGUNA L，SARKAR A. Influence of mixed gel structuring with different degrees of matrix inhomogeneity on oral residence time ［J］. Food Hydrocolloids，2016，61(12)：286-299.

［14］REVEREND B JD L，NORTON I T，COX P W，et al. Colloidal aspects of eating ［J］. Current Opinion in Colloid and Interface Science，2010，15(1-2)：84-89.

［15］NAKAO S，ISHIHARA S，NAKAUMA M，et al. Inhomogeneous spatial distribution of aroma compounds in food gels for enhancement of perceived aroma intensity and muscle activity during oral processing ［J］. Texture studies，2013，44(4)：289-300.

3

食品胶体热动力学与食品加工

内容简介：本章简要介绍了热力学基本概念；胶体的热力学性质；重点介绍胶体的动力学性质，包括速率方程和温度对反应速率的影响等。从热动力和分子相互作用的角度来理解相行为、结晶和玻璃化，以淀粉糊化、乳清蛋白热变性、可可脂结晶等为例，分析了热动力学在食品胶体中的应用。

本章充分阐释了食品胶体技术中涉及的理论知识，并分析了具体加工运用的方式，推进食品胶体技术产学研深度融合，可为食品行业发展培养具有充足理论知识、自主创新能力的高素质人才。

学习目标：了解热力学和动力学基本概念；理解热力学和动力学的关系。进一步理解如何利用食品胶体热动力学理解和预测食品特性和食品加工条件对食品品质的影响。

3.1　食品胶体热动力学基础

　　食品所涉及的系统大多数是不均一的,所以在食品胶体热力学的研究中,有必要考虑系统中多个相的存在。相一般被这样定义:整个相内部构成是均匀的,至少有一个强度性质在相界面发生改变。例如,水和冰的系统中,密度、折射率和黏度在相界面发生改变,但水和冰属于同一种成分;但对于水和油的系统,水相和油相的成分也是不同的。胶体这样一种多相分散系统,系统的状态函数是动态变化的。因此,食品胶体系统经常会涉及的两个重要问题是:会发生什么变化,变化的方向和限度如何? 这些变化速率怎样,外界因素(温度、压力等)对于速率的影响如何? 第一个问题涉及热力学,是变化发生的可能性;而第二个问题涉及动力学,能否控制变化按照所需的过程和速率进行,以满足生产与科技的要求,是现实性问题。如果我们观察到了胶体系统的一个变化,那我们就可以知道它在热力学上是可能发生的,在动力学上也是可行的;如果我们什么都没有观察到,那么它可能在热力学上是不可能发生的,若通过热力学量 ΔG 计算发现目标过程发生的可能性很大,那么可能是动力学上反应速率太慢,可以通过调整参数来实现。因此,食品胶体的热力学从能量角度研究食品加工中变化发生的可能性,而动力学则研究食品加工过程的变化发生速率;二者在指导食品加工的最终目标上是相辅相成的,本节将简要介绍食品胶体热力学和动力学的基础理论。

3.1.1　热力学基本概念及在食品胶体中的应用

　　热力学能够为很多食品胶体,如以蛋白质、淀粉为分散相的系统研究提供一些平衡或者变化发生的重要线索。热力学平衡的 4 个条件为:①力平衡,意味着系统达到力平衡且各部分压力相等;②热平衡,即系统内不存在温度梯度;③相平衡,即系统内各相的组成和数量不随时间而改变;④化学平衡,即当各物质之间有化学反应时,系统的组成不随时间而改变。从这四个条件看,热力学的原理可以应用于食品胶体系统的研究,可以判断系统是否存在平衡或者变化的方向和限度是什么,但它不能够用来研究过程的发生速率。热力学最重要的是第一定律和第二定律:任何变化的能量都是守恒的(第一定律),但是宇宙的总熵是增加的(第二定律)。热力学第一定律是人类长期经验的总结,热力学第二定律是通过理论推导得到的公式。本部分中我们将从食品角度上理解这些术语,然后利用热力学定律来解释食品中的一些变化和平衡现象。

3.1.1.1　能量与热力学第一定律

　　食品和自然界中的其他物质一样,都具有能量。食品的热力学能量一般认为是分子内部的能量,有势能和动能 2 种形式。势能是分子间由于存在相互的作用力,从而具有与其相对位置有关的能;而动能则是因速度而产生的能量。在构成食物的分子组合的尺度上,因为单个分子的实际质量太小,所以引力势能显得不那么重要了。食品系统中的大部分势能都存在于分子内和分子间的化学键中,例如,食品蛋白质内部的酰胺键,蛋白质和蛋白质间相互作用的疏水键。如果两个分子在化学上相互吸引,那么就需要能量才能使它们保持现有距离,而活化分子会有更高的势能。能量的第二种重要形式是动能,在分子尺度上,动能取决于移动和振动的

分子。动能与速度 v 的平方成正比，所以在相同的能量情况下，质量大的分子比质量小的分子运动得慢。热力学第一定律的通常表述为：

$$\Delta U = Q + W \qquad (3\text{-}1)$$

由公式 3-1 可见，热力学能的绝对值是没有办法确定和计算的，只能通过热（Q）和功（W）知道热力学能的变化值。当系统发生变化时，热力学能的变化值取决于系统的始态与终态，而与变化的具体途径无关。

3.1.1.2 熵

热力学第一定律告诉我们，能量可以由一种形式转化为另一种形式，但并没有解释为什么有些能量的转化是自发的，而有些则不是；热力学第二定律指出了这些情况之间的区别。关于热力学第二定律，克劳修斯的表述为：不可能把热量从低温物体传到高温物体而不引起其他变化；开尔文则表述为：不可能从单一热源吸取热量使之完全变为有用功而不产生其他影响。直接根据上述表述判断一个过程的自发性是很困难的，为此一个热力学状态函数——熵被引入。在水中加入的结晶状态的糖会自动溶解，最终糖分子将在整个液体中均匀分布，这就是一个熵驱动系统产生变化的过程。熵和热力学概率存在一定的函数关系，在有许多的分子运动和分子间相互作用的系统中，即使我们暂时忽略分子之间的相互作用和化学键合作用，分子之间也会不断地进行动能的交换，分子之间会相互碰撞，或是碰撞到容器的内壁。

最简单的情况是，我们只把分子当作质点，根据其位置分布限制确定熵，所以很容易理解，液体分子特别是晶体分子的熵比气体分子的熵低。分子还会有其他类型的熵，这取决于系统可变性与有序性的状态，这会影响系统的整体属性。例如，如果我们有一种以上的分子，就会使用混合熵来描述一种分子与其他类型分子的相对位置，分子混合系统的混合熵比两个独立相的混合熵低。混合熵会促使分子从高浓度区域向低浓度区域扩散，例如，腌制牛排时，在浓度梯度和混合熵的驱动下，香料的味道会自发地扩散到肉中。如果分子不是球形的，那么它们的取向则不同，且排列整齐的分子比取向随机的分子具有更低的取向熵。柔性分子的构型熵取决于空间构型（图 3-1）。以图 3-1 左侧蛋白质分子为例，其结构中线形部分的长链是由许多个 C—C 单键组成，图 3-1 中间的示意图是对蛋白质分子线性部分的局部放大；这些单键时刻都围绕其相邻的单键做不同程度的内旋转，高分子在空间的排布方式不断变更，在熵的驱动下，产生图 3-1 右侧的特定构象。

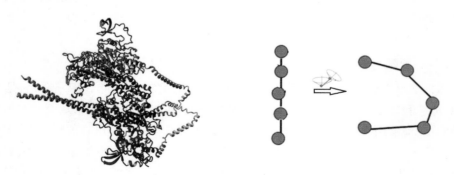

图 3-1　柔性分子熵的示意图

利用上述熵的原理可以进一步理解高分子的柔性。溶液中的高分子主链上连有侧链或其他基团时，将会对高分子链的内旋转造成阻碍；温度较低时内旋转也受阻，因此，溶液中高分子链的内旋转常以若干个链节（将主链上一个 C—C 单键看作一个链节）为一个旋转动力单位。图3-1 中蛋白质分子主链中相当于一个旋转动力单位的部分称为链段。一个高分子有若干个链段，每个链段所包含的链节数越少，整个高分子包含的链段越多，其内旋转越自由，柔性越好。

3.1.1.3 玻尔兹曼分布

食品胶体系统中的分散相总是处在不停且无秩序的运动之中。例如，一杯冲好的奶茶，其分散相的粒子就是在进行无规则的布朗运动。就单个分散相粒子而言，它向各个方向运动的概率均等；但在浓度较高的区域，由于单位体积内质点数较周围多，因而必定是"出多进少"，使浓度降低，而低浓度区域则相反，这种扩散现象对胶体系统的分散性至关重要。扩散的假设前提是，胶体粒子没有受到外力场的作用，正如 3.1.1.2 中分子熵所描述的分子自由碰撞时会进行动能的交换，没有势能将其结合或分离。但当胶体粒子受到外力场作用而必须考虑到势能时，热力学第二定律不能预测所有状态的分布。胶体粒子的分布规律在此时就要受到其自身能量影响，这种情况下我们可以用玻尔兹曼分布预测。对于一个可能具有两种状态的系统，且两种状态之间的能量差为 ΔE，公式 3-2 的玻尔兹曼分布为：

$$\frac{n_i}{n_0} = \exp\left(\frac{-\Delta E}{kT}\right) \tag{3-2}$$

在公式 3-2 中，高能状态下的分子数（n_i，如未成键的）与低能状态下的分子数（n_0，如成键的）的比值等于各状态之间的能量差（ΔE）与系统的热能（kT，其中 k 为玻尔兹曼常数，T 为绝对温度）之比的指数。如果不存在能量差（$\Delta E = 0$），则 n_i/n_0 为 1，且正如我们从热力学第二定律中得出的那样——在无成键的情况下，分子在两种状态间的分布是均匀的。然而，随着能量差增大或温度降低，势能（ΔE）相对于热能（kT）逐渐占据主要地位，因此低能状态的分子比例会越来越大。图 3-2 中，高能分子与低能分子的比例（n_i/n_0）随着能量差（ΔE）的增大或温度（T）的降低而降低，分子在两种可能状态间的分布因高能量或低能差而分开。我们在高温条件下用水分子做实验则会出现更多的水蒸气，而处于液态的水分子将会减少。

熵在物理学上向我们阐释了时间与不可逆性，但我们必须注意，在我们的周围可以从无序中发现规则和秩序，这显然违反了热力学第二定律。例如，水可以冻结成冰，酒精可以通过蒸馏浓缩。在所有这些例子中，都存在着明显的局部熵的下降。这种现象是由能量运动所导致的，这与前面熵增必然性的例子相反，前面的例子没有这种能量的流动。为了更好地理解这种与能量变化相关的局部熵减少，是如何与热力学第二定律中整体熵增相调和，我们需要进一步对局部系统进行定义。

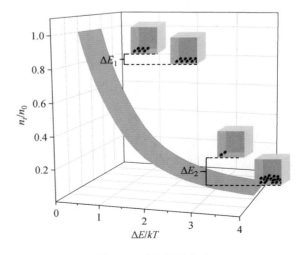

图 3-2 玻尔兹曼分布

3.1.1.4 焓

在食品加工过程中,我们往往会接触到胶体系统的"焓"这个概念。例如,多糖在水中分散时伴随着放热,我们把这个水合过程中的能量变化称为"溶解焓"。牛肉的冷冻过程中,我们需要不断移除热量,就需要知道对应的"热焓"。那么,如何从食品胶体热力学的角度理解"焓"呢?通过前述内容我们可以知道,总能量是守恒的,总熵会随着变化而增加。但我们无法知道这些能量和熵的数值到底是多少,我们需要把关注的重点放在具体的系统上,明确地定义它的边界,然后再弄清是什么在这些边界之间移动。能量可以通过热能或做功的形式,从一个地方转移到另一个地方。因此,根据热力学第一定律,使系统的总能量(即内能 U)改变的唯一方式是有一定的能量流过系统的边界:

$$dU = \delta Q + \delta W \tag{3-3}$$

在公式 3-3 中,U 是系统内能的变化量,Q 是系统与环境之间因温差而传递的能量(系统吸热为正值,系统放热为负值),W 是系统与环境之间传递的除热能以外的其他能量,环境对系统做功为正值,系统对环境做功为负值,δ 表示变分。公式 3-3 给出了一些可以测量的东西,我们可能永远不会知道系统的总能量(比如一罐蔬菜的能量是多少),但我们可以知道系统变化的热和功,这样就可以计算出系统内能的变化。

实际上,热流量相对容易测量,因为可以从温度变化推断出热的流动,而多种形式的功则较难测定。一般情况下将功分为体积功和非体积功,体积功是可以测定和计算的。如果可以建立一个不做功的系统,那么通过测量系统边界的热流量,即可得到我们想要的参数——系统内能的变化。我们研究的大多数变化都是在大气压下发生的,而且会出现一些膨胀和收缩做功,即体积功。我们在测量内能变化时必须考虑到这一点。理想气体在恒压 p 下发生微小膨胀(dV)所做的功为 $-p\,dV$。如果只有膨胀做功,那么我们可以用 $-p\,dV$ 代替 δW,即恒压下的公式 3-4:

$$dU = \delta Q - p\,dV \tag{3-4}$$

现在我们不能直接将测得的热流(δQ)与内能变化(dU)相对等。为了解决这一问题,我们必须引入一个新的参数定义——焓 H:

$$H = U + pV \tag{3-5}$$

对于微小的变化,

$$dH = dU + d(pV) = dU + p\,dV + V\,dp \tag{3-6}$$

因为我们研究的是恒压系统,所以 $V\,dp = 0$,重新整理并代入公式 3-4 可得 $dH = \delta Q$,也就是说,恒压下的热流量等于焓变。这就将系统的热力学特性(焓)与可测参数(热流量)联系起来。对于体积变化不大的系统(如固体或液体食品中的反应),焓几乎与内能是相等的。

热焓变化通常采用差示扫描量热法(DSC)进行测定。将少量样品放入坩埚并密封,置于炉中,另取一空坩埚,置于相似的邻近炉中。我们将系统定义为坩埚和它的内容物(即坩埚的金属部分、约 3 mg 的淀粉和 7 mg 的水),测定跨系统边界的能量交换。设定设备以相同的控制速率加热样品和空白,参照组的坩埚需要一定的热量来加热空坩埚的金属,而样品坩埚还需要更多的热量来加热淀粉和水。测出两坩埚所需的热量的差值,并由此计算出恒压下引起单

位质量样品发生单位温度变化所需的能量,即比热容 C_p:

$$C_p = \frac{\delta Q}{dT} = \frac{dH}{dT} \tag{3-7}$$

如果发生吸热反应,需要额外的能量来促进变化,那么仪器会测量出为维持样品中已设定的加热速率所需的额外热通量,并在表观 C_p 中记录为峰值。另外,放热反应所释放的热量意味着样品升温所需热量更少,样品的表观 C_p 也会降低。

3.1.1.5 吉布斯自由能与平衡

恒压下的系统可以用其焓和熵来定义,二者之和即自由能,是总能量中可用于对外做功的一部分。在恒压下,定义为吉布斯自由能:

$$G = H - TS \tag{3-8}$$

由于(等温等压、可逆过程)吉布斯自由能变量等于系统对外所做的最大的非体积功,所以只能看到吉布斯自由能减少的变化:

$$\Delta G = \Delta H - T\Delta S \tag{3-9}$$

吉布斯自由能由高变低($\Delta G < 0$)的变化在热力学上是允许的,而吉布斯自由能由低变高($\Delta G > 0$)的变化则不会发生。如果有足够的能量从系统中流出(ΔH 为负),公式 3-9 中系统中的熵就会下降(ΔS 为负,因此 $-T\Delta S$ 为正)。吉布斯自由能是我们在研究食品热力学中最重要的量,因为它可以指示反应发生的方向,并且定义了当两个状态处于平衡状态的条件——两状态之间没有自由能差。

胶体系统首先是以分散相有一定的大小为特征的,故胶粒本身与分散介质之间必有一明显的相界面。分散相粒子越小,界面面积越大。界面面积的大小也称为比表面积,比表面积通常用来表示物质分散的程度,有两种常用的表示方法:一种是单位质量的固体所具有的表面积;另一种是单位体积固体所具有的表面积。为制出胶体系统,必以不同形式做功,才能使分散相达到高度分散状态,因此系统必有大的界面自由能,系统的界面自由能等于界面总面积与单位表面(自由)能之乘积。1 cm^3 的水分割成边长为 1 nm 的立方体小水粒子时,界面自由能达 454 J,如此大的能量可使约 110 cm^3 的 0 ℃ 水温度升高 1 ℃。大的界面和大的界面自由能存在,使胶体系统有许多独特的物理化学性质。第一,在界面区域内可发生不同于体相中的化学和生物化学过程(如吸附作用、界面化学反应、模拟生物膜的许多作用等);第二,使胶体系统中分散相有自动聚集的趋势。

3.1.1.6 热力学的应用实例——淀粉糊化

淀粉由葡萄糖的直链和支链聚合物组成,淀粉一般以直径几微米的半晶体颗粒,天然存在于植物中。在研究淀粉糊化的热力学时,需要考虑的相关参数就是焓变,因为大多数淀粉的加工过程是在恒压下通过改变温度来完成的。当淀粉在有水的情况下被加热至临界温度时,由于结晶减少甚至消失使黏度突增,淀粉颗粒体积会迅速膨胀到原来的许多倍。这一过程被称为糊化,是淀粉类食品烹调过程中必经的重要一步。

使用差式扫描量热法(DSC)测定 30% 的玉米淀粉颗粒悬浮液在水中的比热容,结果如图 3-3 所示。在 50 ℃ 到 85 ℃ 有一个峰值,这意味着在处于这两个温度之间时,样品需要额外的

热能来提高温度。这种额外的能量必然是用以驱动某种反应的,淀粉的糊化和额外的热能总量可由峰面积给出$\left(\Delta H=\int C_p\mathrm{d}T=14.4\ \mathrm{J}\cdot\mathrm{g}^{-1}\right)$。因此,通过对系统的精心设计,我们可以测量流过边界的热流量,以及食物结构变化相关的热焓变化。在平衡状态时,$\Delta G=0$,$T\Delta S=\Delta H$,我们可以用焓变的量热法来推断对应的熵变。例如,在上述的淀粉糊化的 DSC 测量中,50 ℃(323 K)开始出现一个流向淀粉—水系统热流量的峰值,与该转变相关的总焓变为 $14.4\ \mathrm{J}\cdot\mathrm{g}^{-1}$。在低温时,没有出现糊化,所以 $\Delta G>0$;而在较高的温度下,淀粉自发发生糊化反应,所以 $\Delta G<0$。如果我们把 DSC 峰出现时的温度作为糊化的淀粉和颗粒状淀粉处于平衡状态的温度,那么在 323 K 时,$\Delta G=0$,$T\Delta S=\Delta H$,因此 $\Delta S=0.04\ \mathrm{J}\cdot\mathrm{K}^{-1}\cdot\mathrm{g}^{-1}$。糊化的结果是熵增加,部分结晶淀粉颗粒熔化,聚合物变得更加无序。

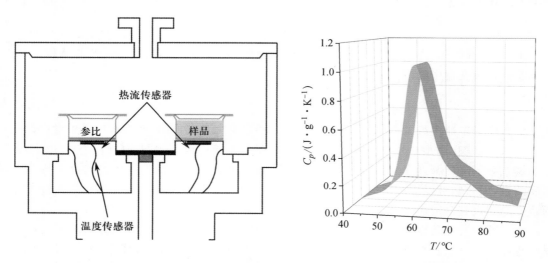

图 3-3　差式扫描量热法测定原理与玉米淀粉悬浮液在水中的比热容测量

3.1.2　动力学基本概念及在食品胶体中的应用

食品胶体系统的平衡性取决于其构成成分和条件,很多情况下胶体系统都处于非平衡状态。例如,分散相粒子如果比连续相的密度大,那粒子可能会在重力的作用下发生沉降;乳状液则可能出现絮凝、聚结、分层等不稳定现象。热力学给我们提供了变化是否可能发生的信息,动力学帮助我们认识变化随时间能进行到什么程度及其他成分的存在对变化速率的影响。

3.1.2.1　动力学与热力学的关系

热力学有助于预测系统在平衡状态时的性质。对于一般的可逆反应:Ⅰ⇌Ⅱ,如果Ⅰ和Ⅱ之间的能量差为 ΔE,则平衡状态由玻尔兹曼分布表示:

$$\frac{[\text{Ⅰ}]}{[\text{Ⅱ}]}=\exp\left(\frac{-\Delta E}{k_\mathrm{B}T}\right) \tag{3-10}$$

在式 3-10 中,方括号表示浓度,只要合理不论是何单位。我们用 k_B 表示玻尔兹曼常数,因为 k 被广泛用作速率常数。我们可以用这样的方法来理解反应速率,假设在Ⅰ和Ⅱ间的通路中存在一个高能过渡态(图 3-4),只有那些能量大于 ΔE_f^+ 的反应物分子才能形成高能过渡态,

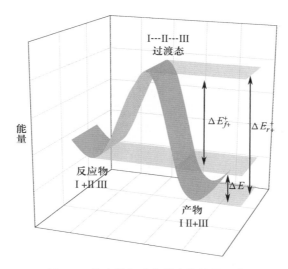

图 3-4　热力学和动力学中的能量因素

而这种高能过渡态可以转而分解形成产物(＋符号代表中间态特性)。同样,只有那些能量大于 ΔE_r^+ 的产物分子才能进行逆反应。具有足够的能量来进行正反应或逆反应的分子比例可由玻尔兹曼分布确定。与分子的热能(即 $k_B T$)相比,能量势垒越高,能形成中间产物并发生反应的分子越少,反应就越慢。如果能量势垒过高,那么不管反应物和产物之间的能量差是多少,反应都无法进行。

研究过渡态本身是很难的,因为它代表能量最大值,而不是最小值。中间产物不会积累,因此很难确定过渡态确切的具体构型,虽然有时我们可以正确地推测出来。但有些时候,只能对过渡态做出猜测,但它的隐含存在有助于我们理解所观察到的反应动力学。过渡态只有对反应动力学来说是重要的,而热力学平衡只取决于稳态时反应物和产物之间的能量差。

3.1.2.2　速率方程

食品胶体系统中很多变化过程如热敏性物质降解、酶的失活、泡沫的产生或消除,都需要对发生变化的速率进行定量,因此建立合理的速率方程至关重要。一般反应(A→B)的反应速率与反应物的浓度成比例,即:

$$\frac{-d[A]}{dt} = \frac{d[B]}{dt} = k[A]^{n_a} \tag{3-11}$$

在式 3-11 中,t 是时间,n_a 是反应的级数或阶数,通常为 0 或整数(也有小数的,不一定是整数),k 是比例常数(速率系数)。注意,由于一个 A 分子反应形成一个 B 分子,所以 B 的生成速率等于 A 的(负)生成速率。如果反应的化学方程式不同,例如 aA→bB,则:

$$-\frac{1}{a}\frac{d[A]}{dt} = \frac{1}{b}\frac{d[B]}{dt} \tag{3-12}$$

实际上,知道反应过程速率不如知道浓度与时间的函数,这就需要对公式 3-11 进行积分。表 3-1 给出了对于 $n_a = 0$、1、2 时的积分结果。在零级反应中,A 的浓度随时间呈线性变化,对于其他级数的反应,该关系则是非线性的,但是如果选用浓度的对数或倒数作图,可以分别得

到一阶和二阶反应的浓度随时间变化的线性图。

表 3-1　速率方程的积分结果

级数	类型	k 量纲	速率公式积分式	线性关系	$t_{1/2}$
1	A→P	t^{-1}	$\ln(a-x)-\ln a=-k_1 t$	$\ln(a-x)\sim t$	$\dfrac{\ln 2}{k_1}$
2	A+B→P$(a=b)$	$c^{-1}\cdot t^{-1}$	$\dfrac{1}{a-x}-\dfrac{1}{a}=k_2 t$	$\dfrac{1}{a-x}\sim t$	$1/ak_2$
	A+B→P$(a\neq b)$	$c^{-1}\cdot t^{-1}$	$\dfrac{1}{a-b}\ln\dfrac{a-x}{b-x}-\dfrac{1}{a-b}\ln\dfrac{a}{b}=k_2 t$	$\ln\dfrac{a-x}{b-x}\sim t$	
0	A→P	$c\cdot t^{-1}$	$x=k_0 t$	$x\sim t$	$t_{1/2}=\dfrac{a}{2k_0}$

以食品胶体中常见的泡沫坍塌现象为例,假设泡沫分解的速率取决于两个小气泡合并成一个较大的气泡的速率,那么气泡的数量会随时间如何变化?该速率取决于在一定时间内气泡相碰的次数。在给定时间内气泡与另一个气泡碰撞并合并的概率取决于现有气泡的数量,即[bubbles],而碰撞的总次数是所有现存气泡的总和,即[bubbles]^2。反应速率(即单位时间内损失的气泡数)与现存气泡数的平方成正比,我们可以把速率的表达式写成二级反应:

$$\text{Rate}=\frac{-d\,[\text{bubbles}]}{dt}=k\cdot[\text{bubbles}]^2 \tag{3-13}$$

在这些简单的例子中,我们可以将提出的反应机制与测量的反应动力学直接联系起来。从本质上说,动力学模型提供了一个假设,我们可以对照观察到的动力学对其进行检验。然而,大多数真正的化学反应都涉及复杂的多步机制,动力学更多的是用来描述,只有极少的情况下用以揭示其原理。

3.1.2.3　温度对反应速率的影响

食品体系的反应速率可能因反应物浓度的不断变化而随着时间改变,但只要反应机制和条件(如温度和 pH)不变,速率系数就保持不变。温度是食品加工调控的重要因素,例如在酸乳的生产中,要使用低温加热来钝化原料乳中一些对后续发酵有干扰的酶类;咸蛋腌制中,升高温度可以加快盐水的渗透速率。温度对速率系数的影响常用阿伦尼乌斯经验公式来建模:

$$k=A\exp\left(-\frac{E_a}{RT}\right) \tag{3-14-1}$$

$$\ln k=-\frac{E_a}{RT}+B \tag{3-14-2}$$

$$\ln\frac{k_2}{k_1}=-\frac{E_a}{R}\left(\frac{1}{T_1}-\frac{1}{T_2}\right) \tag{3-14-3}$$

式中,k 是反应的速率系数,E_a 是反应的阿伦尼乌斯活化能(与温度无关的常数),R 是气体常数($R=8.314\ \text{J}\cdot\text{K}^{-1}\cdot\text{mol}^{-1}$)。通过实验,测量并得到速率系数与温度的函数,就可以确定公式 3-14-1 中的常数(阿伦尼乌斯活化能 E_a 和指前因子 A),公式 3-14-2 和公式 3-14-3 可用于其他温度下速率系数的计算和比较。α-乳清蛋白是牛奶中乳清中的一种重要蛋白质,也是食品胶体研究中常见的蛋白之一,其在热加工过程中会变性。有研究表明,α-乳清蛋白的变性速率遵循一级动力学,温度对速率系数的影响可绘制成阿伦尼乌斯图(图 3-5)。阿伦尼乌斯关系告诉我们,反应速率随温度升高而加快。在高温和低温两种机制下,形成过渡态的吉布斯自由能均为 $105\sim110$ kJ·mol^{-1}。对于低温机制,$\Delta H=192$ kJ·mol^{-1},$\Delta S=0.24$ kJ·mol^{-1}·K^{-1};而对于高温机制,$\Delta H=54.5$ kJ·mol^{-1},$\Delta S=-0.14$ kJ·mol^{-1}·K^{-1}。也就是说,在低温下形成过渡态的熵值增加比高温下多,这表明需要断裂更多的化学键;同样,低温机制下的形成过渡态的熵变为正,说明低温时过渡态比天然蛋白更加无序,而高温机制下的熵变为负,说明高温时过渡态比天然蛋白更有序。通常认为,肽链展开时有许多键断裂,所以应该有较高的 ΔH,又因展开后的产物更无序因而 ΔS 为正;另外,因为蛋白聚集反应断裂的键较少,所以 ΔH 较低,又因产物更有序,故 ΔS 为负。因此,虽然蛋白质在低温和高温下都会发生变性,但结构展开在低温下代表限速步骤,而在高温下则代表着蛋白的聚集。

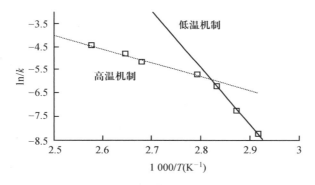

图 3-5　高温和低温下乳清蛋白的变性动力学对比
［文献引自 Skelte et al.[1],经版权所有（2021）American Chemical Society 许可使用］

动力学与热力学截然不同,但又相辅相成。它假设存在一种高能过渡态,反应分子必须克服这种状态才能形成产物。能量势垒会减缓变化,甚至阻止系统达到平衡,但对平衡时的最终成分组成没有影响。反应的经验速率与达到一定能量高度的反应物的浓度成正比,该函数的积分形式可以用来模拟浓度随时间的变化。根据阿伦尼乌斯方程,比例常数（速率常数）通常随温度升高而增大,因为它提供了在一定温度下具有足够能量、能够参与反应的分子比例的度量。

3.2　食品胶体相行为的热动力学

食品胶体学中常见的现象是,有些食品成分可以混合,而有些成分混合后或快或慢地分离为两相。例如,乙醇和水可以以任何比例混合,橄榄油和菜籽油也可以混合。另外,虽然油和水可以混合在一起制成沙拉酱,但实际上它们并不能互溶。对这种现象的解释,需要将热力学定律、分子性质和动力学理论结合起来。

如果成分互不溶解，它们必然会在食品中形成独立的相，相是系统中宏观上看化学组成、物理和化学性质完全均匀的部分。在相的边界处，某些性质（如化学成分、密度、黏度）会有突然发生的变化。虽然奶油在肉眼看来是一种均质流体，但在微观上是一个两相系统。细小油滴的存在会影响产品的质地，例如高脂奶油比低脂奶油更黏稠。真正的食品中的相行为是非常复杂的，例如，奶油经过加糖、打发和冷冻后做成冰激凌的最终产品中有结晶的冰相、浓缩的糖溶液相、脂质相（以液滴形式）和夹带一些气泡的气相。再者，产品的特性还取决于各相的比例，如果过多的水被冻成冰，或打入的空气太少，冰激凌就会偏硬且难以舀起。相平衡取决于环境条件和所使用的成分，例如含糖量高的冰激淋更软、冰量更少。

本部分的目标首先是了解如何利用相行为来理解和预测食品的特性，然后从分子相互作用和热力学定律的角度来理解相行为。我们将从最简单的食品——水的相行为开始。

3.2.1 单组分相图

水是食品胶体连续相的常见成分，以固态、液态和气态的形式大量存在于食物中。我们可以通过实验对水的凝固点和沸点进行测量，并将其绘制在一条线上，以显示不同相出现的条件：1 标准大气压下，在 100 ℃ 以上，水蒸气是水的稳定形态，液体会沸腾；0 ℃ 以下，冰是水的稳定形态，水会形成结晶。准确地说，在 100 ℃ 和 0 ℃ 时，水分别与水蒸气和冰处于平衡状态，我们可以看到两相同时存在。

水的沸点是压力的函数（在珠穆朗玛峰顶，水的沸点只有 69 ℃ 左右）。我们可以用温度和压强作为相图的轴线来表示二者对水的相行为的影响（图 3-6）。标记区域显示了水呈现不同相（冰、水和水蒸气）的条件。例如，水在室温条件下 $[p=1 \text{ atm}(100 \text{ kPa})，T=25 \text{ ℃}]$ 是液体，但在 -10 ℃ 时是固体。只要不越过代表相转换（即沸腾、结冰或升华）的线，我们可以在其中一个区域内自由地改变温度和压强。沿着这条线，两相处于平衡状态，如果想保持这种平衡，就不能自由地改变温度和压力。例如，如果想把沸腾的水的温度提高到 121 ℃，那么压强必须提高到 2 atm 才能继续保持在线上；如果水在 69 ℃ 下沸腾，由于相线的关系，压强一定是 0.28 atm。沸腾线和结冰线的交点是水的三相点（0.01 ℃，0.006 atm），水的三相点温度为 273.16 K，压力为 610.62 Pa。只有在该条件下，才有可能看到水蒸气、水、冰处于平衡状态。

在晶体中，分子有规律地排列，并与相邻的分子紧密相连，每个分子都可以在其位置上振动，但不能扩散；在液体中，分子仍然紧密地排列在一起，但现在它们可以从初始位置开始自由扩散，且分子没有固定的规则排列；而在气体中，分子不再紧密结合，可以自由扩散。由本章的公式（3-9）可知，一个相的总自由能由焓项和熵项组成。在晶体中，有许多键能高，焓很大，但由于结构规则，所以熵很小；在气体中，成键少，键能低，但熵高。液体的特性介于这两个极端之间，但相比气体，其更接近晶体的特性。

在低温下，熵相对不太重要，因此自由能主要由化学键决定，而晶体相中的强键意味着其自由能比气态低（液体作为中间态）。稳定的相是自由能最低的相，因此物质在冷却时倾向于结晶。所有物质的自由能都会随着温度的升高而降低，但因为气相的熵大于晶体相，前者能量降低的速度会更快（液体介于两者之间）。液相的自由能曲线与固相和气相的自由能曲线交汇处的温度，分别对应于熔点和沸点。较高的温度为分子提供了足够的热能，使分子之间的化学键断裂。水在大气压下 100 ℃ 时沸腾，但我们可以通过增加压力使高能分子聚集在一起，形

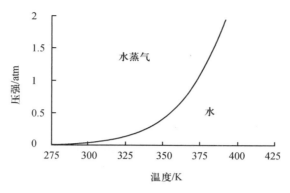

图 3-6　水的相图

［文献引自 John[2]，经版权所有 Springer 许可使用，版权号：5074810114244］

成紧密的相，从而使水在更高的温度下沸腾。压力太大时，水蒸气就会凝结成水；压力太小时，所有的水就会成为水蒸气。

3.2.2　多组分相图

绘制多组分相图的第一步是将组分表示为图上的轴。我们可以在相图上将二元混合物的组成简明扼要地表示为质量或摩尔分数。如图 3-7 所示，将 2 g 糖溶解在 10 g 水中，会形成 $16.7\ wt\%$［即 $2/(2+10)\times100\%$］的溶液。知道了其中一种成分的比例就可以确定另一种成分的量（即 $83.3\ wt\%$ 的水），所以我们可以只用这个数来描述混合物的总体组成。如果我们用一个轴来表示组成，那么另一个轴可以是温度或压力，但不能同时显示这两个参数的影响。温度通常更与食品相关，因此典型的双组分相图描述的是混合物中各相与温度和组成的函数测量值。对于成分更复杂的混合物，也可以绘制相图，但在实际应用中，三元以上混合物的情况不多。对于三组分混合物 A＋B＋溶剂，两个坐标轴分别表示 A 和 B 的质量分数。

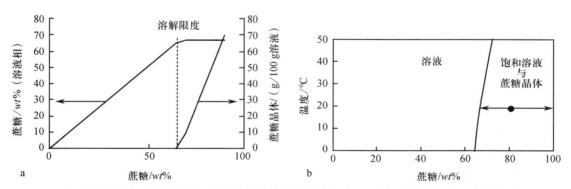

a. 加入蔗糖的量与溶液中溶解的蔗糖和蔗糖晶体间的关系；b. 蔗糖的溶解度与温度的关系。

图 3-7　蔗糖水溶液的相图

［文献引自 John[2]，经版权所有 Springer 许可使用，版权号：5074810114244］

多组分相图在食品胶体系统中的应用很多,例如可以通过将硬的结晶脂肪与液态油混合,制成软的、可涂抹的脂肪,如人造黄油和起酥油。固体脂肪中的部分脂肪结晶分散在液态油中,形成固脂含量中等的质地适度柔软的产品。

3.2.3 相分离的热动力学

迄今为止,我们对相变的研究一直是从纯热力学角度,涉及平衡状态下相的数量和组成。然而,许多食物达到相平衡的速度非常缓慢,例如,我们可以通过在热饮中加入糖,然后冷却,制成甜味冰茶,但向冷茶中加入的糖只会沉到杯底,溶解缓慢。

相分离的动力学机制有两种:第一种是结点相分离:新的相先从局部的结点形成,然后随着相分离的进行,这些局部的结点逐渐长大形成更大的球体或"团块"。结点相分离这种方式,在发生相分离之前通常有一段滞后时间。第二种是旋节线相分离:新相在整个系统中均匀地形成,并形成非常紧密的混合微观结构。旋节线相分离之前通常没有滞后时间,例如茴香油与稀乙醇溶液混合后会瞬间相分离,这种就是旋节线相分离。

我们可以通过更仔细地观察自由能-组分曲线(图 3-8),理解这些不同机制的原因。如果制备出 x_A 或 x_B 组成的混合物,它们都会在自由能最小值处相分离成两相。这两个新相在达到最终组成平衡的过程中,必须经过中间的成分过程,其中一个区域的成分 x 比较丰富,而另一个区域的成分则缺少 x,即($x+\Delta x$ 和 $x-\Delta x$)。其中一种状态的自由能比初始混合物高,而另一种则比混合物低。图中,初始均相混合物成分 x_A 获得了能量 ΔF_1,失去了能量 ΔF_2,但当 $\Delta F_2 > \Delta F_1$ 时,净能量变化为负,反应可以自发进行。相反,在初始混合物成分 x_B,$\Delta F_2 < \Delta F_1$,净能量变化为正,反应不能自发进行。虽然完全的相分离在热力学上是有利的,但中间状态具有较高的能量,因此反应的动力学速率很缓慢。

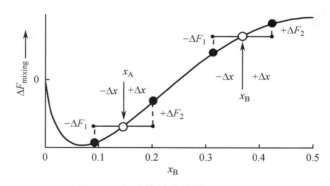

图 3-8 相分离的自由能-组分曲线

[文献引自 John[2],经版权所有 Springer 许可使用,版权号:5074810114244]

只有当局部自由能-组分曲线向下凹时,才会出现相分离的动力学壁垒(例如,图 3-8 中的成分 x_A)。如果它是向上凸的,任何部分相分离都会使系统的自由能降低,并能自发地进行(例如,图 3-8 中的成分 x_B)。当自由能曲线趋于平坦时,就会出现动力学延迟相分离和自发相分离的两个条件之间的边界线,称为旋节曲线。由于热力学上的被驱动,系统会产生相分离,但因为部分分离态的能量较高,相分离在动力学上会受到阻碍,因此可以在相当长的时间内保持单相。旋节线内的区域对相分离没有动力学障碍,在整个系统中,相变在以扩散限制速率迅速地发生,形成了精细微观结构。

3.3 食品胶体结晶与玻璃化的热动力学

由一种或多种单分散胶体粒子组装并规整排列而成的二维或三维有序结构统称为胶体晶体。胶体晶体与普通晶体在结构上十分相似,只是胶体晶体中占据每个晶格点的是具有较大尺度的胶粒,而不是普通晶体中的分子、原子或离子。胶体结晶对食品品质有重要意义,例如尽管黄油和冰激凌中单个的脂肪晶体和冰晶很小,但其中油或水的结晶比例却对产品硬度影响很大。将胶体系统冷却到溶剂的凝固点则会达到过冷态,而溶质的浓度高于溶解极限时则为过饱和态。过冷或过饱和意味着系统处于相图的两相区域,这是结晶的热力学前提条件。结晶过程动力学的限制步骤如下。①晶核形成可以是均相成核,即结晶单元的自我成核;或者是异相成核,即结晶单元以外的因素成核。在晶核形成过程中,液体中晶体初步形成,晶体数量增加,但只有少量物质形成结晶。②晶体的生长与结构完善,这个过程晶体可以在原有表面进行扩张生长,也可以在原有的表面形成新核而生长。

当温度降低至熔化温度时,液体通常发生前述的结晶,转变而成为有序排列的晶体。当系统快速降温或存在多分散性时,液体中的粒子来不及规整排列形成能量最低的晶核,或者晶核无法继续生长,液体会凝固形成玻璃态固体。早在 20 世纪 60 年代中期,英国科学家 White 和 Cakebread 就在糖果生产中首先提出了食品玻璃态转化这一观点。玻璃态转化现象对流态食品转变成固态食品的操作具有实际意义,如干燥挤压、速冻、糖果制造、焙烤等,而且对食品的机械特性、物理和化学稳定性以及食品货架期也具有重要意义。

3.3.1 食品胶体结晶的热动力学

3.3.1.1 晶体结构

食品以晶体结构存在的有食盐、白糖和巧克力等。无论晶体是由分子(如糖、脂肪和水)、分子聚集体(如淀粉粒)还是由离子(如氯化钠)形成的,都有一个共同的显著特征——在微观层面上是有序的。因此,晶体的整体形态也是具有规则几何外形的固体。晶体是低熵相,且其各单元之间具有很强的结合焓,使其自由能最小。稳定的晶体具有由强的、固定的分子间键确定的规则的结构,对随机热运动的无序效应表现稳定。

稳定的晶体是分子(或离子等)的规则排列,使尽可能多的键接近能量最低的最佳长度。分子不是球形的,特定的分子间相互作用可能会偏向于一个方向。为了描述晶体的结构,首先要把晶体分成不对称单位,例如氯化钠晶体的不对称单位是 1 个 Na^+ 和 1 个 Cl^-。但是,仅仅知道不对称单位并不能描述晶体整体的排列结构。在晶体中,原子或分子等按一定周期排列,晶体的这种周期性特征可以用晶格点阵来描述,组成空间点阵的基本单位称为晶胞。通过将堆叠晶胞这个晶体的最小重复单元,就可以形成一个任意尺寸的宏观晶体。如图 3-9 所示,NaCl 晶体是由 4 个 Na^+ 和 4 个 Cl^- 构成一个晶胞的面心立方空间点阵结构。

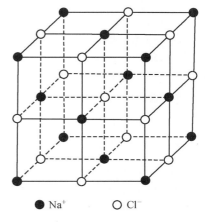

● Na$^+$　　○ Cl$^-$

图 3-9　NaCl 晶体结构示意图

3.3.1.2　结晶过程的热动力学

3.3.1.2.1　晶核形成

热力学上有结晶的驱动力,但这并不意味着产品在其生命周期内一定会形成晶体。有一个明显的例子就是蜂蜜,它可以是可流动的透明液体,也可以是可涂抹的混浊半固体;这两种形态的蜂蜜都有相同的化学成分(约含 82% 的糖,主要是果糖和葡萄糖),不同点只是因为后者中的糖已经结晶,而前一种中的糖还没有结晶。晶体的成核速率 J 有多种定义,常用的是用第一个晶体形成所需的时间倒数(s^{-1})来表示,即每秒钟形成的晶核数。当晶体成核速率较低时,样品在过冷状态下可长时间保持稳定。成核速率与温度的关系遵循阿伦尼乌斯型关系的 Fisher-Turnbull 方程:

$$J = J_0 \exp\left(\frac{-\Delta G_n}{k_B T}\right) \tag{3-15}$$

式中,ΔG_n 是成核的自由能垒,J_0 是频率系数(常数),T 是绝对温度,k_B 是玻尔兹曼常数。将熔融的乳脂迅速冷却到熔点以下,研究乳脂的结晶过程,并测量浊度随时间的变化发现:熔融的乳脂是透明的,而一旦结晶就会变浑浊;结晶诱导时间是指浊度增加前的时间,也即从晶体最初的形成(J^{-1}),一直到晶体生长至能够检测到晶体存在的大小($\tau_{instrument}$)所需时间的总和,即 $\tau = J^{-1} + \tau_{instrument}$。例如,高倍显微镜会先于低倍显微镜看到晶体,即使 J^{-1} 相同,τ 也可能会不同。一般情况下,都是用对微小晶体首次出现敏感的技术来研究成核动力学,所以与 τ 的测量结果最直接相关的就是 J^{-1}。

胶体系统的温度在其熔点(T_m)以下时,热力学上会驱动结晶,然而成核动力学显示这一过程并不是迅速启动。例如,油可以在低于熔点 2 ℃ 的条件下储存 2 h 后才检测到结晶,而在低于熔点 8 ℃ 条件下储存,样品只能稳定 7 min。知道了成核时间,就可以计算出成核速率的倒数。例如,如果在 400 s 后观察到成核,则每 400 s 就有一个成核事件,每秒钟的成核数(即成核率)为 $J = 0.0025\ s^{-1}$。成核速率对温度的依赖关系可以用来研究成核的能量。成核速率常数的对数与绝对温度的倒数成比例,根据公式(3-15),直线的斜率是 $-\Delta G_n / k_B$,因此成核自由能为 317 kJ·mol^{-1}。

3.3.1.2.2　晶体生长与结构形成

晶核质量所占系统的百分比是微不足道的,在当前状况与平衡时的自由能之差的驱动下,大规模的结晶都发生在随后的生长过程中。一旦过饱和溶液成核,晶核将趋于生长,直到溶液中溶质的浓度下降到饱和点为止。随着晶体的生长,系统逐渐接近平衡,晶体生长的热力学驱动力和生长速率均随之降低。晶体生长的最后阶段速率可能非常缓慢,以至于许多食品永远达不到平衡状态。大量结晶的过程经常用公式(3-16)的 Avrami 方程建模:

$$\frac{X}{X_0} = 1 - kt^n \tag{3-16}$$

式中,X 是时间 t 时的晶体负荷,X_0 是平衡时晶体含量。常数 k 是速率的度量,n 参数是生长模式的特征值。

核磁共振(NMR)光谱法可用于测定乳脂和乳脂组分在一定温度范围内等温结晶时固体脂肪含量的变化。NMR 光谱取决于原子核的特性,即自旋运动。在固体脂肪含量测量中,通常使用氢原子核的自旋。自旋是一种量子属性,所以原子核只有两个取值——向上或向下。在正常情况下,原子核分布在两种状态之间,但在强磁场中,所有的原子核排列成相同的方向。测定固体脂肪含量时,先用磁场脉冲破坏原子核的排列;脉冲结束后,原子核再次在磁场中排列,这样就产生了一个可测量的信号。当原子核恢复到平衡状态时,信号通过一阶机制衰减,但固态原子核的动力学过程比液态原子核的动力学过程快得多。因此,半固体脂肪的衰减函数是两个叠加的指数函数的组合,可以对其进行反卷积而得到固体脂肪的比例。实验发现固体脂肪含量随着时间呈近似"S"形增长,低温下结晶过程的速率常数增大是因为晶体生长的驱动力较大。

晶体生长是传质和传热过程的结合。然而在这之前,液相中的分子必须扩散到晶体表面。当结晶的分子扩散到生长的表面时,非结晶的分子则会远离生长的表面向外扩散。例如,当稀糖溶液结冰时,靠近冰表面的水分子非常多,而且扩散速度也很快,所以它们向晶体表面的移动速率并不受限制;而冰晶的生长受到较大的糖分子远离扩散的限制。如果非结晶的分子不能及时扩散掉,那么它们就可能作为瑕疵点被困在晶体中。通过混合,质量传递可以增加到一定程度,但在晶体表面附近总是存在一个滞留层,而在滞留层中质量传递的唯一方式是扩散。

一旦结晶分子到达表面,就会成为吸附层的一部分,但是在完全融入晶格中之前必须先经过一系列其他有序化步骤。首先,分子必须与表面的晶格结构正确地对齐。对于三酰甘油这样不对称的大分子,这一过程十分缓慢。有些分子还必须失去水合的水(例如,蔗糖在溶液中最多有六个水合的水分子,但蔗糖结晶无水),或改变其异构体形式(例如,溶液中的乳糖分子在 α-和 β-形式之间转化,但结晶却是纯 α-乳糖或纯 β-乳糖)。其次,结晶分子还必须围绕着表面进行二维扩散,直到找到合适的对接位点,并结合到晶格中。如果晶体生长迅速,分子会倾向于吸附在其到达的第一个潜在结合位点,并在晶格中留下空隙和缺陷,导致晶体表面粗糙。最后,进入晶体中的成键分子会导致热量释放和局部温度的升高,必须通过传导到晶体本身或对流到周围的液体中得以消散。

调控食品加工过程的结晶,对食品的外观和营养品质都可能产生影响。例如,在巧克力生产中,通过对可可脂晶型和晶体颗粒大小的控制,可避免因多种晶型存在时收缩度的不同而起霜;并使得可可脂的凝固点在 35 ℃左右,在食用者的口腔中容易融化且不产生油腻感。

制作薯片的原料中可提取直链淀粉的比例越大,面团中直链淀粉的结晶程度越高;这使得面团的水合能力增加并且水分在后续油炸过程中以较低的速率释放,从而限制了油炸中薯片对油的吸收,降低了产品中油的含量。

3.3.2　食品胶体玻璃化的热动力学

3.3.2.1　玻璃化的基本概念

在较低的温度下,无定形聚合物的分子热运动能量很低,只有侧基、支链和链节这些较小单元能够运动,而分子链和链段均处于被冻结状态,这种力学性质和玻璃相似的固体状态被称为玻璃态。在脱水、冷冻加工过程中,食品中的水溶性成分容易形成"玻璃态",即形成玻璃态食品。食品的玻璃态贮藏能从很大程度上保持食品原有的黏弹性等品质,因此在冷冻食品加工中得到广泛应用。在这里,固体被定义为表观黏度大于给定值(通常为 10^{12} Pa·s,即水的黏度的 10^{15} 倍)的物质。和糖晶体的衍射图有许多尖峰相比,玻璃态物质的 X 射线衍射在原子或分子密度上无法呈现有规律的周期性。

液体可以通过 2 种方式固化:一是不连续地固化成晶体,即结晶作用;二是连续地固化成非晶体(玻璃体),即玻璃化作用。图 3-10 分别表示了这两条完全不同的固化途径得到的两种固体。结晶发生在凝固点(或熔点)温度 T_m,液体向晶体的转化可由体积的突然收缩来表明。在冷却速率低的情况下,这是经常采用的到达固态的路径。但是在足够高的冷却速率下,液体却遵循另一条途径到达固相,即经过 T_m 时并不发生相变,液相一直保持到较低的温度 T_g,这种发生在玻璃态转化温度附近的液体向玻璃体的转化过程,并不存在体积的不连续性。玻璃态的形成主要取决于动力学因素,即冷却速率的大小。只要冷却速率足够快,温度足够低,几乎所有凝聚态物质都能从液体过冷到玻璃态固体。这里

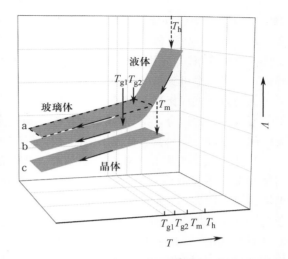

图 3-10 降温固化形成晶体和玻璃体的示意图

"足够低"的意思是,必须冷却到 $T < T_g$;"足够快"的意思是,冷却过程在穿过 $T_g < T < T_m$ 温区的时间必须如此之短,以致不发生晶化。因为结晶需要时间,必须形成晶化核心(即成核过程),然后沿着晶核和液相的界面向外生长(即晶核生长过程)。如果在发生晶化所需时间之前,温度能够降到低于 T_g,过冷液体最终将固化成玻璃体[3]。

3.3.2.2 玻璃化过程的热动力学

高分子聚合物很容易形成玻璃态。玻璃态是物质的一种结构,是一种非晶体。高浓度淀粉溶液能在低于某一温度时形成微晶区。然而,系统进一步冷却并不会产生更多的结晶。这是因为,随着结晶物质比例的增多,高分子聚合物链(或其中的一部分)变得难以与结晶结合,因为它的构象自由度受到的限制越来越大。实际上,结晶部分通常占 1/3,进一步的冷却会发生玻璃态转化。低于 T_g 时,将有一部分物质是结晶态,其余部分为玻璃态。淀粉的微晶区在糊化过程中会熔化;而冷却后,晶体再次形成(回生)。在许多食物中,淀粉是以胶凝状态存在的。在玻璃态下,可认为聚合物主链几乎是无法移动的,导致易碎的结构产生。该系统在 T_g 和 T_m 之间不是高黏度液体,而是一种黏弹性体,T_g 附近的转变称为玻璃态-橡胶态转变,微晶区充当高分子柔性分子链之间的交联作用,使该物质具有一定的坚实度和弹性模量。

图 3-11 的纯物质(单分子液体)玻璃态转变中,假设液体冷却十分缓慢,系统始终保持平衡。在图 3-11a 中,比体积(1/ρ)逐渐减小,直到达到熔点 T_m,而后比体积由于物质结晶而急剧减小。在晶体状态下,比体积值会随着温度的降低而进一步降低,但降低的速度变慢了。但如果冷却进行得很快,则可能不会发生结晶,比体积值会如图 3-11b 虚线所示一直下降,在温度 T_g 下形成玻璃态;而后比体积曲线显示出明显的转折,并且尽管它的值接近晶体比体积的值,但却比晶体比体积值略大一些。由此可见,从具有极大运动自由度的液体转变为阻碍分子运动的 T_g 状态并不是一个剧烈的变化。由于分子运动的数量与黏度成反比,因此可以通过黏度 η 的变化来说明,如图 3-11 所示。在接近 T_g 时,其值增大得更快,此时曲线出现了一个转折。从 T_g 到 $T_g + 10$ K 时,玻璃态液体的表观黏度下降了 300 倍,而在大多数纯液体(高于熔点)中,10 K 的温度变化只会导致黏度变化 1.2～2 倍。

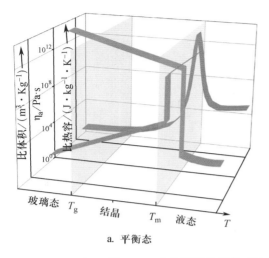 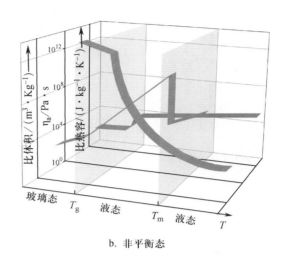

a. 平衡态   b. 非平衡态

图 3-11   小分子纯物质的玻璃态转化及其与结晶/熔化转化的比较

系统的焓变与图 3-11 中比体积变化趋势基本一致,图 3-11 给出了焓变曲线的一阶导数曲线,图中的结晶/熔化的焓变曲线急剧不连续处(T_m)是一个吸热峰,这是一级相变的特征。而在玻璃态转化温度 T_g 处,焓变曲线是连续的,但是一阶导数呈现一个台阶,二阶导数会显示一个峰,这是玻璃态的特征。

由此可见,玻璃化转变并不是热力学上的相变,因为玻璃态并不代表平衡状态,T_g 的值也不是精确的常数。在平衡状态下,冷却后会形成晶体,只有在冷却速度非常快的情况下才能形成,比如水这样的液体,冷却速度可以超过 $10^5 \text{ K} \cdot \text{s}^{-1}$。同样的道理,除非加热速度极快,否则将玻璃态物质加热到 T_g 以上会导致晶体的形成(出现放热峰)。尽管黏度在接近玻璃化转变点呈现出特征行为,然而很难找到能够表征系统无序结构的静态关联函数。玻璃化过程的动力学同样比较复杂,存在着异质性,即系统中的粒子在松弛过程中表现出强烈的空间不均匀性。探索不同分散相的胶体系统中的高阶静态关联结构以及分散相粒子异质性规律,仍是当今玻璃化转变的热力学和动力学研究难点之一。

❓ 思考题

1. 如何从界面自由能的角度解释表面活性物质对乳液的稳定作用?

2. 如何通过调控胶体结晶的方法,将乳脂体系中熔点不同的组分分离出来,供不同用途的食品加工使用?

▦ 参考文献

[1] ANEMA S G, MCKENNA A B. Reaction kinetics of thermal denaturation of whey proteins in heated reconstituted whole milk [J]. Journal of Agricultural and Food Chemistry, 1996, 44(2): 422-428.

[2] JOHN N C. An Introduction to the Physical Chemistry of Food [M]. New York: Springer Food Science Text Series, 2014.

[3] 张佳程. 食品物理化学[M]. 北京: 中国轻工业出版社, 2007.

4
食品胶体相互作用和稳定机制

    内容简介：食品体系中的各种相互作用将会影响食品体系的稳定性、质构、口感、品质和营养性质等，因此学习食品大分子的主要作用力及其体系稳定机制将为后续各类食品胶体体系的学习奠定良好的理论基础。本章系统介绍食品胶体分散系中分子间的非共价相互作用，包括氢键、静电、疏水作用和范德华力；重点诠释了胶体稳定性的 DLVO 理论和聚沉动力学，在此基础上，进一步解释食品大分子稳定机制。简要介绍了食品大分子溶液性质及其在食品中的应用。

    学习目标：要求学生掌握 DLVO 理论和聚沉动力学。能够利用所学知识预测食品胶体分散系的稳定性。

4.1 食品大分子的主要作用力

4.1.1 复杂的分子间作用力

如图 4-1 所示,食品体系一个重要的特性是多组分性。除了水这第一大营养素之外,食品体系主要含有蛋白质、糖类、脂质、微量元素、维生素和一些功能性小分子物质(如多酚、风味小分子等)。这些组分在食品体系中是如何组装在一起的?它们组装在一起后又能有什么应用?这些都是值得食品科学家们思考且亟待解决的重要问题。

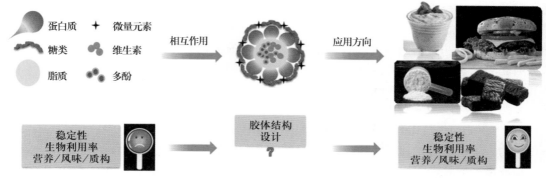

蛋白质　＋　微量元素
糖类　　　维生素
脂质　　　多酚

相互作用　　　应用方向

稳定性
生物利用率
营养/风味/质构

胶体结构
设计
?

稳定性
生物利用率
营养/风味/质构

图 4-1　利用食品组分的相互作用构建食品胶体结构及其应用

如果想要搞清楚这些问题,首先要明确食品组分间到底存在哪些分子间相互作用力。食品分子间的作用力多种多样且涉及气、液、固、晶体等不同相态。若按分子大小分,则可包括大分子-大分子、大分子-小分子和小分子-小分子之间的相互作用;按作用力类型分,包括氢键、静电力、疏水作用力、范德华力等(图 4-2)。相对于食品中的其他组分来说,蛋白质和糖类这种大分子不仅是食品主要的营养物质,而且对食品体系的

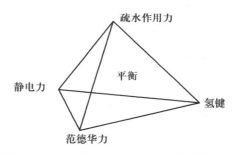

疏水作用力

静电力　　　平衡　　　氢键

范德华力

图 4-2　组分间相互作用的微观动态平衡决定
食品体系宏观表现示意图

稳定性起到关键性的作用[1]。因此,理解和掌握食品大分子之间的相互作用力对后续的学习内容具有重要的意义。

由于食品体系崇尚"少即是多"的原则,本节仅针对食品大分子之间主要的非共价作用力做主要阐述,包括氢键、静电作用力、疏水作用力、范德华力。表 4-1 列举了这 4 种相互作用力的作用方式、强度、作用范围以及主要影响因素。

表 4-1　食品大分子间的主要作用力[2]

种类	作用方式	强度	作用范围	主要影响因素
氢键	吸引	强	短	温度、溶剂
静电相互作用	排斥或吸引	弱～强	短～长	pH、离子强度、种类

续表4-1

种类	作用方式	强度	作用范围	主要影响因素
疏水相互作用	吸引	强	长	温度、疏水基团
范德华力	吸引	弱	长	分子极性大小、分子质量大小

4.1.2　氢键作用力

氢键(hydrogen bonding)是一种永久偶极之间的作用力,发生在已经以共价键与其他原子键结合的氢原子与另一个原子之间,通常发生氢键作用的氢原子两边的原子都是电负性较强的原子(O、S、N 等)。氢键既可以是分子间氢键,也可以是分子内氢键,键能通常为 10～40 kJ·mol^{-1},最大约为 200 kJ·mol^{-1},比一般的共价键、离子键和金属键键能要小,但其键能强于静电引力。氢键在高分子中非常普遍,对于决定水、蛋白质和糖类在食物中的表现形式方面起着尤其重要的作用。例如,蛋白质中的羧基、氨基、羟基和糖类中的硫酸根、羧基、羟基等都具有形成氢键的能力。蛋白质二级结构中的 α-螺旋、β-折叠、β-转角和无规则卷曲结构,它们的生成与维持需要依靠不同氨基酸的羰基和氨基间的氢键作用。蛋白质的三、四级结构是在二级结构基础上进一步折叠卷曲形成的高级结构,氢键也是维持结构的作用力之一。除此之外,卡拉胶双螺旋结构、明胶三螺旋结构的形成均有氢键的贡献。水分子氢键的结构示意图如图 4-3 所示。

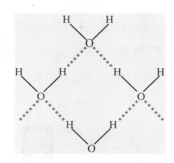

图 4-3　水分子氢键的结构示意图(虚线部分)

在食品胶体结构的形成过程中,氢键也起到重要作用。例如,大豆分离蛋白在加热后冷却过程中可以形成凝胶,而氢键正是这一过程的主要作用力。利用多糖与淀粉分子间作用力,尤其是氢键,可改善淀粉糊化和凝胶特性阻止淀粉回生。此外,包括生物碱、多酚、皂苷等食品活性物质在特定条件下可通过氢键发生复合,形成可控的超分子胶体颗粒。2017 年,有科学家报道一种热敏性的甘草酸/皂素复合乳液凝胶用于营养物质的包埋与缓释,其主要作用力正是氢键。氢键受到很多因素的影响,如体系中的质子提供体和质子接受体的相对数量、取代基类型、分子立构规整度、聚合物链的刚性柔性以及体系温度等。例如,以蛋白质-多酚复合体系为例,多酚被称为优良的氢供体,它可以与蛋白质的羟基和氨基等基团形成氢键,体系的温度、pH、蛋白质的结构及其浓度、多酚的类型及结构均会影响多酚与蛋白质之间的相互作用。利用乳清分离蛋白结合饮料中花青素色的稳定性实验表明,温度越高,乳清分离蛋白与花青素之间的氢键作用力越弱。

4.1.3　静电作用力

静电相互作用力(electrostatic interaction)也称为双电层作用力,遵循库仑定律。由于胶体溶液中基团的解离或从溶液中吸附了离子,任何两个不同的分子相接触时都会在两相间产生电势,这是因电荷分离引起的。静电作用力可以是吸引力,也可以是排斥力,这取决于分子是带异种电荷还是同种电荷,就像两块磁铁的南极和北极一样。表面带有正电荷或负电荷的蛋白胶体颗粒示意图如图 4-4 所示。

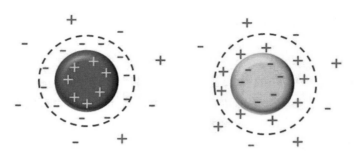

图 4-4　表面带有正电荷或负电荷的蛋白胶体颗粒示意图

　　蛋白质的氨基酸结构中既有氨基又有羧基，既能质子化带正电（pH＜pI），也可以去质子化带负电（pH＞pI），因此被称为两性聚电解质。同时，蛋白质的相对分子质量很大且表面分布着大量的氨基酸残基，在水相中通过水合作用可形成胶体颗粒，其表面的水膜层带有大量的电荷（当 pH ≠ pI），由于静电斥力的存在，故蛋白质在水溶液能成为稳定的胶体溶液。自然界中的大部分多糖都是阴离子多糖，主要因为其含有大量的羧基、磷酸根、硫酸根等阴离子带电基团，在水溶液中易解离出质子而带负电荷。壳聚糖是目前自然界唯一的天然阳离子多糖，其分子链上带有大量的氨基，当壳聚糖溶于酸性溶液后，氨基质子化可使壳聚糖自身带正电荷。

　　静电作用也是形成胶体复合物最主要的作用力之一。静电排斥力可以维持胶体溶液的稳定。在其他条件不变的情况下，胶体溶液粒子间的静电排斥力越强，其溶液越稳定，越不容易发生聚沉现象。静电吸引力常发生在食品大分子与大分子之间，最著名的是发生在蛋白质与多糖之间的复合凝聚现象（coacervation）。蛋白与多糖根据分子构型（链的长度、链的柔韧性和分子量）的不同及其环境因素（pH、离子强度、温度等）的变化能形成不同结构的蛋白多糖复合凝聚产物（图 4-5），具体如下。

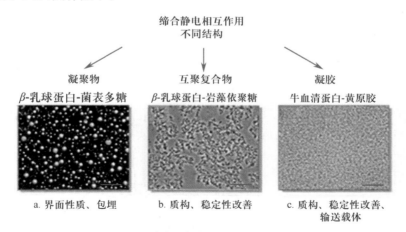

图 4-5　蛋白多糖静电作用诱导形成的不同胶体结构

　　（1）复合物（complexes）　其中有可溶的或不可溶的，后面一种也被理解为互聚复合物（interpolymeric complexes）。

　　（2）凝聚物（coacervates）　一种液/液乳液。

　　（3）静电凝胶（electrostatic gels）　一种依靠静电相互作用稳定的凝胶。

　　蛋白/多糖静电复合物的经典模型是 de Kruif 等提出的"链珠"模型,即蛋白如同"珍珠"般镶嵌于多糖分子的"项链"之上[4]。蛋白质与小分子如多酚在较低 pH 时,也可能存在静电相互作用并形成复合物。

　　静电相互作用主要受体系 pH、离子强度、复合比例、电荷分布、分子构型、体系的环境、混合条件等条件的影响。在蛋白和多糖体系中存在的电荷屏蔽基团会有效地降低静电相互作用的强度。关于分子电荷密度的研究显示,相互作用的强度与电荷密度有一定的比例关系,也就是说越强的电荷会形成结合越紧密的复合物。有研究显示,低甲氧基果胶跟蛋白的结合度要比高甲氧基果胶强,这是因为高甲氧基果胶的带电基团要远少于低甲氧基的。当离子强度较低时,静电相互作用受离子的影响很小,甚至一定程度上有利于复合凝聚的发生。随着离子强度的增强,高浓度的盐离子可以屏蔽蛋白质和多糖携带的电荷,使高分子之间的静电相互作用变弱,降低蛋白质和多糖之间的复合强度。蛋白质和多糖之间的静电相互作用可以通过调整它们的结构(如分子大小、分子柔韧性)来增强。例如,具有灵活分子结构的明胶和酪蛋白与多糖的结合能力明显强于球状的牛血清蛋白,其原因可能是柔性分子结构导致了局部基团反应浓度的增加,使蛋白质与携带相反电荷的多糖形成更大程度的结合[5]。

4.1.4　疏水作用力

　　疏水相互作用(hydrophobic interaction)一般发生在非极性化合物或非极性基团间,是通过疏水化合物或疏水基团基于水的互相排斥作用而产生的。从热力学的观点来看,为了尽可能减少体系中有序水分子的数量,蛋白质等生物大分子的疏水残基(即非极性分子)在水相环境中具有避开水并聚集形成最小疏水面积的趋势,保持疏水基团相互聚集在一起的作用力就称为疏水作用力。由此可见,疏水作用力与非极性分子之间的任何内在吸引力无关,而是体系熵增驱动的结果。

　　如氢键介绍部分所述,水分子可以与极性大分子或大分子的极性基团通过氢键结合形成类似"水桥"的结构。那水与大分子的非极性基团间是否也能形成氢键呢?如图 4-6 所示,水对于非极性物质会产生两个结果,一个是疏水相互作用,另一个就是笼状水合物(clathrate hydrates)(结构化的疏水作用)。笼状水合物是以水为"主体",通过氢键形成了一个笼状结构,物理截留了另一种被称为"客体"的物质。其中,"客体"可以是低分子量化合物如低分子量烃、二氧化碳等,也可以是大分子物质如蛋白质、糖类、脂类等。

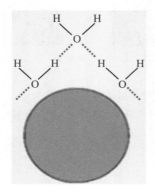
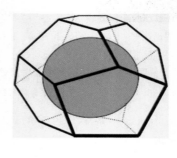

图 4-6　疏水作用的两种类型示意图

疏水作用力是使油/水不相混、煮鸡蛋、乳化和打泡等食品加工过程中重要的驱动力之一。一般来说,体系中疏水基团越多,形成的疏水面积越大,则疏水作用力越强;同时,温度升高对疏水作用的形成和稳定也有促进效果。疏水相互作用在维持蛋白质构象中起着主要的作用,决定蛋白质的热稳定性和多功能性。例如,联合利华研发中心的科学家就利用玉米醇溶蛋白(Zein)在反溶剂过程中非极性基团间的疏水作用,制备得到了 $100\sim200$ nm 尺度的食品级复合颗粒,利用这类复合颗粒对姜黄素等小分子的荷载率能达到 86.8%,实验结果显示,经过荷载后姜黄素的水相溶解度、抗光敏性、pH 稳定性和细胞黏附性都得到一定程度的提升。在反溶剂自组装形成微球颗粒的过程中,疏水小分子物质如姜黄素会通过疏水作用力结合这类蛋白的脯氨酸残基并因此牢牢地被荷载在颗粒之中[6]。另有一类研究发现水溶性的 β-乳球蛋白自身具有一种疏水空穴结构,能与姜黄素和茶多酚通过疏水作用形成纳米级复合物,结合常数 K_a 分别为 1.0×10^5 M^{-1} 和 3.70×10^5 M^{-1}(一般认为 $K_a>1\times10^5$ M^{-1} 为高亲和力),这种结合不仅能提高疏水多酚在水相中的溶解性(从游离态的 30 nmol 增加到结合态的 625 μmol),还能提高其氧化稳定性(降解速率减慢 3.2 倍),进而提高其生物利用度[7]。

4.1.5　范德华力

范德华力(van der Waals force)又称为分子间作用力,是另一种多糖和蛋白质分子间普遍存在的非定向、具有加和性和无饱和性的弱吸引力,通常属于次级键的范畴。这种力是由荷兰的物理学家约翰内斯·迪德里克·范德华(Johannes Diderik van der Waals)在 19 世纪末提出的。范德华力产生于分子或原子间的万有引力,理论作用范围很长,但真正起到作用的范围可能只有几个 Å(10^{-10} m),具体又可以进一步分为 3 种作用力:取向力(极性分子之间)、诱导力(极性-非极性分子间)和色散力(极性与非极性分子间均存在)。范德华力由带永久偶极子或诱导偶极子基团之间的电磁效应所引起,强弱和分子的大小成正比,与分子间的距离呈负相关,因此通常分子的相对分子质量越大,分子间距离越小,范德华力越大。范德华力除了对物质的物理性质产生很大的影响外,对胶体体系的许多现象,如物理吸附、表面张力及毛细管现象、胶体的稳定性和流变性都有很大的影响,在胶体科学中起着重要的作用。由于其作用距离的局限性,目前食品领域很少有单独聚焦于范德华力的影响的研究,但范德华力在解释胶体体系引力与斥力平衡方面应用广泛。

4.2　DLVO 分子间稳定理论

4.2.1　DLVO 稳定理论的历史来源

胶体系统是具有一定分散度的多相系统,有着巨大的比表面和很高的表面能。从热力学的角度上来说,它是一个不稳定的系统,粒子间有相互结合而降低表面能的趋势,即具有易于聚沉的不稳定性。另外,由于胶体系统的粒子往往很小,布朗运动剧烈,因此在重力场中可以维持相对的稳定而不发生沉降,即具有动力学稳定性。胶体体系虽然是热力学不稳定系统,但其却具有动力学的稳定性,为此科学家们提出了一种解释胶体体系稳定性的理论:DLVO 理论。这一理论是 1941 年由苏联科学家德查金(Derjaguin)和朗道(Landau)以及 1948 年奥地利科学家维伟(Verwey)和奥沃比克(Overbeek)分别独立创立起来的,后人将这 4 个人的姓氏

首字母串联起来,称为 DLVO 理论。

这一理论产生之前,双电子层理论已经被人们普遍接受。在溶液中,粒子本身所带基团的解离或从溶液中选择性地吸附一些离子而带电。由于电中性的原则,液体中带电粒子的附近必然有与粒子所带电荷数量相等、符号相反的反离子,因此相互吸引形成双电层。双电层的理论由 Helmholtz 最先提出,并构建了平行板双电层,随后 Gouy 和 Chapman 的扩散双电层模型和 Stern 提出的双电层内层结构模型对该理论进行了进一步完善与发展。双电层可以大致细分为两个区域,如图 4-7 所示。表面固定的离子层称为 Stern 层或 Helmholtz 层或紧密层,靠近 Helmholtz 层的外层离子可以相对移动,称为扩散层。扩散层与紧密层发生相对位移时的滑动面称为剪切面,此剪切面与远离该面的溶剂中的某点的电位称为 Zeta 电位。根据概念可知,Zeta 电位代表的是电势差,不可等同于胶粒的表面电位。可以将其理解为一种热力学的电位,是表面电位的一部分。

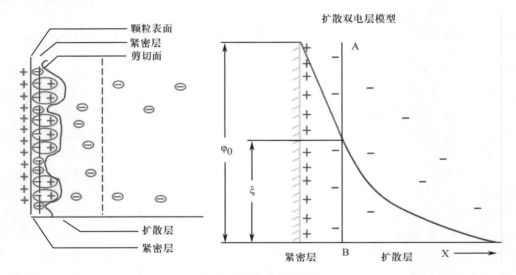

图 4-7　双电子层示意图

但是,双电子层理论只强调了静电斥力的存在,而忽略了胶体粒子之间也可能存在的范德华力。DLVO 理论定量地确定了引力(attraction)势能 E_A 及斥力(repulsion)势能 E_R,并认为胶体的稳定性是由 E_A 和 E_R 的相对平衡来决定的。当引力势能占优势时,胶体粒子间发生聚集,使整个胶体体系发生絮凝沉淀;而当斥力势能占优势时,胶体体系则维持相对的稳定状态。这就使得人们对胶体稳定性的概念有了更深入的认识。DLVO 理论是目前解释胶体溶液稳定性比较完善的理论。但是随着研究的深入,研究者发现经典的 DLVO 理论难以解释所有的胶体稳定性行为,van 等研究提出了扩展的 DLVO 理论。扩展的 DLVO 理论除了包含范德华相互作用和静电相互作用,还考虑了水合作用(hydration),即基于水溶液中极性基团的离子水化膜的相互作用。

4.2.2　DLVO 稳定理论的基本概念

4.2.2.1　胶体粒子间既存在着引力势能,又存在着斥力势能

溶胶粒子间的吸引力本质上就是范德华力引力,鉴于体系中胶体粒子的数量往往非常多,

因此胶体粒子间的相互吸引力是各个分子引力所贡献的引力总和。它一般与距离的 3 次方成反比,是一种远程作用力,故称作远程范德华力。介质中相似粒子的范德华力总是引力,因此如果粒子间只存在范德华引力,它们必定聚集并沉淀析出。可是,粒子表面常常会带相同的电荷并产生静电排斥力,从而避免了粒子间的聚集沉淀,而胶体粒子间的排斥力起源于胶粒表面的双电层的结构。双电层未重叠时,排斥力不发生作用。当两个胶体粒子的扩散层重叠后,破坏了扩散层中反离子的平衡分布,使重叠区反离子向未重叠区扩散,导致静电平衡的破坏并产生静电斥力(图 4-8)。

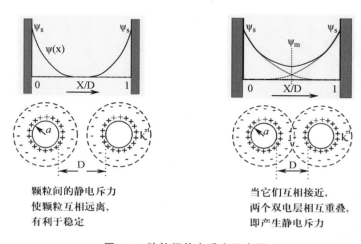

图 4-8   胶粒间静电斥力示意图

4.2.2.2   胶体系统的相对稳定或聚沉取决于斥力势能和引力势能的相对大小

DLVO 理论认为胶体的稳定性主要是由粒子间的相互作用控制:即长距离的范德华引力和双电层的静电排斥力。当粒子间斥力势能在数值上大于引力势能,而且足以阻止由于布朗运动使粒子相互碰撞而黏结时,胶体粒子处于相对稳定状态;当吸力势能在数值上大于斥力势能,粒子将相互靠拢而发生聚沉。

图 4-9 就是典型的胶粒间相互作用势能随距离的变化趋势。总相互作用势能是引力势能与斥力势能的总和:

$$E = E_A + E_R \tag{4-1}$$

一般条件下,斥力势能主要是双电层重叠时的静电斥力:

$$E_R = \frac{64 n_0 k T V_0^2}{k} \mathrm{e}^{-2dk} \tag{4-2}$$

式中,d 为两胶粒间的距离,k^{-1} 为双电层厚度,V_0 为 Zeta 电位值。

引力势能主要是范德华力:

$$E_A = -\frac{H}{12\pi d^2} \tag{4-3}$$

由公式(4-3)可知,影响 DLVO 理论的主要参数取决于颗粒表面的带电情况(Zeta 电位值 V_0)、胶粒之间的距离 d、体系中电解质的浓度(影响双电层厚度 k^{-1})和 Hamaker 常数 H。斥

力势能与引力势能以及总势能都随粒子间距离的变化而变化。当粒子间距离较大时,主要作用为吸引力,总势能为负值。当靠近一定距离,双电层重叠,排斥力起主要作用,势能显著升高;但与此同时,粒子间的吸引力也随距离的缩短而增大。当距离缩短到一定程度后,吸引力又占优势,势能又随之下降。从图4-9中可看出,粒子要互相聚集在一起,必须克服一定的势垒,这就是溶胶在一定时间内具有"稳定性"的原因。习惯上将这种稳定性称为溶胶的"聚集稳定性",它是保持溶胶分散度不易自行降低的一种性质。上文提到,双电层静电排斥力与表面电荷密度、表面电位、离子类型和电解质浓度有关,因此,颗粒之间的相互作用能够通过改变这些变量实现,以改变胶体体系的稳定性。

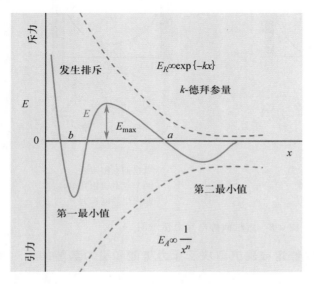

图4-9 两胶体粒子间的 DLVO 相互作用能曲线图;
右附 DLVO 理论动画讲解视频二维码

二维码4 DLVO 理论
动画讲解视频

4.2.2.3 DLVO 理论的持续拓展

随着测量能力的不断提升,研究者发现胶粒之间还存在着一种距离很短、作用很强的力,这种力的产生是因为溶剂化层的影响。当中性脂质双层膜在去离子水中靠近到几纳米时,它们之间出现了一种随着距离的缩短呈指数倍数增长的排斥力,胶体重新变得非常稳定。如果按照传统的 DLVO 理论去解释,那么胶体靠近到足够近时,会克服能垒并发生失稳团聚现象。但是事实上并未发生,随后科学家们还在很多胶体体系例如天然或者合成的油脂、多糖、蛋白质等溶液当中也都发现了这个现象。这是由于胶粒表面吸附的离子及其反离子大多都是溶剂化的,在胶粒周围形成了一个溶剂化膜。实验表明,水化膜中的水分子是定向排列的,当胶粒彼此接近时,水化膜就被挤压变形,原有定向排列的引力却试图恢复水化膜中水分子的定向排列,因此水化膜表现出的弹力就成为胶粒彼此接近时的机械阻力。目前,胶粒外的这部分客观上起了排斥作用的力,称为水合力。虽然水合力的来源仍然存在争议,但已经有些文献提出模型来解释实验现象中所出现的这种短距离的排斥力。那么,胶体颗粒之间的总相互作用能在考虑了水合力之后,将等于范德华引力势能、静电排斥势能与水合力势能之和:$E = E_A + E_R + E_{hyd}$。然而新的 DLVO 模型中仍然有一些参数既不能通过实验也不能通过理论来估测。而且，这种短距离的排斥力在不同的系统中其值也不同，对于特定系统所提出的模型不一定适用于其他系统。因此 DLVO 理论在可以预见的未来，内容仍会不停地拓展。

4.2.3　DLVO 理论在食品稳定性中的应用

绝大多数的食品都存在胶体体系。不像有些胶体系统能在相当长时间里稳定存在（例如金溶胶静置数十年才会聚沉于管壁上），食品胶体系统往往失稳得更快，因此影响了食品的货架期和质量。食品科学家们的一大任务就是通过某些方式有效地延长食品的动力学稳定性。例如，液态奶这种乳化液体系，它在一段时间内是稳定的乳白色液体，但随着时间的推移，液态奶中的胶体粒子终究会聚集并沉淀，而这一过程在加工和贮藏中可能会很快发生，从而影响其品质。液态奶是由多种物质组成的具有胶体特性的多级分散体系，其中分散剂是水，分散质可能是蛋白质、脂肪、乳糖、盐类等。液态奶产品容易出现脂肪上浮、絮凝分层、蛋白质沉淀等经典的胶体分散体系不稳定现象，从而影响产品的质量。由于牛奶中的蛋白质主要是酪蛋白（约占 80%），因此牛奶体系的蛋白质絮凝、沉淀主要是指酪蛋白的絮凝、沉淀。由上述的 DLVO 理论公式可知，当颗粒之间的距离 d 适中而电解质浓度较低时，排斥力起主要作用，并形成一个能垒 E_{max}，由于此能垒的存在阻止颗粒继续靠近，当 Zeta 电位值越高时静电排斥力 E_R 越大，因此需要更高的能量才能克服能垒 E_{max}，从而体系的稳定性更高。另外，当体系中电解质的浓度增大时，会因为静电屏蔽效果显著降低体系双电层厚度 k^{-1} 从而使得最大能垒 E_{max} 显著下降，体系稳定性也因此下降。可见，为了使牛奶保持稳定（即不产生任何聚结），可以靠保持高的 Zeta 电位和低的电解质浓度来实现。例如，有科学家就发现，在乳清蛋白乳液中加入不同电荷密度的壳聚糖，电荷密度越大，稳定效果越好。也有人发现在大豆蛋白和多糖的胶体混合溶液中加入氯化钠会显著地加速溶液的失稳，这是由于氯化钠增加了体系的电解质浓度，从而降低了能垒 E_{max} 并加速了胶体颗粒的聚集。在我们日常生活中也可以见到很多例子，很多酸奶或者果汁体系中加入高甲氧基果胶或羧甲基纤维素钠等带负电荷的多糖，既可利用它们的增稠效果，又可有效保持体系的 Zeta 电位，从而保持其稳定性。反过来讲，牛奶受微生物的污染而酸败产生絮凝，也正是由于牛奶酪蛋白胶粒的 Zeta 电位受体系 pH 影响而降低导致。随着微生物产酸的不断增加，体系 pH 显著下降，酪蛋白胶粒的负电荷逐渐减少，当 pH 为 4.4 时，酪蛋白胶粒的 Zeta 电位为零，失去斥力势能，牛奶的稳定体系遭到破坏。此外，牛奶生产中还常常通过高压均质的方式提高其稳定性，这是因为高压均质可有效降低牛奶脂肪球粒径，使体系表面积显著增加，从而提高能垒 E_{max}。另外，酪蛋白和乳清蛋白覆着在脂肪球的面积增加，因为酪蛋白的 Zeta 电位高于脂肪球，所以牛奶脂肪球之间的斥力势能增大，降低了脂肪球聚合上浮现象发生。

4.3　食品大分子稳定机制

为了使食品大分子在分散相中达成动力学稳定，则必须具备可以抵抗各种使分子移动的力（重力、离心力、浮力、阻力等）的条件。在上一节已经详细介绍了 DLVO 稳定理论，本节对于多种稳定机制的探讨归根结底还是基于对引力势能和斥力势能的分类讨论。表 4-2 中罗列了食品大分子胶体体系中存在的各类稳定机制。

表 4-2　食品大分子胶体体系稳定机制的类型和性质[2]

类型	性质	强度	作用范围	影响因素
电荷排斥	斥力	弱～强	短～长	电荷、pH、离子
空间位阻作用	斥力	强	短	溶剂性质、界面厚度
耗散作用	引力	弱～中	中	排阻类型、尺寸、浓度
桥连作用	引力	弱～强	短～长	电荷、pH、离子

4.3.1　电荷排斥稳定机制

在大部分的食品体系中,占主要地位的是带负电荷的粒子。体系中,通常将带电的粒子及其双电层中的反离子视为一个整体,这个整体呈现电中性。由双电层理论可知,当粒子间距较远时,双电层不发生重叠时不存在静电斥力。当胶粒的双分子层交叠时会产生排斥效果,这种排斥效果的大小与胶粒所带电荷量挂钩。两个胶粒的双电层部分交叠后,破坏了双电层中反离子的平衡分布,使重叠区反离子向未重叠区扩散,导致渗透性斥力产生。同时也破坏了双电层的静电平衡,改变了双电层的电势和电荷分布,导致静电斥力产生。当胶粒间的斥力势能大于引力势能,且能够阻止由于分子布朗运动而导致粒子间相互撞击时,胶体就达成稳定状态,这一点在 DLVO 理论中已经得到体现。

衡量体系的静电排斥力作用时,由于其取决于表面电势,而表面电势总被体系的 pH 所影响。通常认为,当体系的 Zeta 带电量绝对值在 30 mV 以上时形成电荷排斥稳定。然而,对于大多数的食品体系而言,带电量绝对值往往是低于 30 mV 的。此外,由于食品体系具有复杂性、特殊性,例如有些时候牛乳脂肪球在 pH 为 3.8(接近酪蛋白等电点)时并不会发生聚集,而此时其所带表面电荷量为 0。因此在食品体系中,电荷排斥稳定并不能解释所有问题。

4.3.2　空间位阻稳定作用

尽管电荷排斥稳定可以解释许多胶体稳定问题,但是在实际情况中,存在着胶体体系带电量较低却仍然稳定,加入表面活性剂或大分子后 Zeta 电位降低或不变,但胶体的稳定性却提高的情况。种种迹象表明,此时体系稳定的原因显然不是电荷排斥稳定作用。

如图 4-10 所示,当胶粒的表面吸附了表面活性剂分子或高聚物分子(蛋白或多糖类物质)时,形成的大分子吸附层对胶粒间的聚集具有阻碍作用,因此产生一种对分散胶粒的稳定作用,即空间位阻作用[8]。这种作用类型的本质是体积限制效应或者弹性作用。当两个胶粒表面间的距离小于 2δ 时,吸附在表面的大分子刷子边缘开始接触,并开始相互作用。于是胶粒进入液相的扩张链的运动受到限制,使吸附分子的构型熵减少。当粒子表面距离小于吸附层厚度 δ 时,这种效应显得尤为突出。

一般地,大分子在胶粒表面的吸附状态可分为 4 类:单点吸附、多点吸附、多层吸附以及不规则吸附,其中多点吸附最为常见(图 4-11)。这些吸附在胶粒表面的大分子可以分为 2 个部分:一是吸附在胶粒表面的部分,称为链轨;二是伸向溶液的部分,称为链环或链尾。不同的吸附大分子构型是多种多样的,不同的吸附链环与链尾形态也会导致吸附厚度不同,这些因素影响体系达成的稳定效果也是不同的,所以这种稳定机制又被称为立体异构稳定作用。

除却大分子的吸附构型对胶粒的影响之外,大分子的自身结构、相对分子质量以及浓度均

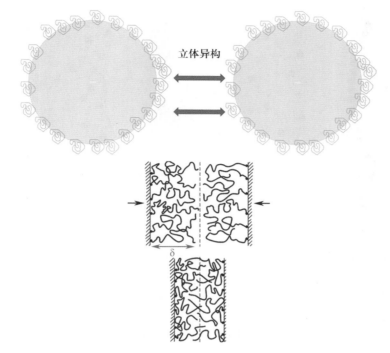

图 4-10　空间位阻作用示意图(δ 为吸附层的厚度)

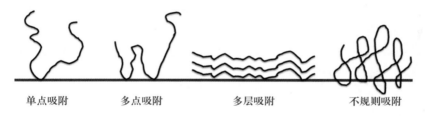

|单点吸附|多点吸附|多层吸附|不规则吸附|

图 4-11　不同吸附类型的示意图

会最终影响稳定效果。简而言之,立体异构稳定根据其作用原理,最终稳定效果受大分子特性的制约。总体来说,该稳定机制具有以下特点:对电解质不敏感、可用于水系与非水系、体系的固态含量可以很高,这些特点也恰好与电荷排斥稳定的不足之处具有互补性。大分子作为稳定剂时在胶粒表面的吸附具有以下特点:首先,大分子几乎可以在任何胶粒表面进行吸附,这是因为可以导致吸附的条件有很多,如静电引力、范德华力等,而具体哪种力占主导则要根据实际情况进行分析;其次,大分子吸附通常是不可逆的,吸附过程需要一定的时间;再次,在吸附达到平衡后如果提高浓度,还可能会出现多层吸附;最后,在吸附过程可能存在静电排斥作用与空间位阻作用共存的情况。如图 4-12 所示,当胶体体系中加入高分子量的带电多糖时,体系由于电荷的存在会产生静电排斥力,同时形成的吸附层对胶粒间的进一步聚集也有空间阻碍作用。

4.3.3　其他稳定机制

桥连作用又称为桥连絮凝(bridging flocculation),属于一种特殊的静电相互作用力。当两个未饱和吸附的粒子发生接触时,可能形成"桥",两个粒子之间产生强烈的吸引形成絮凝体,随着

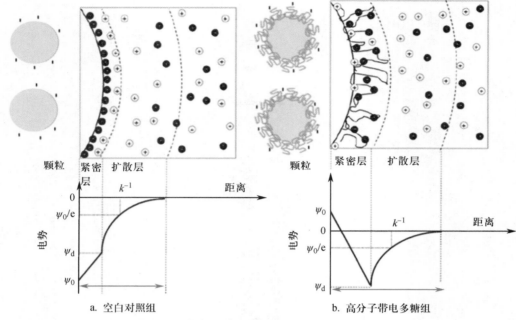

图 4-12　静电排斥作用与空间位阻作用往往共存

与不饱和吸附粒子的不断碰撞,絮凝体会越来越大。与此同时,只要溶液中存在自由的高分子聚合物,吸附就可以继续进行。直到某一时刻,粒子表面吸附达到足够高的饱和度后,"桥"便不再形成,粒子间转而产生排斥作用,絮凝过程随即停止,变成稳定的胶体体系。如图 4-13 所示,形成"桥"的可以是(a)吸附的或者(b)交联的聚合物,也可以是(c)固体颗粒或者(d)液体薄层。

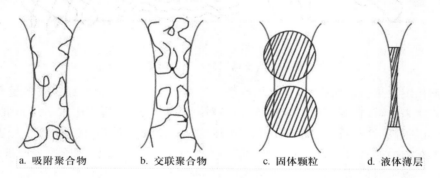

图 4-13　桥连作用的不同类型

近年来,利用桥连作用解释胶体体系的报道非常多。例如,2015 年 Hu 等报道了当海藻酸钠浓度较低时(例如 0.01%),不足以完全覆盖到玉米醇溶蛋白的颗粒表面上,导致单个藻酸盐分子吸附到两个或多个玉米醇溶蛋白颗粒表面,即因为桥连作用玉米醇溶蛋白与海藻酸钠发生了絮凝现象(图 4-14)[9]。撰写人发现利用蛋白与多糖 pH 诱导形成的复合凝聚现象,也可以达到类似的桥连作用,通过桥连絮凝制备出稳定的乳液凝胶体系[10]。

当过量的大分子聚合物添加时,往往会出现另一种作用,即排斥絮凝(depletion flocculation)。由于蛋白质和多糖分子之间的空间位阻效应,使蛋白质和多糖之间具有互相排除体积的排斥作用。由于 2 个蛋白质粒子之间总有一段区域使多糖分子无法进入,多糖分子被蛋白质分子

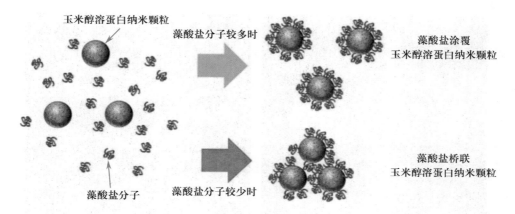

图 4-14 桥连絮凝现象

（文献引自 Hu et al.[9]，2015，经版权所有 2015 ELSEVIER 许可使用，版权号：5053520171315）

排斥，会在粒子周围形成排斥多糖分子的排斥区。当粒子们接近时，排斥区的多糖分子浓度比体相的多糖分子浓度要低，由此产生了一个渗透压差，这种渗透压差促使粒子间的溶剂流出排斥区，结果导致排斥区的体积下降，粒子与粒子更加接近，从而形成了排斥絮凝（图 4-15）。但这种絮凝体间相互作用相当弱，通过振荡等手段可以使絮凝的粒子重新分散。

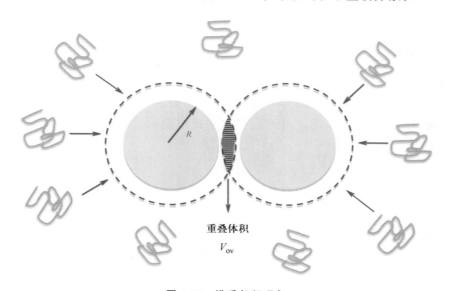

图 4-15 排斥絮凝现象

　　排斥絮凝与胶体粒子的半径、多糖的分子量和多糖的浓度有关。以蛋白粒子为例，往往蛋白粒子半径越大、多糖分子量越小、多糖浓度越高，排斥絮凝现象的自由能越高。有研究发现，低浓度的黄原胶会引起乳液快速分层，其相分层的机制就是未吸附的黄原胶诱发了液滴间的排斥絮凝。撰写人在 2013 年发表在 *Food Hydrocolloids* 上的论文中也发现，过量添加壳聚糖会导致大豆蛋白乳液发生排斥絮凝现象（图 4-16）[10]。

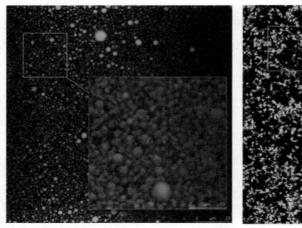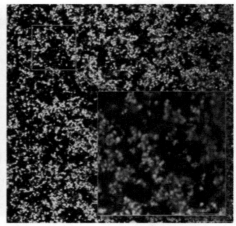

a. 适量壳聚糖　　　　　　　　　　　　　b. 过量壳聚糖[10]

图 4-16　大豆球蛋白-壳聚糖复合乳液的激光共聚焦显微结构

4.4　食品大分子溶液性质及其在食品中的应用

4.4.1　常见稳定剂与增稠剂

对分散体系具有稳定作用的一类物质称为稳定剂，有时也被称为表面活性剂、乳化剂、洗涤剂或分散剂，而当用于控制胶体的流变性时，则被称为增稠剂。稳定剂不一定有增稠作用，但增稠剂一定有稳定作用。不论是稳定剂或增稠剂，多数稳定机理基于立体异构稳定机制。

4.4.1.1　食品稳定剂

食品稳定剂指一类能使食品成型并保持其形态、质地稳定的食品添加剂。广义的稳定剂还包括螯合剂、凝固剂等，多与其他功能的添加剂组成复合添加剂。本文将着重介绍用于稳定胶体的一类稳定剂。食品稳定剂主要包括胶质、糊精、糖酯等糖类衍生物，多为天然产物，因此具有较高的安全性。尽管具有较高的安全性，其使用仍然有严格的约束，国标规定食品稳定剂作为一种添加剂，其最大添加量为 0.3%。由最新的《食品安全国家标准—食品添加剂使用标准》（GB 2760—2014）显示，目前我国允许的食品稳定剂近 40 种。以饮料为例，海藻酸钠、阿拉伯胶、聚丙烯酸钠、果胶、瓜尔豆胶、黄原胶、卡拉胶、羧甲基纤维素等常被用于稳定体系，此外一部分上述稳定剂还起到增稠剂的效果。

4.4.1.2　食品增稠剂

食品增稠剂通常是指亲水性强，在一定条件下可以充分水化并改变胶体黏稠度、流变性的一类大分子物质，又称为食品胶、亲水胶体或糊精。根据其在食品工业中发挥的具体作用不同，有时又被称为乳化剂、持水剂等。GB 2760—2014 允许的增稠剂接近 50 种，大部分食品增稠剂的基本化学组成单位是单糖及其衍生物。此外，有些食品增稠剂的化学组成中含有非糖部分,这些非糖部分赋予其特殊的性能。如卡拉胶的半乳糖单位上接有硫酸酯基团,从而使其与酪蛋白有良好的亲和作用。根据其来源不同可以分为 4 类:植物来源增稠剂、海藻类来源增稠剂、动物与微生物来源增稠剂和天然物为原料半合成增稠剂。

(1)植物来源增稠剂　植物是传统的食品增稠剂的来源,从植物中获取的增稠剂主要有瓜尔豆胶、果胶、阿拉伯胶、可溶性大豆多糖等。

(2)海藻类来源增稠剂　琼脂、卡拉胶、海藻胶等。

(3)动物与微生物来源增稠剂　明胶、酪蛋白、甲壳素、壳聚糖、乳清蛋白粉等。

(4)天然物为原料半合成增稠剂　改性淀粉、羧甲基纤维素等。

4.4.2　稳定剂作用原理

4.4.2.1　空间稳定效应

以上大分子稳定剂起稳定作用主要是基于立体异构稳定机制。在体系中,大分子对于胶粒表面产生吸附效果并形成一层大分子保护膜包裹住胶粒,具有一定的厚度,这也使得胶粒之间的引力得以减弱。稳定剂的稳定效果取决于稳定物的分子量、链长、浓度、与胶粒的结合方式等多种因素。由于大分子物质具有相对较长的分子链,因此与胶粒表面存在多种结合方式,即存在不同的构型。不同的吸附方式也会导致不同的构象与吸附层厚度,并最终影响稳定效果。

4.4.2.2　黏度效应

稳定剂和增稠剂主要是由多糖或蛋白构成,这 2 种大分子物质本身便具备一定的黏度。这是由于其分子结构中具有较多的亲水基团,如羟基、羧基等,这些基团的存在使蛋白或多糖部分溶解于溶液中,形成黏稠的胶体溶液并最终导致分子运动减慢,也因此降低了分子间相互聚结的程度。由斯托克斯定律可知,黏度越大时胶体颗粒的沉降速率越小,并最终达成稳定体系。温度也会影响体系黏度,由于分子运动会随着温度的升高而加快,因此一般来说,温度越高增稠剂的黏度越低。

4.4.2.3　凝固(set)效应

大分子稳定剂或增稠剂可以在水相中相互作用形成带状、网状的类凝胶结构,改变体系的流变,从而将整个体系凝固。一般来说,增稠剂在低浓度时为牛顿流体,在较高浓度时呈现出假塑性流体的特征。有关利用稳定剂稳定乳液及凝胶的内容,将在其他的章节进行更加详细的阐述。

4.4.3　食品中常见的稳定剂

4.4.3.1　阿拉伯胶

阿拉伯胶又称为阿拉伯树胶,由豆科金合欢树属的树干渗出液得出,因此也被称为金合欢胶。其主要成分是高分子多糖及其钙、镁、钾盐,相对分子质量在 260 000~1 160 000 道尔顿。阿拉伯胶具有优秀的水溶性,可以轻易地溶解在冷、热水中,形成澄清透明的黏稠液体,可配制浓度为 50% 的水溶液且此时仍然具备流动性,这也是阿拉伯胶独一无二的特点。由于阿拉伯胶带有酸性基团,其水溶液呈弱酸性。阿拉伯胶溶液在 pH 4~8 的范围内变化不大,在酸性环境下总体呈现稳定特性,而当 pH 小于 3 时,黏度随着溶解度的下降而下降。阿拉伯胶可以用于多种食品以赋予所希望的性质。在冰激凌中,阿拉伯胶的强吸水性使冰激凌口感更加细腻并有效地减少冰晶的析出。在糖果制造中,阿拉伯胶的存在可以防止糖分的结晶。除此之

外,阿拉伯胶与植物油复配后喷雾干燥的产物可以用于稳定饮料。

4.4.3.2 琼脂

琼脂又名琼胶,可以从多种红藻类植物中提取,是一种复杂的水溶性多糖。琼脂不溶于冷水,在凝胶状态下不水解并耐高温。单独使用时,产品虽具有稳定形状但是表面易收缩起皱,因此通常与卡拉胶、糊精、蔗糖复配后使用。但要注意的是,当与海藻酸钠和淀粉复配时,凝胶强度反而会下降。在果蔬饮料及冰品中,琼脂常与明胶复配,可以极大地起到稳定冰饮品口感与口味的作用。而在罐装肉中常被用作增稠剂,且在此类产品中,由于明胶较好的凝胶强度,效果优于海藻胶与卡拉胶。

4.4.3.3 海藻胶

海藻胶是指一类从海藻中提取制备的物质,由于其独特的理化性质以及其自身即为营养素的特点,被广泛用于改善食品的结构和性质。由红藻中提取的琼脂、卡拉胶,由褐藻中提取的海藻酸盐等是海藻胶体系中的经典物质。海藻酸盐根据其性质不同,分为水溶性胶与水不溶性胶。其中,水溶性海藻酸盐主要由一价盐构成(海藻酸钠、海藻酸钾等),此外,海藻酸镁、海藻酸汞作为二价海藻酸盐同样可溶。水不溶性海藻酸盐主要由二价离子(除镁、汞外)及三价离子盐组成。海藻酸盐可以与多种阳离子发生交联作用,随着阳离子浓度的增加,体系的黏度会随之变大,例如海藻酸钠中加入氯化钙会形成凝胶。在 pH 5～10 时,海藻酸钠的黏度稳定,pH 下降到 4.5 以下时黏度显著增大,在 pH＝3 时甚至会沉淀析出。在饮料中,海藻酸钠的介入可以形成光滑的组织结构并提高嗅感。海藻酸钠与卡拉胶复配可以提高巧克力牛乳饮料的丝滑口感。此外,海藻酸钠还可以保持冰激凌的稳定形态,有效控制大冰晶和糖晶的析出,提高冰激凌的口感细腻度。

4.4.3.4 果胶

目前,果胶的主要来源为柑橘皮。天然果胶类物质,一般以原果胶、果胶及果胶酸三种形态存在。果胶的溶解度取决于其甲氧基的含量及果胶的甲基化程度。果胶在实际应用过程中会发生水解,而在 pH 为 3.5 左右时最为稳定。其分解的速度取决于 pH、水的活性以及温度。以带羧基基团 25％的果胶(DE 值为 75％)为例,当 pH 为 3.5 时,恰好有 50％的羧基以带电荷的 COO^- 存在,而当 pH 下降到 3.0 时,则只有 30％的羧基以带电荷的 COO^- 存在。因此在特定的条件下果胶上带负电荷的基团可以与其他带正电荷的物质,如蛋白发生反应。经典的应用之一就是在乳品体系中使用果胶,可以稳定蛋白,减少沉淀,提供较优异的口感。由于含乳饮料中具有较多的酪蛋白,因此当 pH 在靠近其等电点左右(pH 4.6),往往不稳定,而蛋白质的聚集沉淀在加热时变得更加严重。因此在含乳饮品的制作生产过程中,为了使其经过杀菌而不絮凝、沉淀,往往添加酯化程度在 70％的高酯果胶。低酯果胶则被广泛地用于低温酸乳中改变产品的质构,获得更好的口感。高酯果胶与蛋白的作用机理主要是由于果胶的负电荷与蛋白质的氨基基团的静电相互作用,使果胶附着在蛋白表面,阻止蛋白之间的絮凝从而达到稳定体系的目的。果胶在食品工业中的应用十分广泛,在果汁、乳制品、果酱的制作中被广泛用于提升产品性质。值得一提的是,在低 pH 下,果胶的凝胶强度要优于其他稳定剂,例如在高酸度蜜饯中果胶的效果远远高于其他食用胶。

4.4.3.5 明胶

明胶在自然界中并不存在,它是胶原纤维的衍生物。胶原在动物表皮、骨头、韧带中广泛存在。明胶中蛋白质占82%以上,这也导致了其较为明显的缺陷在于不能长期保持在60℃以上,否则会导致其物理、化学性质退化甚至最终碳化产生不良气味。在食品行业中,明胶被广泛应用,除明胶的稳定效果以外,其本身具有一定的营养价值,含有除色氨酸以外的所有人体必需氨基酸。明胶可以用于冰激凌的制作以减小冰晶的增大程度,使冰激凌口感更加细腻。在一些罐头中,明胶也作为增稠剂被添加使用,例如猪肉罐头中会使用猪皮胶。

4.4.3.6　黄原胶

黄原胶又名汉生胶,其相对分子质量在1MDa以上,属于半合成稳定剂。易溶于冷水和热水,由于黄原胶具有多侧链线性结构的多羟基化合物,这使得其在较低浓度下仍然具有较高的黏度。黄原胶的独特之处在于其具有剪切稀释性能,即当对体系剪切时,流体黏度会随剪切力的上升而降低,且这种降低是可逆的。这种独特的性质使黄原胶还具有乳化稳定性能。黄原胶溶液的黏度基本不受酸碱的影响,在广泛的pH范围内(1～13),仍然保持原有的性能。除此之外,黄原胶相较于海藻胶、淀粉等稳定剂而言,在−18～80℃的范围内可以基本保持原有黏度,可以提高产品的冻融稳定性。在实际生产中,黄原胶可以赋予果味饮料爽快的口感和愉快的风味,可以使不溶性物质在体系中较好地悬浮。对于淀粉类产品,尤其对于速冻食品而言,当出现循环冻融时,老化现象十分明显,此时黄原胶的引入可以显著提升其冻融稳定性。

4.4.3.7　羧甲基纤维素钠

羧甲基纤维素钠是纤维素胶的主要代表产品之一,其本身的性质取决于不同的取代度。一般来说,pH为7时的黏度最大,在pH 4～11范围内都较为稳定,而当pH到3以下时则会发生游离酸沉淀。水是羧甲基纤维素钠最好的溶剂。由于羧甲基纤维素钠的不同特性,在稳定体系的同时,往往还会赋予食品更好的口感。在实际生产中,羧甲基纤维素钠用于果酱、干酪等食品的生产时,在提高产品黏度的同时可以增加固形物的含量。可以减少冰激凌的结晶,在面包、蛋糕中使用时还可以防止其水分的蒸发。

4.4.3.8　甲壳素与壳聚糖

甲壳素是许多低等动物,特别是节肢动物外壳的重要组成部分。甲壳素的溶解度都较差,但当其脱去分子中的乙酰基时,就转变为壳聚糖,同时溶解性能也得到一定的改善。由于甲壳素与壳聚糖的特性,在食品加工中具有多种功能,其中甲壳素经酸解后获得的微晶甲壳素具有增稠、稳定作用,且性能优于微晶纤维素,可作为花生酱、芝麻酱、蛋黄酱、奶油代用品、沙司罐头等食品的稳定剂和增稠剂。

4.4.3.9　β-环状糊精

β-环状糊精是由淀粉经酶解后获得。其溶解度高,在水溶液中可以同时与亲水和疏水物质相结合,增加持水性,此外环状糊精不易吸潮,化学性质较为稳定。在实际生产中,β-环状糊精除了稳定剂、增稠剂的功能之外,还可掩饰不愉快气味,提升产品风味并稳定着色剂。

4.4.3.10　复合稳定剂

由于单种稳定剂具有不同的优劣势,在实际食品工业中,为了达到更好的稳定效果,往往会将2种及以上的功能存在互补或协同作用的单体以特定的比例复合后,构建出复配物。复配物相较于单体而言,具有更优的性能。例如黄原胶与魔芋胶的复配物在极低浓度下仍可形成凝胶。除了追求更高的性能,复配有时也为了追求更高的经济效益。

❓ 思考题

1. 请分析鸡蛋在煮熟的过程中存在着哪些分子间相互作用力？它们分别起了什么作用？

2. 大豆分离蛋白会发生碱溶酸沉的现象，请简述原因。请思考几种可以使大豆分离蛋白在 pH 3.8 不发生沉淀的方法。

参考文献

［1］方亚鹏，高志明. 食品组分相互作用对食品胶体结构及营养与风味输送特性的影响［J］. 中国食品学报. 2016，16（07），7-16.

［2］KASAPIS S，NORTON I T，JOHAN B.（Eds.）. Modern biopolymer science：bridging the divide between fundamental treatise and industrial application［M］. Salt Lake City：Academic Press，2009.

［3］TURGEON S L，LANEUVILLE S I. Protein + polysaccharide coacervates and complexes：from scientific background to their application as functional ingredients in food products［M］. Modern biopolymer science. Salt Lake City：Academic Press，2009：327-363.

［4］de KRUIF C G，WEINBRECK F，de VRIES R. Complex coacervation of proteins and anionic polysaccharides ［J］. Current Opinion in Colloid and Interface Science，2004，9(5)：340-349.

［5］DOUBLIER J L，GARNIER C，RENARD D，et al. Protein-polysaccharide interactions ［J］. Current Opinion in Colloid and Interface Science，2000，5(3-4)：202-214.

［6］PATEL A R，HU Y C，TIWARI J K，et al. Synthesis and characterisation of zein-curcumin colloidal particles ［J］. Soft Matter，2010，6(24)：6192-6199.

［7］SNEHARANI A H，KARAKKAT J V，SINGH S A，et al. Interaction of curcumin with beta-lactoglobulin-stability，spectroscopic analysis，and molecular modeling of the complex［J］. Journal of Agricultural and Food Chemistry，2010，58(20)：11130-11139.

［8］MCCLEMENTS D J. Food emulsions：Principles，practices，and techniques ［M］. Boca Raton：Chemical Rubber Company Press，2015.

［9］HU K，MCCLEMENTS D J. Fabrication of biopolymer nanoparticles by antisolvent precipitation and electrostatic deposition：Zein-alginate core/shell nanoparticles ［J］. Food Hydrocolloids，2015，44：101-108.

［10］YUAN Y，WAN Z L，YIN S W，et al. Formation and dynamic interfacial adsorption of glycinin/chitosan soluble complex at acidic pH：Relationship to mixed emulsion stability ［J］. Food Hydrocolloids，2013，31(1)：85-93.

5

食品胶体的界面性质

内容简介:本章系统介绍表面吉布斯函数及表面张力的概念，影响表面张力的因素；润湿作用、接触角及润湿方程、附加压力的概念及其与表面张力的关系；接触角测量方法及其影响因素。表面活性剂的分子结构特点及分类，阴离子、阳离子、非离子和两性表面活性剂的制备与性质，表面活性剂在界面上的吸附、表面活性剂的体相性质、胶束理论、表面活性剂的亲水亲油平衡(HLB)问题，各类表面活性剂在食品工业中的应用。

学习目标:要求学生理解表面能及表面张力，弯曲液体的表面现象，润湿作用和接触角及润湿方程。掌握表面活性剂的分类和作用原理，表面活性剂的亲水亲油平衡(HLB)问题。

日常生活中许多天然及加工食品(包括饮料)均是由泡沫、乳液及悬浮液等多相食品分散体系构成,常见的如乳液类型的牛奶、乳饮料、奶油、调味品、涂抹酱等,泡沫类型的啤酒、面包、蛋糕、冰激凌等,以及保健饮品、果汁、汤汁等悬浮液体系。这些多相食品体系因气泡、油滴、固体颗粒等结构单元的存在而具有非常高的比表面积,其一系列宏观行为(形成及稳定性、流变学及结构等)很大程度上取决于其两相界面性质(如气-水或油-水界面),如界面张力、界面膜黏弹性等,因而这些食品体系被认为是"界面主导食品体系"。研究食品分散体系中的界面现象并系统测定其界面性质对于理解食品在加工和流通过程中的物理特性至关重要。

5.1 表面张力和表面能

5.1.1 表/界面面积与自由能

生活中有很多现象和表面张力相关,比如露珠、漂浮的硬币、曲别针和肥皂泡(图 5-1)。在胶体分散体系中,位于分散相和连续相之间的、薄的中间区域或边缘面,被称为界面。一相为空气时的两相接触面往往被称为表面。乳液、泡沫和悬浮液等胶体分散体系的一系列宏观行为(如稳定性、流变及微结构)很大程度上取决于其两相界面性质,这是因为这些分散体系的结构单元——液滴、气泡和颗粒具有非常高的界面面积和界面自由能[1-3]。举例来说,当把植物油和醋一起摇晃制成油醋汁调料时,油会以细小球形液滴的形式分散于醋中,假设形成的油滴平均半径(R)为 1 mm,则每个油滴体积(V)和界面面积(A)可通过以下公式计算得到:

$$V = 4/3 \pi R^3 = 4.2 \ \mu L \tag{5-1}$$

$$A = 4\pi R^2 = 12.5 \ mm^2 \tag{5-2}$$

图 5-1 自然界和生活中的界面现象

式中,油滴尺寸的减小将导致每个油滴体积和界面面积的减小,但一定空间内油滴数量和总界面面积会随之增加。例如,对于 1 L 的油来说,当油滴半径从 1 mm 降低到原来的 1/10 时,总界面面积则会从 3 m² 增加到 30 m²。对于胶体分散体系而言,分散相的尺寸与细分程度决定着体系界面自由能,分散相(如油滴)尺寸越小,其界面处具有的自由能越大,对整个体系界面能的贡献也就越大。因此,多相体系的自发变化是从许多小液滴逐渐演变形成数量更少的大液滴,以最大限度地减少不混溶两相之间的接触面积,使体系具有更小的界面自由能。这也是乳液分散体系中乳滴总是以球形存在的原因,因为其他形状的油滴都将具有更大的界面面积。

表面或界面自由能变化(dG)与两相界面间的接触面积变化(dA,即分散相界面面积变化)之间的关系可通过以下公式描述,即:

$$A = dG = \gamma \cdot dA \tag{5-3}$$

式中,γ 为界面面积(dA)变化与体系界面自由能(dG)变化关系的比例常数,即表面或界面张力系数,用来描述接触两相界面的特性。界面自由能对胶体分散体系的稳定和结构具有非常重要的影响,有助于将食物结构与热力学信息联系起来。因此,相对于摇动产生的油滴及其界面面积,更剧烈的均质化处理将有助于产生尺寸更小的液滴,因为后者产生的机械能可更有效地抵消体系的界面自由能。可以预期,随着分散相尺寸的减小和界面面积的增大,体系界面能的影响会变得越来越大。然而,在实际食品加工中,理解和测试食品的界面特性是极具挑战性的,这是因为真实食品是一种具有多组分、多相、多尺度结构的复杂体系,通常存在多种类型的两相界面。例如,冰激凌体系中包含脂肪滴、气泡、冰晶等多相结构单元,可能存在液液界面、气液界面、液固界面、气固界面等多种类型的界面及界面张力。此外,蛋白质等表面活性剂的界面扩散和吸附行为等也会显著改变两相界面处的物化性质,从而影响界面张力和界面自由能的变化。因此,更为准确地理解和测量界面张力是理解复杂食品体系界面性质的关键。

5.1.2 表面张力与界面张力

如图 5-2(a)所示,纯液体中分子间存在着短程范德华力,该作用力范围相当于分子直径的数量级。对于暴露在空气中的液体,分子间范德华吸引力对除界面区域外的所有分子都是相等的,但界面区域的分子在不平衡的牵引力作用下会趋于靠近液体内部。这就好像界面层液体对其内部液体施加压力,使得液面有自动收缩的趋势。当收缩达到平衡之后,单位长度的表面收缩张力称

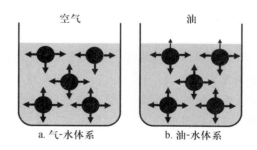

图 5-2 液体内部和界面处的分子受力情况

为表(界)面张力。两种不互溶的液体[如油和水,图 5-2(b)]也存在类似的现象,只是界面的弯曲趋势相对不是那么明显。由于在界面区域的分子受到本相分子的作用力与受到外相分子的作用力是不相等的,所以界面层也会出现不平衡的分子间作用力,这主要受到两相液体之间可混溶性的影响。两相混溶性较差的液体界面之间将会产生较高的界面张力,例如正辛烷在水中的溶解度比正辛醇低,其与水的界面张力则较高(表 5-1)。反之,对于混溶性较好的两相液体来说,其产生的界面张力可能非常低。如果两种液体可以完全混溶,则不会形成界面区

域,也不存在界面张力。总的来说,界面区域存在不平衡的分子间作用力是界面张力产生的分子基础。

表 5-1　一些液体的表面张力及其与水的界面张力(20 ℃)　　　mN·m⁻¹

液体	表面张力	界面张力	液体	表面张力	界面张力
水	72.5	—	正辛烷	21.8	50.8
蛋白溶液	≈50	0	正己烷	18.4	51.0
氯化钠饱和溶液	82	0	正辛醇	27.5	8.5
蔗糖溶液(55%)	—	76.5	苯	28.9	35.0
纯化植物油	30	30～31.5	溴苯	35.8	38.1
商用植物油	34	19.5～23.5	四氯化碳	26.9	45.1
辛葵酸甘油酯	—	15.9	乙醇	22	—
石蜡	30	50			

图 5-3 是液体表面张力的实验示意图。表面层液膜固定于线框内,受框线和可移动的滑线约束。假设整个系统是无摩擦的,如果不在可移动滑线上施加外力,则液体的表面张力会通过拉动滑线来收缩液膜。这表明液膜表面边缘处存在沿着表面切线方向且垂直于边缘上的作用力是液体表面的固有性质。所需的外力 F 会一直作用于滑线各处且随着滑线的长度 l 变化,达到平衡时,即得到:

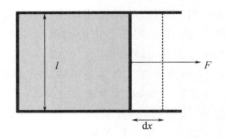

图 5-3　液体表面张力的实验示意图

$$F = 2\gamma l \tag{5-4}$$

则表面或界面张力 γ 为:

$$\gamma = F/2l \tag{5-5}$$

可见表面张力体现了在单位长度的作用线上液体表面的收缩力,垂直于分界边缘并指向液体内部,单位为 mN·m⁻¹。表 5-1 列出了一些液体的表面张力及界面张力。

如果施加的外力 F 使滑线移动一定的距离 $\mathrm{d}x$,则体系中所做的功为 $F\mathrm{d}x = 2\gamma l\mathrm{d}x = \gamma\mathrm{d}A$。在理想条件下(无摩擦阻力),该功是在恒温恒压下的可逆非膨胀功,等于整个过程吉布斯函数的增加,即:

$$\mathrm{d}G_{T,P} = \gamma \cdot \mathrm{d}A \quad 或 \quad \gamma = (\partial G/\partial A)_{T,P} \tag{5-6}$$

因此,对单组分液体来说,在恒温恒压下,单位表面积扩张导致的体系吉布斯函数的变化等于表面吉布斯函数,简称为(比)表面或界面能。也就是说,表面或界面张力也可以反映单位面积吉布斯自由能的变化,与表面积扩张所需能量一致。因此在恒温恒压下,表面张力系数在数值上等于表面吉布斯函数,两者在单位上是等效的,即能量/面积＝mJ/m²＝mN/m。由上可知,表面张力可看作作用于单位长度上的收缩力,也可被认为是单位面积的自由能,两个概念在数学上是相通的。

5.1.3 曲面与 Young-Laplace 方程

如图 5-4 所示,考虑一个弯曲界面,比如毛细现象产生的弯月面状的液面,界面张力在曲面上存在压力差,在凹面处(即液滴或气泡内部)压力值较大。假设存在一处两相(A 和 B)界面,液滴或气泡内部为 A 相,其外部为 B 相,则两相间存在压强 P_A 与 P_B。假定曲率半径为 R_1 和 R_2,则有:

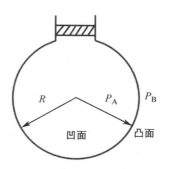

$$\Delta P = P_A - P_B = \gamma(1/R_1 + 1/R_2) \tag{5-7}$$

以上即为 Young-Laplace 方程,也是毛细现象的基本公式。ΔP 常被称为弯曲液面的附加压强,其产生归因于液面表面张力的存在。

图 5-4　曲面半径与收缩压的关系

显然,对于稀乳液或泡沫中呈球形的液滴或气泡来说,$R_1 = R_2 = R$,则有:

$$\Delta P = P_A - P_B = 2\gamma/R \tag{5-8}$$

可见附加压强 ΔP 随曲率半径 R 的变化而变化。从 Young-Laplace 方程看出 $P_A > P_B$,因此液滴或气泡内部的压力大于外部压力,且内部压力随着表面张力的增大(即分子从表面移开的趋势)或颗粒半径的减小(即较小的颗粒具有更多的表面用以加压体积)而增加。Young-Laplace 方程是一些测量表面或界面张力重要方法的基础,如悬滴或座滴法、最大泡压法等。食品乳液或泡沫体系中的奥斯特瓦尔德熟化现象可以用 Young-Laplace 方程进行解释,其主要原因是较小的液滴或气泡内部具有较大的压强,能与旁边较大的液滴或气泡产生压强差;液滴(气泡)之间的压强差会使液滴(气泡)内部液体或气体向压强更小的地方扩散,从而导致大液滴(气泡)不断变大,小液滴(气泡)减小直至消失。

5.1.4　影响表面张力的因素

表面张力作为物质内部分子相互作用力的一种反映,其影响因素有很多,主要取决于物质本身的性质以及外界条件的变化。对纯液体来说,液体分子间相互作用力越大,其表面张力也越大,同时任何能改变这一作用力的因素也会影响表面张力的大小。现主要介绍三种影响表面张力的主要因素,包括界面两侧两相分子的性质与组成、外界温度及压力等。

5.1.4.1　分子间作用力的内在影响

表面张力是由于界面两侧两相中的分子性质与密度不同导致的差异所引起的,因此两相分子的性质及两相密度对表面张力会产生必然的影响。一般来说,密度越小、越易挥发,液体的表面张力越小;在液体中加入表面活性物质,其会吸附覆盖到界面,从而显著降低液体的表面张力系数。对于纯液体体系来说,表面张力也往往与液体分子间键能有关,一般化学键能越强,表面张力越大。比如,离子键键合液体的表面张力大于极性共价键和非极性共价键结合的液体体系。

5.1.4.2　温度的影响

一般来说,温度升高,分子间作用力减弱,表面张力会下降。同时温度升高,液体的饱和蒸气压增大,气相中分子对液体表面分子的引力增大,也会导致液体表面张力减小。当温度达到

临界温度时,分子间内聚力为零,表面张力也降为零。

对于很多液体体系来说,其表面张力与温度关系常用 Ramsay 和 Shields 提出的经验式来描述,即:

$$\gamma(M/\rho)^{2/3}=k(T_c-T-6) \tag{5-9}$$

式中,M 为液体摩尔质量;ρ 表示液体在温度 T 时的密度;T_c 为液体临界温度;k 为普适常数。对于非极性液体来说,$k = 2.2 \times 10^{-7}$ J·K^{-1},而对极性液体来说,则 k 值要小得多。

5.1.4.3 压力的影响

根据热力学,在恒温 T 和恒表面积 A 下,压力对表面张力的影响等于相应数量的分子从体相迁移到表面区域时体积的变化。由于这种变化是正的,即$(\partial V/\partial A)_{T,P}>0$,所以压力的增加会导致表面张力增大。

除上述 3 个主要因素之外,电场、磁场以及液体样的状态(比如,有报道显示旋转着的液体的表面张力会增大)也会对表面张力的大小产生影响,在此章节不予讨论。

5.1.5 表面张力的测量方法

测量液体表面张力的方法主要有环法、挂片法、悬滴法、滴重法、最大气泡压力法、毛细管上升法等[4,5]。这里简单介绍以下几种常见的测试方法。

5.1.5.1 环法

环法又称为 du Nouy 法(图 5-5),在测试时,需要将铂丝圆形挂环挂在扭力天平上,调整天平使挂环平面刚好与液面接触,然后测定圆环拖离液面时所需要的最大压力,由下列公式可计算出液体的表面张力:

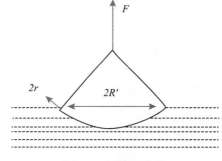

图 5-5　环法示意图

$$\gamma=\frac{F}{4\pi(R'+r)}f \tag{5-10}$$

式中,F 为圆环离开液面时所需要的最大压力;R' 为圆环的内半径;r 为环丝半径;f 为修正系数(由哈金斯等提出)。

5.1.5.2 挂片法

挂片法(图 5-6)是一种不需要校正的测量方法,通常采用静态法进行测试。使用细丝将一块方形薄片(如毛细管片、珀片、显微镜盖玻片、云母片、滤纸片等,片宽为 L,片厚可忽略不计)挂在天平的一端。随后,调整天平砝码与薄片的平衡后,将薄片端的液面逐渐升高,使液面恰好与挂着的薄片接触。此时,为了平衡天平,需要增加砝码的重量,该重量(ΔW)就等于作

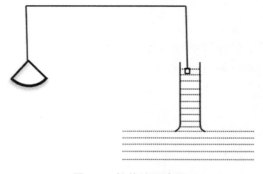

图 5-6　挂片法示意图

用在薄片与液体接触的周界上的液体的表面张力。可用下列公式计算表面张力：

$$\gamma = \frac{\Delta W}{2L} = \frac{W_{总} - W_{片}}{2L} \tag{5-11}$$

5.1.5.3 悬滴法

悬滴法(图 5-7)是通过处理液滴的图像来计算表面张力的一种简便方法。常采用的检测系统为视频光学接触角测量仪，主要由控制单元、液滴形成系统、摄像系统和电脑组成。测试时，需要将连接在毛细管上的不锈钢针插入矩形玻璃槽内(槽内装有空气或液体 B)，同时将液体 A 加至注射器中。由电动注射控制单元通过毛细管注入液体 A，在针尖上形成一定体积的液滴后，CCD 视频摄像系统会立即开始连续地采集液滴外形图像，检测表面张力随时间的变化。利用 Young-Laplace 方程分析液滴外形图像，可计算出液体的表面张力或界面张力。

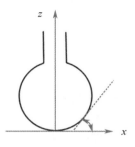

图 5-7 悬滴法示意图

5.2 润湿现象与接触角

5.2.1 润湿现象与接触角的定义

当一滴液体被放置在固体表面上时，液体可以在表面上形成一粒珠子(如水-石蜡)，或者扩散形成液膜(如水-玻璃)。液体沿固体表面扩展的现象称为液体对固体表面的润湿，它是界面现象中的一个重要方面，主要研究液体对固体表面的亲和力，即润湿性。例如，荷叶上的水珠可以自由滚动，说明水不能润湿荷叶，即表现为不润湿。润湿和不润湿与相互接触的液体和固体的性质紧密相关。

图 5-8 中，G-L 代表气-液界面，G-S 代表气-固界面，L-S 代表液-固界面。

液体对固体的润湿程度通常可用接触角 θ 来衡量。所谓接触角是指在气、液、固三相交点处所作的气-液界面的切线穿过液体，与固-液交界线之间的夹角 θ(图 5-8)。一般常以 $\theta = 90°$ 为分界线，若 $\theta < 90°$，则液体能润湿固体，其角越

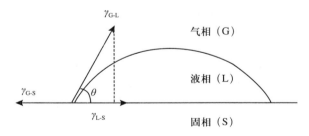

图 5-8 接触角示意图

小，表示润湿性越好；若 $\theta > 90°$，则液体不能润湿固体，容易在表面上移动。当 $\theta = 0°$ 时，固体被完全润湿，液体在固体表面上铺展；而 $\theta = 180°$ 时，则表示液体对固体完全不润湿(图 5-9)。

若界面张力被界定于存在于两相界面区域，接触角则存在于三相交界处。三相交界处的液体受到 3 个表面张力的作用(图 5-8)，包括液-固界面张力 γ_{L-S}、气-固界面张力 γ_{G-S} 和气-液界面张力 γ_{G-L}。γ_{G-S} 力将交界点的液体向左拉，使气-固界面面积减小；γ_{L-S} 力将交界点的液体向右拉，以减小液-固界面面积；γ_{G-L} 力将交界点液体沿切线方向向上拉，以减小气-液界面面积。在固体为光滑平面的情况下，润湿平衡时，这三个力也处于平衡状态，有：

图 5-9　不润湿、润湿和完全润湿

$$\gamma_{G-L}\cos\theta = \gamma_{G-S} - \gamma_{L-S} \tag{5-12}$$

移项得到：

$$\cos\theta = (\gamma_{G-S} - \gamma_{L-S})/\gamma_{G-L} \tag{5-13}$$

公式(5-12)可表示界面张力和接触角关系的杨氏(Young)方程。

润湿现象在实际生产中应用十分广泛,比如近年来通过控制材料表面的润湿性能形成亲水(水接触角＜90°)、疏水(水接触角＞90°)和超疏水表面(水接触角＞150°)等实现材料的表面防水、自清洁等功能;食品包装领域常通过材料表面疏水修饰处理使 γ_{L-S} 增大,提升包装材料的阻水性能。此外,润湿性及超润湿性在生物黏附控制、液-液分离、能量转换、传感器等新兴领域的应用也越来越引起重视。

此外,接触角与食品涂膜也紧密相关。涂膜技术广泛应用于果蔬采后加工、运输、销售等过程中,以延长果蔬的保质期。通过对果蔬浸泡或喷涂含有多糖、纤维素衍生物、乳清蛋白、果蜡、蔗糖脂肪酸酯等具有成膜性质的增稠剂溶液,使果蔬表面形成一层不影响其品质的透明薄膜。通常,形成有效涂层的前提之一是涂膜溶液与果蔬表面间的接触角小于90°,且初始接触角越小,涂液对果蔬的润湿性越好;保证涂膜均匀稳定覆盖的关键是果蔬的表面具有一定的润湿性和对涂液的亲和力,而表面具备一定的粗糙度可在一定程度上促进其与涂层间的结合以保证涂层的阻隔效果(图 5-10)。

图 5-10　食品表面涂膜与接触角的关系

5.2.2　接触角的测量方法

测量接触角的方法有很多种,根据直接测量物理量的差别主要分为 3 种类型。第一种是量角法。量角法的应用最为广泛,它可直接或间接地量取接触角的数值,因而是最为直观和直接的接触角测量方法。第二种是高度法。高度法也称为长度法,是通过测定相关长度参数,再利用接触角和这些参数的关联方程,求得接触角值,因而避免了切线法产生的人为误差。较为常用的方法包括毛细管法、垂片法、小液滴法等。第三种是渗透法。相对于前两种类型的测量方法(适用于固体平面),渗透法主要适用于测定液体对固体粉末的接触角。下面对几种常见的方法进行简要介绍。

5.2.2.1　量角法

(1)座滴法　座滴法(或躺滴法)测定接触角的原理是利用滴在固体材料表面上的液滴在固-液交界处作气-液界面交界处的切线,夹角 θ 即为液体与固体表面的接触角值(图 5-8),通过使用量角器直接在液相中测得接触角。

（2）通过光反射原理并结合量角法测定液体滴在固体表面的接触角　其原理为使用一束光线投射到三相交界处,当光线刚好垂直于液相界面时,反射光线恰好能沿着原光路返回。此时入射光线与固体表面垂直线间的夹角即为接触角(图 5-11)。该法主要用于测定小于 90°的接触角。

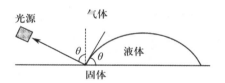

图 5-11　光反射法测接触角

尽管量角法的应用较为普遍,但是需要人为在液滴和固体平面交界处作气-液界面的切线,很大程度上影响了接触角测量的精确度。目前主要依靠具备高精度的摄像机和显微镜设备的接触角测量仪以及相关软件技术的应用来提升量角法的测量精度。其中,计算机软件可以通过使用轴对称液滴形状分析法、Young-Laplace 方程数值综合法、Snake 法等液滴形状分析算法来计算接触角。

5.2.2.2　高度法

（1）毛细管法　该方法是根据液体在毛细管中上升或下降的高度来测定接触角。若液体能很好地润湿毛细管壁,则被压入毛细管内的液体上升、液面为凹面;同样若液体不能润湿管壁,则毛细管内的液体下降、液面为凸面,如图 5-12 所示。计算接触角 θ 可根据 Laplace 方程:

$$\cos\theta = (\Delta\rho g h R)/2\gamma \tag{5-14}$$

式中,$\Delta\rho = \rho_{液} - \rho_{气}$,即液体和气体的密度差;$h$ 为达到平衡时液体在毛细管中的上升高度;R 为曲率半径;g 为重力加速度;γ 为液体的表面张力。

（2）垂片法　将薄片状的固体材料(宽度一般在 2 cm 以上)垂直插入液体介质中,液体在毛细力的作用下会沿薄片边缘向上爬升,如图 5-13 所示。

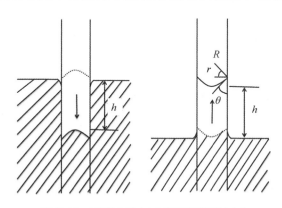

图 5-12　毛细上升(左)和毛细下降(右)

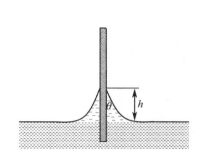

图 5-13　垂片法测接触角

液体上升的高度 h 与接触角 θ 之间的关系为:

$$\sin\theta = 1 - \rho g h^2/2\gamma \tag{5-15}$$

因此,在已知液体密度 ρ 及表面张力 γ 的情况下,只要测定出液体沿薄片上升的高度 h,就可由上式计算出接触角值。该方法的测量精度较高,可准确到 0.1°接触角值。

（3）小液滴法　将液滴滴在固体表面上，保持表面水平。当液滴足够小时，重力影响可以忽略，液滴呈现为理想的球冠形（图 5-14）。

测量在固体平面上小液滴的高度 h 和宽度 $2r$，得到接触角关联式为：

$$\sin\theta = 2hr/(h^2 + r^2) \tag{5-16}$$

$$\tan\theta/2 = h/r \tag{5-17}$$

式中，h 为小液滴的高度；r 为小液滴与固体表面接触圆半径。该方法要求被测表面平整均匀，计算出的接触角值比量角法更为精确。

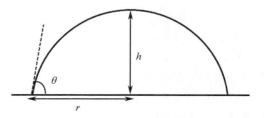

图 5-14　小液滴法测接触角

高度法由于不需要做切线，因而其人为误差比量角法小。但需要指出的是，高度法在推导接触角与长度参数的关联式时，往往会设定一些理想测量条件，但现实过程是无法完全满足的，比如液滴小到可以忽略重力的影响。这些假设条件也会给接触角的测量带来误差。

总的来说，接触角的测量方法很多，但都很难实现非常准确的测量，这主要是因为影响接触角测量的因素既多又复杂，即使一些很小的因素也会对接触角产生明显的影响。在实际操作中应根据具体情况，选择合适的测量方法。

5.2.3　影响接触角的因素

5.2.3.1　三相对接触角的影响

接触角是由气、液、固三相界面张力所决定的，因此三相的性质必然会对接触角产生显著影响。气相性质对接触角的影响相对较小，主要通过改变固体表面和液体表面的组成来间接影响接触角值。对液相来说，液体表面张力的减小会降低其与固体表面的接触角。如果液体中含有表面活性剂，则其会定向吸附在液体表面上从而显著降低液体的表面张力；此外，表面活性剂也会吸附到固体表面上而导致接触角改变。

固体表面的粗糙度对接触角具有明显的影响。Wenzel 指出，对一个给定的几何平面，粗糙的表面比光滑的表面具有更大的真实表面积，因此必须对经验方法推导的 Young 方程进行修正，以适用于粗糙的固体表面。以 r 表示固体表面粗糙度，即粗糙固体表面的表面积与光滑固体表面的表面积之比。此时，对 Young 方程进行粗化校正，得到：

$$r(\gamma_{G-S} - \gamma_{L-S}) = \gamma_{G-L}\cos\theta_r \tag{5-18}$$

将式（5-18）与光滑固体表面润湿时的 Young 方程相比可得：

$$\cos\theta_r = r(\gamma_{G-S} - \gamma_{L-S})/\gamma_{G-L} = r\cos\theta \tag{5-19}$$

式中，θ_r 为粗糙固体表面的接触角；θ 为光滑固体表面的接触角。由于粗糙固体表面的表面积总是大于光滑固体表面的表面积，因此 r 总大于 1。

由式（5-19）可知，当 $\theta < 90°$ 时，则 $\theta_r < \theta$，粗糙表面的接触角随表面粗糙度的增加而变小；相反，若 $\theta > 90°$ 时，则 $\theta_r > \theta$，粗糙表面的接触角随表面粗糙度的增加而变大。

5.2.3.2 温度对接触角的影响

温度也会影响接触角的大小。温度升高会使液体表面张力下降,而液体表面张力的下降进而会导致接触角的减小,因此升高温度会减小固体表面的接触角。此外,温度升高通常有利于固-液界面物质的相互渗透,而固-液相互渗透越强,两者间的接触角也就越小,这也是温度升高导致接触角变小的一个原因。总的来看,一般情况下,如果温度的变化幅度不是很大,其对接触角也不会产生很大的影响。

5.2.3.3 马兰戈尼现象

马兰戈尼现象,也称马兰戈尼效应(Marangoni effect),是指当一种液体的液膜受温度、浓度等外界环境扰动而局部变薄时,液体会在表面张力梯度的作用下形成马兰戈尼流,使液体沿最佳路线流回薄液面,进行"修复",即从液体表面张力低的地方流向表面张力高的地方。其中,表面张力梯度可以由表面活性剂的浓度梯度(图 5-15)或温度梯度引起。

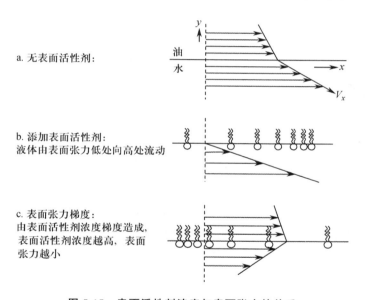

图 5-15 表面活性剂浓度与表面张力的关系

当我们向玻璃杯中倒入一些葡萄酒后,会发现在葡萄酒表面上方出现沿杯壁滑落的泪滴,形成"酒泪",当玻璃杯轻轻摇动时,该现象会进一步加剧。这些酒泪产生的原理就是马兰戈尼效应。在葡萄酒中,酒精相比于水具有较低的表面张力和较高的挥发性,而葡萄酒对酒杯润湿,所以当酒杯壁上葡萄酒的上部分由于乙醇蒸发导致乙醇浓度降低,其表面张力升高,从下往上的表面张力梯度逐渐增高,即酒精浓度较低的区域比酒精浓度较高的区域对周围流体的拉力更大,结果液体被从下拉到上方,当其自身重量超过作用力后液滴流下,便形成"酒泪"的现象,如图 5-16 所示,该过程一直进行到葡萄酒中乙醇含量过低时为止。

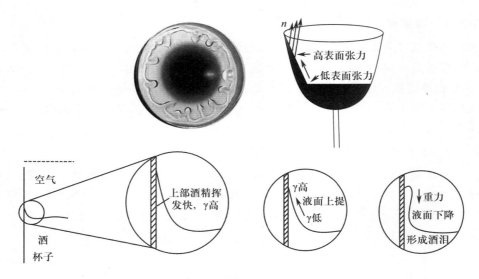

图 5-16 "酒泪"的形成

5.3 界面膜与界面流变学

5.3.1 界面膜的形成及其结构

泡沫、乳液等多相食品分散体系中存在的界面会对食品体系的加工与宏观特性带来重要影响。蛋白质或两亲性小分子等表面活性物质会吸附到两相界面形成界面膜,如果界面膜面积较大,则相应的吸附量也可能会较大。界面张力、界面膜黏弹性以及界面微结构等两相界面性质非常重要,其会显著影响食品的形成及稳定性、流变性及结构等物理特性。

蛋白质和小分子表面活性剂等因具有两亲性结构而显示出界面活性,当其溶于水中后,分子的亲水部分倾向于留在水中,而疏水部分则倾向于朝向水面或非极性的溶剂中,由此造成表面活性物质会自发地从溶液内部迁移到界面上,这种从水相内部迁移至界面,并在界面富集的过程称为界面吸附。表面活性物质的界面吸附过程伴随着界面张力的下降,可通过界面压 Π 变化来反映,即:

$$\Pi = \gamma_0 - \gamma \tag{5-20}$$

式中,γ 为样品溶液的界面张力,γ_0 为溶剂的界面张力值。由此可见,界面膜的形成伴随着界面压的逐渐增加,最终达到相对稳态的吸附平衡。

作为多相食品加工中最为常用的两种表面活性物质,蛋白质和两亲小分子均能吸附到两相界面,并有效低界面张力,但两者的界面吸附行为以及形成的界面膜特性却极为不同。

5.3.1.1 蛋白质的界面吸附行为及界面膜结构

作为大分子生物聚合物,蛋白质在界面上的吸附平衡过程需较长时间,可达数小时、数天甚至更长的时间。受分散相中蛋白浓度、pH 和离子强度以及油类型的影响,大多数蛋白质在油-水界面吸附平衡后的界面张力一般处于 $8\sim22$ mN/m 范围,表面单层吸附量为 $2\sim3$ mg/m^2。

表 5-2 列出了一些常见蛋白质在不同条件下的界面压与吸附量的数值。一般来说,当分散液 pH 接近蛋白质等电点时,蛋白质的界面吸附量会较高。

表 5-2　一些常见蛋白质在不同条件下的界面压与吸附量[6]

蛋白类型	蛋白质量浓度/ (mg·mL^{-1})	pH	界面压/ (mN·m^{-1})	吸附量/ (mg·m^{-2})
牛血清蛋白	0.1	6.7	17.8	2.40
	0.01	7.1	16.7	1.95
β-酪蛋白	0.1	7.1	22.0	4.20
	0.01	6.7	19.8	2.90
酪蛋白酸钠	0.3	6.7	25.0	3.30
卵白蛋白	0.1	6.7	16.3	1.52
大豆蛋白 11S	1.0	7.0	50.3	4.20

蛋白质的界面吸附一般被认为是不可逆的过程,暂未发现其在油-水界面上的解吸现象,而在气-水界面上的解吸也是非常慢的。蛋白质在界面上的吸附一般包括以下 3 个过程[图 5-17(a)],每一步都伴随着体系自由能的降低,即①从体相扩散至两相界面。这一过程受体相蛋白质浓度和蛋白分子大小的影响,尺寸较大则可能会导致扩散速率的降低,而在极低的蛋白浓度下,扩散过程才会显著影响蛋白质的界面吸附。②蛋白质实际的吸附过程。蛋白质在界面的吸附不能立刻发生,需要克服一定的能垒,能垒的大小和蛋白质分子表面与界面间相互作用的情况有关。通过改变蛋白质的分子结构可以降低吸附过程中的能垒,如通过处理诱导球蛋白发生去折叠过程,增加其表面疏水性,便会降低其吸附能垒。③界面蛋白质构象重排、交联及固化。一旦吸附到疏水的两相界面,蛋白质便会发生构象改变以暴露疏水基团,在油-水和气-水界面上的构象变化程度可能有所不同。由于蛋白质在界面上发生去折叠,蛋白质分子间相互作用增强,导致在界面上形成浓缩的凝胶相或玻璃相结构,最终形成致密、高黏弹性的界面网络结构。由于较慢的界面吸附过程,蛋白质无法快速、有效地降低界面张力,因而其在泡沫或乳液体系的实际形成过程中并不能发挥明显作用,但其在气泡或油滴表面形成的高弹性网络结构能抑制气泡或油滴的聚合,从而有利于泡沫或乳液体系的长期稳定。

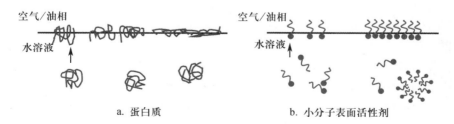

图 5-17　蛋白质和小分子表面活性剂在两相界面上吸附行为示意图

5.3.1.2　小分子表面活性物质的界面吸附及界面膜结构

相对于大分子蛋白质,尺度较小的小分子表面活性剂能更快速地从体相溶液中迁移到界

面上,显示出更强的表面活性,因此能更有效地降低界面张力(表面能),有利于泡沫或乳液的形成[图 5-17(b)]。典型的小分子表面活性剂能形成更紧密排列的界面吸附膜,但该吸附膜却不具有显著黏弹性,主要通过吉布斯-马兰戈尼(Gibbs-Marangoni)机制来稳定界面。该机制依赖于小分子表面活性剂在界面上的快速迁移能力,减少因界面变形导致的表面浓度梯度变化,从而保证界面结构的完整和致密度。小分子表面活性剂的界面吸附行为很大程度上取决于其分子结构类型。对离子型表面活性剂而言,界面上的电荷排斥作用有助于界面膜的稳定。尽管如此,小分子表面活性剂稳定的泡沫或乳液体系大多是不稳定的,较易发生聚合。

随着水相中表面活性剂浓度的增加,小分子表面活性剂在表面上的吸附就越多,直至表面充满或水相中浓度达到饱和为止,此后进一步增加水相中表面活性剂含量则不会明显改变表面性质。表面张力(γ)和表面活性剂在体相和表面相浓度的关系可以用 Gibbs 吸附定理来处理,即:

$$\mathrm{d}\Pi = -\mathrm{d}\gamma = RT\Gamma\mathrm{d}\ln a \tag{5-21}$$

式中,γ 为溶液的表面张力;Γ 为表面活性剂的表面吸附量,也称为表面过剩;a 为表面活性剂溶液的热力学活度。对于稀溶液体系,可用表面活性剂浓度 c 代替活度 a,因此上式变为:

$$\Gamma = \frac{-1}{RT}\left(\frac{\mathrm{d}\gamma}{\mathrm{d}\ln c}\right) = \frac{-c}{RT}\left(\frac{\mathrm{d}\gamma}{\mathrm{d}c}\right) \tag{5-22}$$

根据以上 Gibbs 吸附公式,通过测定不同表面活性剂浓度 c 下的表面张力 γ,由 γ-c 或 γ-$\ln c$ 曲线求出一定浓度时的 $\left(\frac{\mathrm{d}\gamma}{\mathrm{d}c}\right)$ 或 $\left(\frac{\mathrm{d}\gamma}{\mathrm{d}\ln c}\right)$ 值,即可计算得到表面吸附量 Γ 值。当表面活性剂浓度增加到其临界胶束浓度(CMC)时,表面张力降到极限值 γ_{CMC},此时对应的吸附量则为饱和吸附量 Γ_∞,其可反映表面活性剂在溶液表面的吸附能力。

5.3.2 界面流变与界面膜稳定性

界面流变学(interfacial rheology)常用来研究液体界面(包括气-水和油-水界面)的变形与随时间变化的力之间的关系[3]。液体界面流变变形方式包括三种类型,即膨胀变形、剪切变形和弯曲变形。如图 5-18 所示,在膨胀变形(dilatation deformation)中,液体界面的面积增加或减少,但其表面积的形状保持不变;在剪切变形(shearing deformation)中,液体界面的形状发生变化,而界面面积保持恒定;在弯曲变形(bending deformation)时,会发生垂直于界面的变形,即将平坦的界面弯曲成球形。在实际情况下,液体界面经常会同时发生多种变形。界面形变力通常以单位长度的力给出,单位为 N·m^{-1}。与体相流变学一样,界面流变学也会涉及很多变量。首先,液体界面对变形的响应可以是弹性的,也可以是黏性的。对于大多数由蛋白质等大分子稳定的界面膜,其响应多是黏弹性的。其次,界面变形可能快速地发生,也可能较慢,时间跨度可从微秒至一天以上。此外,界面膜处所施加的相对变形(应变)可以很小(即接近平衡状态),也可以很大;而后者涉及的界面大变形和高应变状态往往更能反映多相食品体系的实际生产加工过程。

界面流变测得的黏弹性模量等参数一般与乳液和泡沫界面膜的稳定性存在密切关联。例如,相对于小分子表面活性剂,蛋白质稳定的界面膜具有更高的界面黏弹性模量值,其在气泡或油滴表面形成的高弹性界面膜网络能有效抑制气泡或油滴的聚合,从而有利于泡沫或乳液体系的稳定。但需要指出的是,界面流变学的所有测量均在宏观二维界面上进行,所施加的应力、应变和应变率的范围不能反映出实际泡沫或乳液界面膜形成或破裂时的非平衡状态。此外,食品泡沫或乳液在实际的生产、加工及运输过程中常暴露于高度动态的非平衡状态,体系中的界面往往涉及大变形和高应变过程,此时界面膜的应力应变响应多是高度非线性的。近年来多采用非线性的界面流变学手段来研究液体界面在大变形条件下的流变响应行为,以更为真实地反映和理解界面流变参数与乳液和泡沫界面膜稳定性之间的联系[7,8]。然而,如果只考虑泡沫或乳液在静态时的变化,如储存过程中的稳定性,界面流变学参数与界面膜稳定性及相关机制存在着更多的关联,通过界面弹性模量值的高低可反映气泡或油滴抵抗歧化、聚合等的能力。例如,由食品蛋白质稳定的乳液或泡沫的稳定性一般均显著优于大部分由小分子表面活性剂(如 SDS 或吐温)稳定的分散体系,这主要是因为前者形成了具有较高黏弹性模量的液-液界面膜(图 5-17)。

5.3.3 界面流变的测量方法与原理

5.3.3.1 膨胀界面流变

膨胀流变学(dilatational rheology)是基于压缩变形方式,即在保持界面形状不变的条件下改变界面面积,研究界面张力的变化(图 5-18)。在动态测量中,呈正弦规律的微小表面积变化($dA/A = d\ln A$)被施加到液体界面,引起表面张力 $d\gamma$ 的正弦变化,该比值给出了界面膨胀模量 E_d,用于量度界面抵抗压缩和扩展时的刚性响应,即:

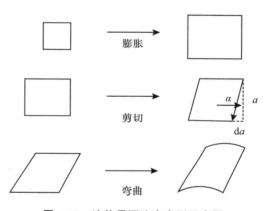

图 5-18　液体界面流变变形示意图

$$E_d = \frac{d\gamma}{d\ln A} \tag{5-23}$$

如果涉及的两亲分子单层膜不溶于体相,即表面活性剂不会在界面与体相之间发生交换,则模量是纯弹性的,等同于 Gibbs 弹性模量,E_d 不随时间变化,与膨胀率无关。如果表面活性剂是可溶的,则会在界面和体相之间发生交换,此时的 E_d 将取决于时间,这意味着还可以测定界面的膨胀黏度 η_d,即:

$$\eta_d = \frac{\Delta\gamma}{d\ln A/dt} \tag{5-24}$$

式中,$d\ln A/dt$ 为表面积 A 的相对膨胀率。由此表明,界面膨胀黏度 η_d 可视为界面扩展(或压缩)时的过量界面张力 $\Delta\gamma$ 与相对扩展率(或压缩率)之间的比例常数。

对于黏弹性界面来说,表面积变化和表面张力变化是不同步的。根据这两个变化之间的相位差,可以得出界面储能膨胀模量 E_d' 和界面损耗膨胀模量 E_d''($E_d'' = \omega\eta_d$),即:

$$|E_d| = \sqrt{E_d'^2 + E_d''^2} \tag{5-25}$$

其中,E_d' 反映了在界面的周期性变形过程中所存储的能量量度,而 E_d'' 则反映了能量的耗散程

度。进一步可得到相角的正切值 $\tan\delta = E_d''/E_d' = \omega\eta_d/E_d'$，用来表征界面膜的黏弹特性，该值越接近 0，表明界面膜弹性越强。例如，如图 5-19 所示，添加适量浓度（0.1%～1%）的甜菊糖苷会降低大豆分离蛋白油-水界面膜的界面弹性模量 E_d'，但界面仍显示出弹性主导行为[9]。

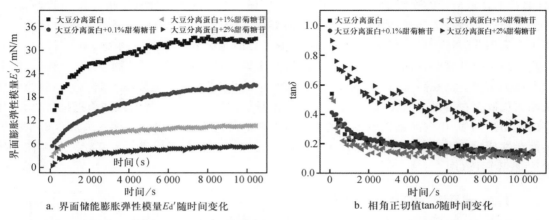

a. 界面储能膨胀弹性模量 E_d' 随时间变化　　　b. 相角正切值 $\tan\delta$ 随时间变化

图 5-19　天然小分子表面活性剂甜菊糖苷对大豆分离蛋白油-水界面膨胀流变学性质的影响

　　目前用于测定膨胀界面流变参数的方法有很多种，其中滴形轮廓分析法和 Langmuir 槽法最为常用。两种方法均能测定可溶性表面活性剂稳定的界面膜的流变性，但不溶性表面活性剂界面膜的流变性主要通过 Langmuir 槽法进行测定。测试时，一般对界面施加的表面积变化包括规律地振荡、逐步地或连续稳态地扩展或压缩。需要注意的是，在界面上施加较大的应变可能会导致界面的不均匀变形，从而导致表面张力梯度的形成和非线性行为的发生，这会影响界面流变数据的准确性和分析。

5.3.3.2　剪切界面流变（Shear rheology）

　　剪切界面流变是在保持界面面积不变的情况下改变界面形状。如图 5-18 所示，在动态测量中，表面形状的微小变化 $\mathrm{d}a/a$ 以正弦形式施加于界面，由此引起的表面切线张力的变化 $\mathrm{d}\sigma$ 用来反映界面抵抗剪切变形的能力大小。因此，界面剪切模量 G_s 可被定义为：

$$G_s = \frac{\mathrm{d}\sigma}{\mathrm{d}\alpha/\alpha} \tag{5-26}$$

　　对于黏弹性界面来说，可以从形变与表面切线张力之间的相位差获得界面储能剪切模量和界面损耗剪切模量。相对于界面膨胀黏度，界面剪切黏度 η_s 的测定更受关注，其被定义为二维剪切应力与剪切速率之间的比值。目前最常采用 Couette 型界面剪切黏度计（图 5-20）来研究蛋白质或表面活性剂的界面剪切流变行为，该技术通过双锥圆盘或环在界面的旋转运动来测量作用在圆盘或环上的力 F 与外围转速 ν_r 的函数关系，从而得到界面剪切黏度 η_s，即：

$$\eta_s = \frac{F}{2\pi r \cdot \mathrm{d}\nu_r/\mathrm{d}r} \tag{5-27}$$

式中，$2\pi r$ 为外围圈的周长；$\mathrm{d}\nu_r/\mathrm{d}r$ 为位于外围壁与圆盘或环之间剪切场中的界面速度梯度。

　　界面剪切黏度测定技术对于监测蛋白质等界面吸附层的结构和组成以及界面分子间相互

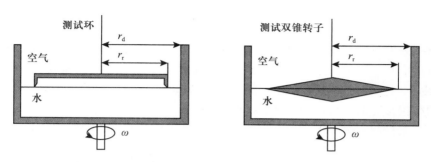

图 5-20　两种常用的 Couette 型界面剪切流变测试装置

作用等非常敏感,可用于气-水界面和油-水界面测量。测量时需要确保在圆盘或环与外壁之间没有滑动,否则会影响测量结果的准确性。研究表明,蛋白质吸附层的界面剪切黏度通常远高于小分子表面活性剂吸附层的界面剪切黏度,而较高的界面剪切黏度一般有助于乳液和泡沫的长期稳定性。

5.4　表面活性剂分类和作用原理

5.4.1　表面活性剂的定义与分类

5.4.1.1　表面活性剂的定义与结构

日常生活中人们会发现,某些物质的水溶液,即使其浓度很低,也能显著改变溶液的表面化学性质,如降低溶剂的表面张力、增加体系的润湿、乳化和起泡性能等。例如,在油水分层体系中加入少量的硬脂酸钠、烷基苯磺酸钠等物质,经搅拌之后油-水界面张力降低,油就能以微液滴的形式分散于水中,形成乳状液。通常把这种能使溶剂的表面张力降低的性质称为表面活性,具有表面活性的物质则称为表面活性物质。有些小分子类表面活性物质在其量极低时,即能显著降低溶液的表面张力,显示出很高的表面活性,这些表面活性物质则被称为表面活性剂。小分子表面活性剂的界面吸附行为详见本章第 3 节内容,在此不再介绍。

表面活性剂的分子结构一般是由两种极性不同的基团构成,即极性基团和非极性基团,是典型的"两亲"结构。极性基团又叫亲水性基团,与水分子有较强的作用力;非极性基团不溶于水,易与油性分子接近,故被称为亲油性基团或疏水基团。表面活性剂的亲油基一般是由碳原子在 8 个以上的长链碳氢基(烃基)构成,其差别较小,主要表现在碳氢链的结构变化上。亲水基则种类繁多,有带电的离子基团和不带电的极性基团,主要包括羧基、磺酸基、氨基、羟基等。

5.4.1.2　表面活性剂的分类

表面活性剂的分类方式多样,可以从分子结构与大小、溶解性或应用功能等方面进行分类。最常用的是按照亲水基团来分类,一般以其溶于水时是否发生电离以及电离成何种类型的离子为依据分为离子型和非离子型两大类。凡能电离成离子的叫作离子型表面活性剂,不能电离成离子的即称为非离子型表面活性剂。离子型表面活性剂又可按照其在水中电离形成的离子种类分为阴离子型、阳离子型和两性离子型表面活性剂。

5.4.1.2.1　阴离子型表面活性剂

阴离子型表面活性剂在水中电离后形成的亲水基团带负电荷,主要有盐类型和酯盐类型。盐类型由有机酸与金属离子组成,常见的包括羧酸盐($RCOO^- M^+$)和磺酸盐($RSO_3^- M^+$),其中 R 为烷烃,M 主要是 Na、K、Ca、Mg 等碱金属和铵(胺)离子。酯盐类型表面活性剂的分子中既有盐的结构又有酯的结构,例如硫酸酯盐($ROSO_3^- M^+$)和磷酸酯盐($ROPO_3^- M^+$)。阴离子表面活性剂是目前用途范围最广、用量最大的一类表面活性剂,主要应用于洗涤剂、洗发香波和沐浴液中,也可用作乳化剂、起泡剂、分散剂、增溶剂等。

5.4.1.2.2　阳离子型表面活性剂

阳离子型表面活性剂大部分是含氮的有机胺衍生物,常见的有铵盐型 $R_n NH_m^+ A^-$($n = 1\sim3, m = 1\sim3$)和季铵盐型 $RN^+(R_3')A^-$,如 $RN(CH_3)_3^+ Cl^-$。该类表面活性剂在水溶液中酸电离后,能使有机胺上的氨基带上一价正电荷而成为阳离子表面活性剂。一般来说,它们在酸性溶液中才能发挥其表面活性,而在碱性介质中易析出而失去表面活性。但季铵盐型的阳离子表面活性剂是个例外,其在酸、碱、中性溶液中均能稳定地存在。

阳离子型表面活性剂目前主要用于杀菌、防腐、缓蚀和抗静电等方面,尤其是杀菌作用相较其他类型表面活性剂来说最为突出,但其也存在配伍性差、去污力差、刺激性大、价格昂贵等缺点。

5.4.1.2.3　两性离子型表面活性剂

该类表面活性剂分子中带有 2 个亲水性基团:一个带正电荷,另一个带负电荷。带正电荷的部分通常是氨基和季氨基等含氮基团,带负电荷的基团一般为羧酸基或磺酸基。主要的两性表面活性剂有氨基酸型、甜菜碱型、磷酸酯型等。例如:

甜菜碱型:

$$R - N^+ \!\!\!\!\begin{array}{c} CH_3 \\ | \\ \\ | \\ CH_3 \end{array}\!\!\!\!- CH_2COO^-$$

氨基酸型:　　　　　　　　$RN^+ H_2CH_2CH_2COO^-$

由于两性表面活性剂在水中均显示离子态(阴离子和阳离子兼有),故它们不仅溶于水,还能溶于浓的酸碱和盐溶液,但不易溶于有机溶剂,不易与金属离子发生化学反应。在应用方面,两性表面活性剂显示出耐硬水、钙皂分散力强、与各种表面活性剂的配伍性好、对皮肤刺激性低、抗静电性好、良好的杀菌作用等许多独特性质,故在洗涤剂、乳化剂、杀菌剂、抗静电剂、纤维柔软剂等方面均有很大的应用,近年来该领域发展也较快。

5.4.1.2.4　非离子型表面活性剂

非离子型表面活性剂在水溶液中不发生离解,其亲水基团主要由聚氧乙烯基($—C_2H_4O$)和羟基(—OH)构成。食品领域中常用的是多醇酯类的非离子型表面活性剂,其主要是由脂肪酸和多羟基化合物缩合而形成的酯。经常使用的失水山梨醇脂肪酸酯(司盘系列)就是以山梨醇分别与月桂酸、硬脂酸、软脂酸、油酸等合成制得。多醇类表面活性剂多不易溶于水,可溶于有机溶剂,常用作油包水(W/O)型乳化剂。

有些非离子型表面活性剂是混合型的,结构中既具有醚键,也含有酯基,如聚氧乙烯失水山梨脂肪酸酯(吐温系列)。由于具有较多的亲水性聚氧乙烯基团,吐温系列表面活性剂亲水性强,可作为水包油(O/W)型乳化剂使用。常见的几种非离子型表面活性剂分子结构如图 5-21 所示。

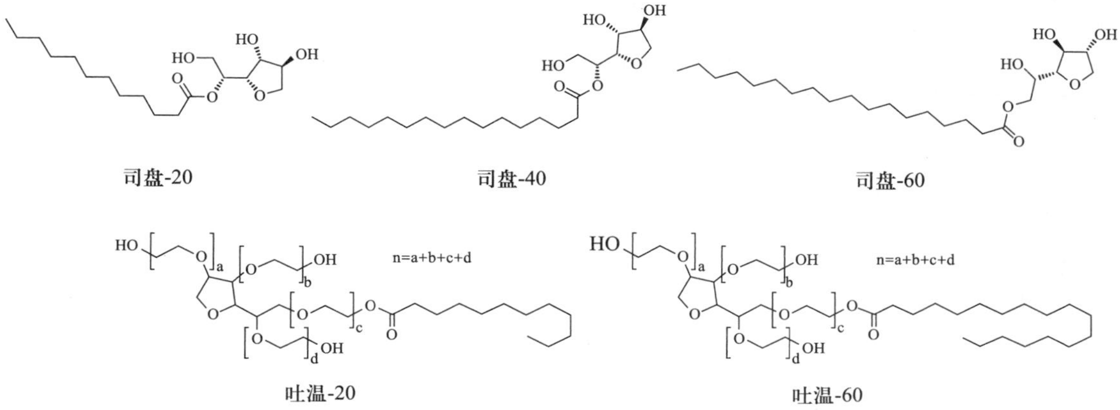

司盘-20　　　　　司盘-40　　　　　司盘-60

吐温-20　　　　　吐温-60

图 5-21　常见的几种非离子型表面活性剂分子结构

由于在溶液中不呈离子形态,所以非离子型表面活性剂的稳定性较高,不受盐和溶液 pH 的影响,易与其他类型表面活性剂配伍使用,且毒性和刺激性均较低。非离子型表面活性剂的应用非常广泛,可作为乳化剂、分散剂、增溶剂等应用在食品、医药、化工等行业。除了去污力和起泡性外,非离子型表面活性剂的性能往往优于一般的阴离子型表面活性剂。

5.4.2　表面活性剂的作用原理

5.4.2.1　表面活性剂的亲水亲油平衡 HLB 值

表面活性剂种类繁多,性能广泛,如何选择最合适的表面活性剂以满足应用性能,是胶体化学领域许多工作者研究的问题。目前,最常用的方法是依据 1945 年 Griffin 提出的 HLB 值法。HLB 值即亲水亲油平衡值(hydrophile-lipophile balance),可体现表面活性剂的亲水亲油性的相对强弱。HLB 值越大,表示该表面活性剂的亲水性越强,疏水性越弱。根据 HLB 值的大小就可以知道其合适的用途。例如,HLB 值在 3～7 范围内的表面活性剂可用作 W/O 型的乳化剂,而 HLB 值在 7～19 范围内的表面活性剂则是良好的 O/W 型乳化剂。

表面活性剂 HLB 值的计算方法有多种。对于非离子型表面活性剂,特别是多元醇脂肪酸酯和脂肪醇聚氧乙烯衍生物,其 HLB 值可按下式计算:

$$HLB = 20\left(\frac{M_H}{M_H + M_L}\right) \tag{5-28}$$

式中,M_H 为亲水基的分子量;M_L 为亲油基的分子量。因此对于完全不亲水的表面活性剂 $M_H = 0$,则 HLB $= 0$;对于完全亲水的表面活性剂 $M_L = 0$,则 HLB $= 20$。故非离子型表面活性剂的 HLB 值一般在 0～20。

离子型表面活性剂的亲水基种类繁多,亲水性大小也不尽相同,故其 HLB 值的计算比非

离子的复杂,上述公式不适用。1963 年 Davies 提出了加和原理,认为表面活性剂的 HLB 值等于该分子中各亲水基的基团数之和减去各亲油基的基团数之和再加上 7,即:

$$HLB=7+\sum 亲水基的基团数-\sum 亲油基的基团数 \tag{5-29}$$

表 5-3 中列出了一些常用亲水基和亲油基的基团数。根据加和原理,就可以求得表面活性剂的 HLB 值。

表 5-3　一些亲水基和亲油基的基团数[4]

亲水基	基团数	亲油基	基团数
—COOH	2.1	—CH—	0.475
—OH(自由)	1.9	—CH$_2$—	0.475
—O—	1.3	—CH$_3$	0.475
—SO$_4$Na	38.7	—CH=	0.475
—SO$_3$Na	11.0	—CF$_2$—	0.870
—COONa	19.1	—CF$_3$	0.870
—COOK	21.1	—O—CH$_2$—CH$_2$—CH$_2$—	0.150
酯(自由)	2.4		
酯(山梨糖醇酐环)	6.8		
—N(叔胺)	9.4		

5.4.2.2　表面活性剂在溶液中的状态与行为

5.4.2.2.1　表面活性剂在溶液界面上的吸附

表面活性剂在界面上的吸附行为可分为两类:一类是在溶液界面上的吸附,包括气-液界面和液-液界面;另一类是在固-液界面上的吸附作用。本部分只探讨表面活性剂在溶液界面上的吸附作用,其与乳化、起泡、增溶、界面膜等许多重要界面现象密切相关。

表面活性剂分子的两亲结构决定了其在溶液中的存在形式,即分子的亲水基部分倾向于留在水中,而亲油基部分则会趋于伸出水面或朝向非极性的有机溶剂中。因此表面活性剂分子会自发地吸附到溶液表面(或界面)上,并有序地定向排列。表面活性剂在水相和气相界面之间的吸附分配如 5.3 节图 5-17(b)所示。表面活性剂在溶液界面上的吸附行为和吸附能力可用 Gibbs 吸附定理和饱和吸附量 Γ_∞ 来描述,详见式 5-21 和式 5-22。

5.4.2.2.2　胶束与临界胶束浓度

在水溶液中,表面活性剂分子的两亲结构会诱使其发生自组装,即疏水链向内部聚集靠拢形成内核,亲水头则朝外与水接触形成外层区域。表面活性剂的自组装可形成不同大小、形态与结构的有序聚集体。其中,胶束是最常见的有序分子聚集体。表面活性剂在水溶液中形成的胶束为正胶束,即亲油基向内部靠拢,亲水基在外。而在非极性有机溶液中,表面活性剂分子则亲水基向里靠在一起,而亲油基朝外,形成反胶束结构。胶束的形状多种多样,除了常见的球状,还有棒状、层状、椭球状等,主要受表面活性剂的分子结构、浓度、温度、添加物等的影响。

表面活性剂分子在水溶液中的存在形式是随着浓度的变化而改变的,如图5-22所示。在浓度极低时,表面活性剂以单分子状态存在于水中;当表面活性剂浓度增加后,表面活性剂分子会首先吸附在气-水界面上,并定向排列,使水和空气的接触面减小,溶液的表面张力显著降低[图5-22(a)];继续增加浓度到一定值时,由于表面面积有限,当表面挤满定向排列的表面活性剂分子并形成饱和的单分子膜后,此时即使再增加表面活性剂的浓度,表面也无法再容纳更多的表面活性剂分子,表面浓度达到饱和状态,表面张力不再继续降低,此时表面活性剂分子在溶液本体则发生聚集,形成胶束[图5-22(b)]。研究显示,表面活性剂在水中形成胶束会经历一个由小变大的过程,随着表面活性剂浓度增加,会先形成由较少表面活性剂分子构成的小胶束,然后形成由较多分子组成的大胶束,达到一定浓度后胶束不再加大,而是随着浓度的增加,胶束数目不断增加[图5-22(c)]。通常把表面活性剂开始大量形成胶束时的浓度称为临界胶束浓度(critical micelle concentration,CMC)。在CMC附近,表面活性剂溶液的许多性质如表面张力、去污力等会发生明显变化,是表面活性剂性质随浓度变化的突变区域。

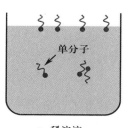　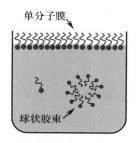　

a. 稀溶液　　　　　b. 胶束开始形成时的溶液　　　　c. 大于CMC时的溶液

图5-22　表面活性剂分子在溶液中和溶液表面层上随浓度变化的分布情况

临界胶束浓度是表面活性剂的重要性能指标,可作为其表面活性强弱的一种量度。CMC越小,则代表表面活性剂的表面活性越强,降低表面张力的效率效能也越高,发挥乳化、起泡、增溶等作用时所需的浓度也就越低。

5.4.2.2.3　测量临界胶束浓度的方法

离子型表面活性剂的水溶液在CMC时会出现一个突变的电导现象,这是因为胶束的移动能力比单体的表面活性剂分子或其反离子来得小。高于CMC时,许多反离子会吸附在高度带电的胶束表面,因而降低了胶束的净电荷以及溶剂中的反离子数目。

在CMC时发生突变的其他物理参数包括光散射、浊度、渗透压以及最重要的表面张力。表面活性剂在低浓度下(低于CMC),界面张力值随分子浓度的增加而显著降低;当分子浓度增至CMC时,界面张力达到最小值,并随着分子浓度进一步增大而保持不变。因此,通过测定表面活性剂表面张力值的变化也可得到CMC。

5.4.2.3　表面活性剂在食品工业中的应用

5.4.2.3.1　增溶与乳化作用

表面活性剂在水溶液中形成胶束后,能够使原来水不溶或微溶物质的溶解度显著增大,这种现象称为表面活性剂的增溶作用。在一定表面活性剂中,能增溶的物质的饱和浓度称为增溶量,增溶量越大,则表示表面活性剂的增溶能力越强。

表面活性剂胶束内核是由亲油基烃链聚集而成的液烃环境,因此难溶于水的被增溶物进入胶束内部而实现增溶作用。被增溶物在胶束中的增溶模式也因其性质不同而不同。一般来说,非极性物质被增溶时常在胶束内核呈夹心或夹层溶解,如短链饱和脂肪烃、环烷烃等[图5-23(a)];高级醇、脂肪酸、脂肪胺等许多极性碳氢化合物被增溶时,会穿插在胶束中的表面活性剂分子之间呈栏栅状混合胶束溶解,增溶量比夹心型的大,是目前工业上应用范围最广的增溶模式[图5-23(b)];还有一些极性很弱的分子或相对分子质量较大的极性物质是通过吸附在胶束表面亲水基部位而实现增溶的,增溶量通常较小[图5-23(c)]。

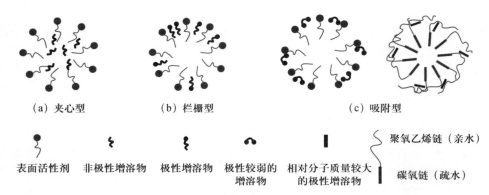

图 5-23　表面活性剂的常见增溶模式

乳化作用是在乳化剂(表面活性剂)的作用下,将一种液体以液滴的形式分散于另一与之互不相溶的液体介质中,所形成的乳状体系称为乳液或乳状液。若连续相介质是水相,则形成的是 O/W 型乳液;若是油相,则形成的乳液为 W/O 型。在选择乳化剂时,需要根据表面活性剂的 HLB 值来选择合适的乳化剂,以确保乳化效果。对油水混合体系进行剪切搅拌时,乳化剂分子能快速地吸附到剪切生成的液体界面上,形成相对稳定的表面活性剂界面膜,以降低体系界面能而实现乳液的动力学稳定。

表面活性剂的增溶和乳化作用广泛应用在食品、化妆品、农业等领域。因食品安全性的考虑,表面活性剂用作食品添加剂时有所限制,只有大豆磷脂、脂肪酸甘油酯、脂肪酸丙二醇酯、失水山梨醇脂肪酸酯、蔗糖脂肪酸酯以及一些天然的表面活性剂(如皂皮皂树提取物)等可广泛地用作食品乳化剂。在冰激凌中添加表面活性剂有助于降低油-水和气-水界面张力,增加气泡的形成,提升产品的均一性、成型性和抗收缩性,同时赋予产品细腻的奶油口感。果汁饮料在生产和储存中经常发生分层、沉淀、水析等不稳定现象,通过加入表面活性剂可提高饮料的黏度,有利于果肉颗粒的均匀悬浮,同时阻止脂肪球的聚集上浮,改善产品的稳定性。制作蛋糕类食品时,大豆磷脂、脂肪酸蔗糖酯等常与单酰基甘油一起复配用作乳化剂。

5.4.2.3.2　起泡与消泡作用

起泡现象在日常生活中较为常见,例如在搅打鸡蛋液时会产生许多气泡,这主要是因为在搅打过程中蛋液中的蛋清蛋白可吸附到气泡表面降低表面张力,同时蛋白质变性使其在气-液界面形成具有一定黏弹性的薄膜,从而起到稳定泡沫的作用。相对于蛋白质,小分子表面活性剂一般具有更为出色的起泡能力。在食品糕点制作中,通常使用蔗糖酯、失水山梨醇酯、单酰基甘油酯等单独或复配作为起泡剂加入糕点中。啤酒、面包、冰激凌等泡沫型食品的生产与加工也会添加多种表面活性剂复配的起泡剂。

相对于起泡,消泡是利用一些物质进入已生成的泡沫液膜内,消除表面活性剂的起泡能力,破坏泡沫的表面膜,最终达到抑制起泡或使气泡结构破裂的目的。消泡工艺广泛应用在除香槟、啤酒之外的酒类、果汁、制糖、酱油等食品工业中。在豆制品加工中,因含有大量的蛋白质等起泡物质导致加工中产生大量的泡沫,易造成煮浆时发生溢锅、焦煳现象。通过在豆浆中加入单甘酯、丙二醇酯等表面活性剂,可有效起到消泡作用。

5.4.3　天然表面活性物质

目前,食品工业中常用的天然表面活性物质主要包括食物蛋白质、表面活性多糖以及一些小分子表面活性剂,如皂苷、磷脂等。

5.4.3.1　食物蛋白质

蛋白质具有典型的两亲分子结构(含亲水性和疏水性氨基酸),能够自发吸附到油-水或气-水界面上,从而减小乳液或泡沫制备过程中的表面张力,并能在气泡或液滴周围形成界面保护层。由于含有带负电荷($-COO^-$)和正电荷($-NH_3^+$)的氨基酸基团,蛋白质在两相界面形成的吸附层可通过静电排斥力抑制气泡或液滴之间的聚集行为。目前,食品工业中最为常用的天然蛋白质主要来源于牛奶,即酪蛋白和乳清蛋白。近年来,许多植物蛋白在作为起泡剂或乳化剂配料上已显示出良好的应用前景,常见的如大豆蛋白、豌豆蛋白、羽扇豆蛋白以及玉米蛋白等。其中,大豆蛋白因其良好的营养价值以及优越的功能特性而成为目前食品工业中最为常用的植物蛋白。此外,从动物的骨头和结缔组织中大量提取的明胶也具有较好的乳液或泡沫稳定能力。

5.4.3.2　表面活性多糖

除了食物蛋白质以外,一些具有表面活性的多糖,如阿拉伯胶、甜菜和柑橘果胶以及一些半乳甘露聚糖也显示出良好的乳化或起泡特性,可作为天然的表面活性物质,这主要是因为其亲水性的糖链上连接了蛋白质实体或者一些非极性基团,从而使其分子表现出两亲性(图 5-24)。此外,一些非离子型纤维素衍生物如甲基纤维素等也具有表面活性,可使水溶液表面张力降低(图 5-24)。

5.4.3.3　天然小分子表面活性剂

1. 皂苷

皂苷(saponins)是广泛存在于植物界(超 500 种植物)的一类天然表面活性物质,也可称为植物类生物表面活性剂。皂苷分子由疏水性的皂苷元与亲水性的糖基构成,两者之间通过糖苷键相连。一个皂苷分子内可以含有一个或多个糖基,常见的有葡萄糖、半乳糖、鼠李糖、木糖、阿拉伯糖、葡萄糖醛酸等。根据皂苷元结构的不同,皂苷可分为三萜皂苷和甾体皂苷,前者常见于双子叶植物中,如甘草酸、大豆皂苷、人参皂苷等;后者则常分布于单子叶植物中,如燕麦皂苷 D 和薯蓣皂苷。由于具有典型的两亲性结构,皂苷分子显示出良好的表面活性,并广泛应用于食品、药品及化妆品等领域。近年来,一种从皂皮树提取的皂树皂苷(quillaja saponin)已发展为商业化的食品级配料,该产品可有效地生产稳定的乳液和泡沫体系。常见的几种三萜皂苷的分子结构如图 5-25 所示。

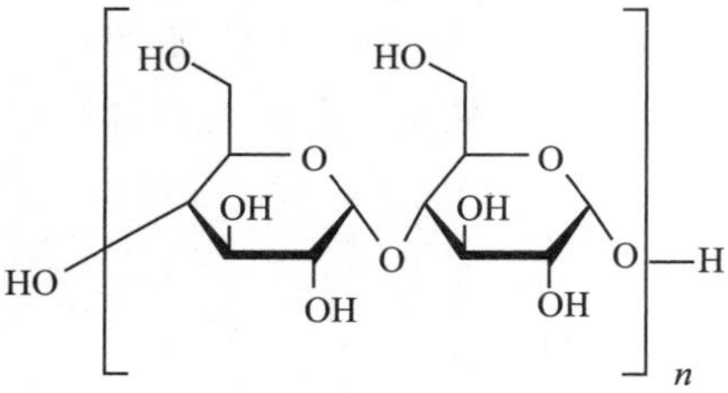

阿拉伯胶

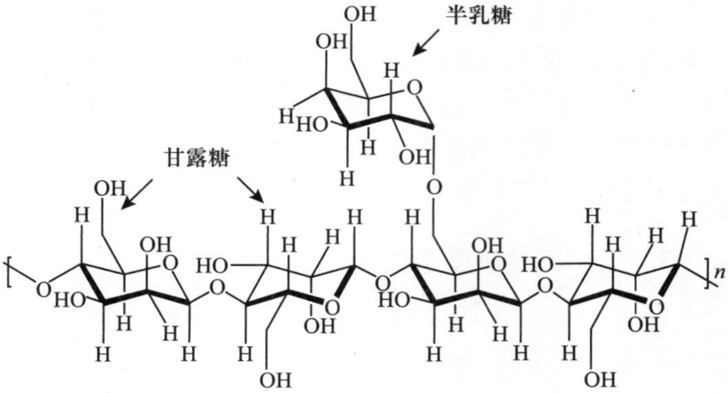

半乳糖

甘露糖

半乳甘露聚糖

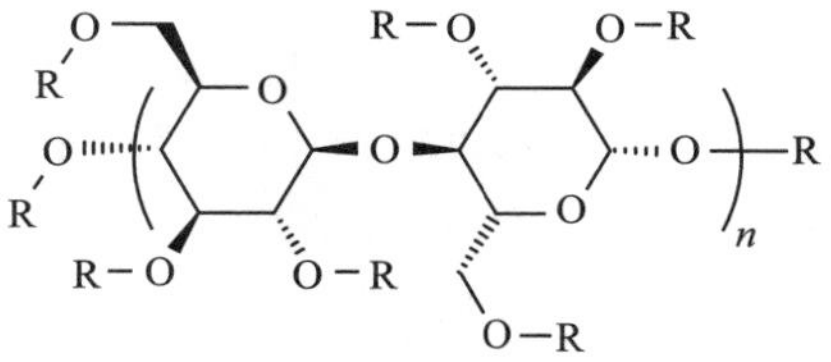

R=CH₃ or H

甲基纤维素

图 5-24　常见的几种表面活性多糖的分子结构

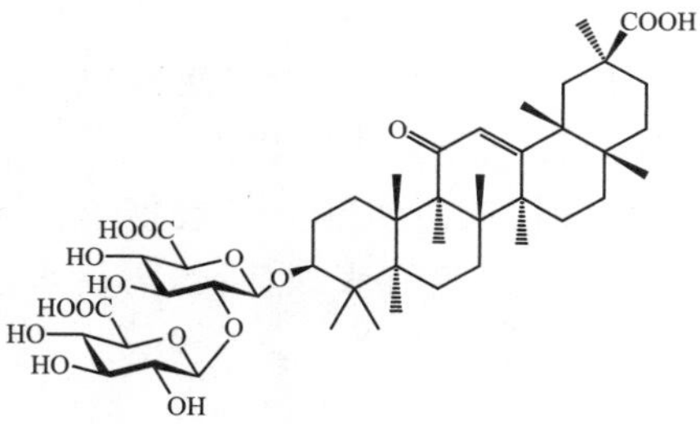

甘草酸

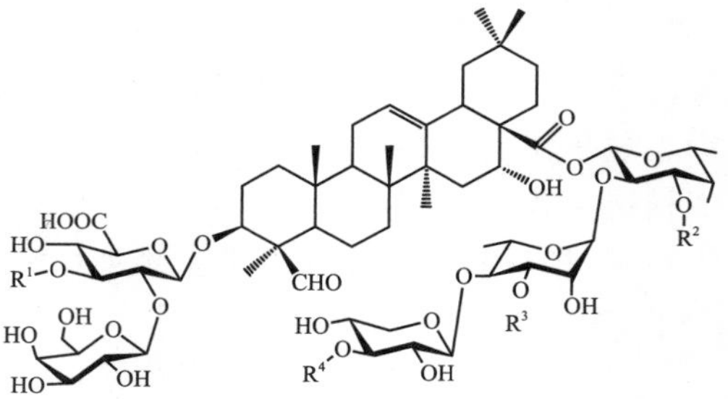

皂树皂苷

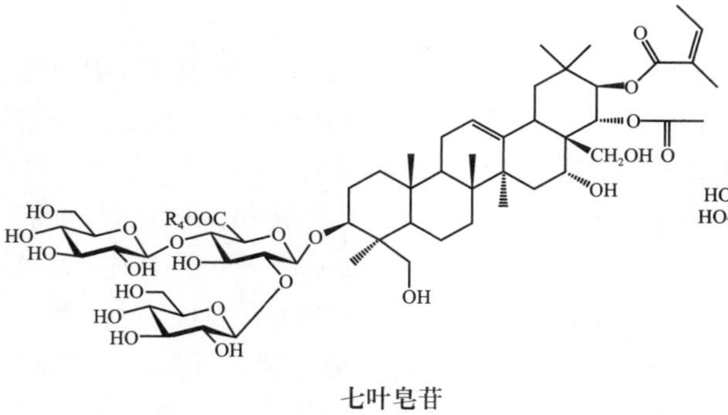

七叶皂苷

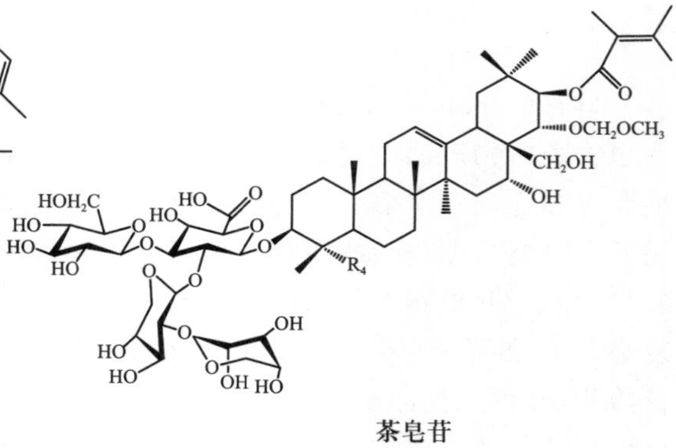

茶皂苷

图 5-25　常见的几种三萜皂苷分子结构

2. 磷脂和微生物类表面活性剂

磷脂类也可认为是一种天然的表面活性物质,其分子是由疏水性的脂肪酸链连接含氮或磷的亲水头基构成,主要分布于动植物及微生物的细胞膜中。目前,从大豆、蛋黄、牛奶、葵花籽、油菜籽等分离出的卵磷脂已作为一种食品添加剂被广泛应用于面包、固体巧克力等食品中。

一些细菌、真菌及酵母等微生物在代谢过程中可分泌出具有一定表面活性的代谢产物,如鼠李糖脂、槐糖脂、海藻糖脂、脂肽、真菌类小分子疏水蛋白(hydrophobins)等。这些典型的生物表面活性剂显示出了相当高的表面活性及发泡、乳化等能力,且环境友好,生物相容性高,并可被生物完全降解,在药品、化妆品及食品等领域具有较为广阔的应用前景。磷脂和几种微生物类表面活性剂分子结构如图 5-26 所示。

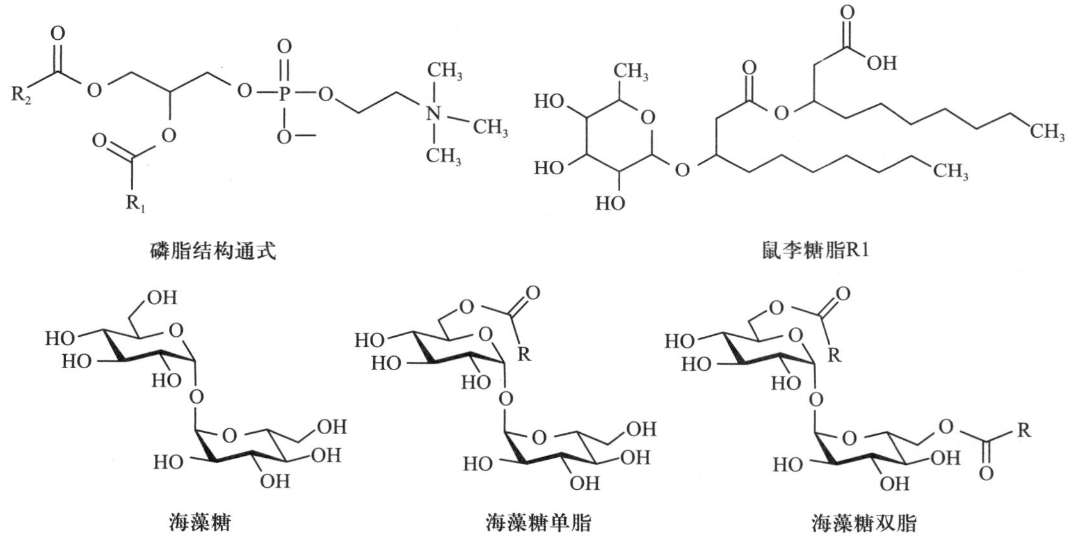

图 5-26 磷脂和几种微生物类表面活性剂分子结构

3. 甜菊糖苷

甜菊糖苷(steviol glycosides)是一类从甜叶菊叶子中提取的天然高甜度低热值甜味剂,其甜度是蔗糖的 200～300 倍,已在亚洲、北美、南美洲和欧盟各国被广泛应用于饮料、食品等的生产加工中,而我国目前已成为全球最大的甜菊糖苷生产国,并于 2015 年 7 月 28 日实施了新版的甜菊糖苷国家标准 GB 8270—2014《食品添加剂 甜菊糖苷》。甜菊糖苷是一类至少由 9 种糖苷成分组成的对映-贝壳杉烯类二萜化合物(diterpenic ent-kaurene glycosides),主要糖苷成分为甜菊苷(stevioside)和瑞鲍迪苷 A(Reb-A),其他已知糖苷还包括甜茶苷、Reb-B、Reb-C、Reb-D、Reb-F、杜克苷 A 及甜菊双糖苷。这些糖苷的分子结构均由疏水性的甜菊醇骨架通过连接(C19 和 C13 位)两侧不同数量的亲水性葡萄糖基、鼠李糖基或木糖基构成,是一种典型的两亲性结构,且与三萜皂苷的分子结构类似。现有研究已证明甜菊糖苷表现出明显的表面活性,是一种新型的天然表面活性物质,其与大豆蛋白等食物蛋白复合之后可用于生产稳定的乳液、泡沫等多相食品体系[9,10]。常见的几种甜菊糖苷的分子结构如图 5-27 所示。

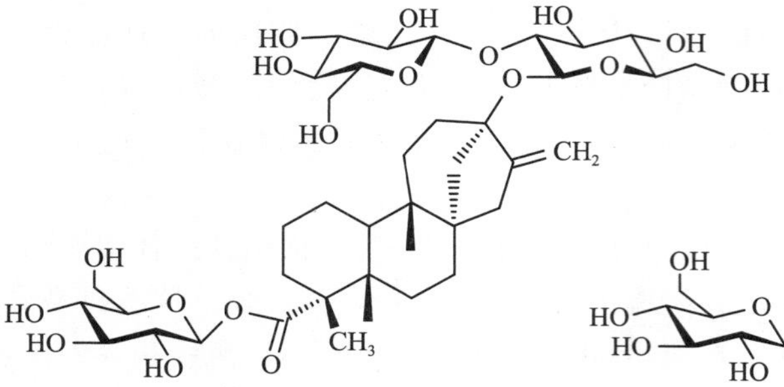

甜菊苷

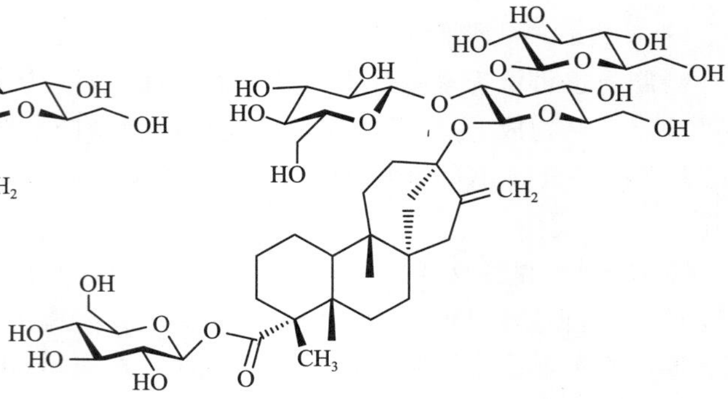

瑞鲍迪苷A

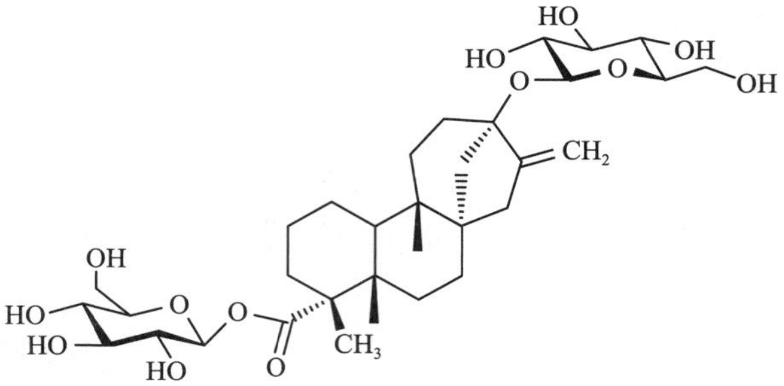

甜茶苷

图 5-27　常见的几种甜菊糖苷分子结构

5.5　界面在食品加工与营养领域的作用原理

5.5.1　界面与多相食品体系的稳定性

5.5.1.1　泡沫体系的形成和稳定性

　　良好的起泡能力依赖于蛋白质、小分子表面活性剂等在气-水界面上的快速吸附能力。表面活性物质在界面上的快速吸附也有利于较快地形成弹性界面膜，从而稳定已形成的气泡。对蛋白质和非离子表面活性剂复合体系来说，一旦添加小分子表面活性剂，体系的泡沫稳定性立即降低，然而随着表面活性剂浓度的增加，稳定性又开始复原并逐渐趋向于单独表面活性剂的泡沫稳定性。一般来说，添加少量的表面活性剂会破坏蛋白质的吸附层，导致其无法继续保持足够的界面黏弹性来稳定泡沫，但此时界面上的表面活性剂的量也不足以通过吉布斯-马朗戈尼机制来稳定界面，因此导致泡沫稳定性的下降。随着表面活性剂浓度的继续增加，表面活性剂逐渐完全取代界面上的蛋白质，此时泡沫以单独的马兰戈尼机制来实现稳定。然而，由于蛋白质和小分子表面活性剂不兼容的界面稳定机制，一般二者共存时形成的泡沫稳定性较差。例如，对于单甘油酯-酪蛋白盐复合体系来说，其界面张力结果与体系泡沫稳定性存在明显的联系，但界面剪切弹性结果与泡沫稳定性却未显示出直接关联性。

5.5.1.2　乳液体系的形成和稳定性

对单独蛋白质或小分子表面活性剂稳定的乳液体系来说,界面流变测得的黏弹性模量等参数一般与乳液的稳定性存在密切关联。相对于小分子表面活性剂,蛋白质稳定的界面膜具有更高的界面黏弹性模量值,其在油滴表面形成的高弹性界面膜网络能有效抑制油滴的聚合,从而有利于乳液体系的稳定性。与泡沫体系类似,添加小分子表面活性剂也能导致乳液体系从由蛋白质稳定转变为由表面活性剂稳定,而油-水界面流变学结果往往无法很好地解释上述行为,这说明界面流变学与乳液的形成和稳定性之间可能不存在直接的联系。尽管如此,界面流变学测定结果能反映出界面组成的变化,从而为表面活性剂取代蛋白质的过程提供关键信息。

5.5.2　界面与脂肪消化

乳液中脂肪的消化是一个界面过程,脂肪酶须吸附到乳滴表面才可展开暴露其酶活位点,进而与胆盐及其他生物活性剂相互作用,启动乳液的脂肪水解过程。到达小肠的乳滴界面膜也会因胃中的部分水解(主要是胃蛋白酶)而结构改变,而十二指肠中的脂质消化发生在非常复杂的界面膜中,该界面膜由胆盐、脂肪酶、蛋白酶和消化产物等相互竞争而构成。因此乳液脂肪水解的速率和程度最终受乳滴界面膜性质的影响,包括界面结构、厚度、界面分子间相互作用等。

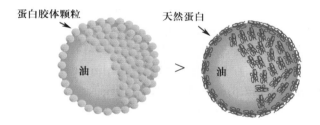

图 5-28　蛋白胶体颗粒界面与天然蛋白界面稳定的油滴抗胆盐取代能力顺序

一般来说,具有较小粒径的乳液,其乳滴界面面积更大,有利于脂肪酶在界面上与脂肪相接触,表现出较高的脂肪消化速度。乳液在胃肠道环境会受 pH、温度、消化酶水解等环境因素影响,会诱使乳滴界面结构发生变化,导致乳液发生絮凝或液滴聚结现象,也会影响脂肪消化。此外,在胃肠道消化过程中,乳液界面膜上的乳化剂会被胆盐等表面活性物质取代而被破坏,进而加快脂肪消化和脂肪酸释放速度。不同结构类型和物理特性的界面吸附膜可以对乳液脂肪的消化速度产生影响,例如,在同等条件下,由蛋白质(乳清蛋白)胶体颗粒稳定的乳滴的游离脂肪酸释放量明显低于相应天然蛋白稳定的乳滴,这主要归因于蛋白胶体颗粒形成的皮克林类型界面膜能更为有效地抵制胆盐的取代(图 5-28),从而延缓脂肪的消化速率。研究界面结构与乳液脂肪消化的关系有助于合理开发健康低热量的乳液食品。

❓ **思考题**

2 种水溶性洗涤剂 A 和 B,现在要比较两者去除瓷器(China-C)表面的脂肪(Fat-F)的能力。假设它们三者之间的表面张力如下表所示。

A–F = 16	B–F = 12
A–C = 25	B–C = 20
C–F = 35	

1. 哪一种洗涤剂能够更好地去除瓷器表面的脂肪？
2. 上述表格所给数据通过试验可以测量吗？不能的话，如何得到上述数据？

参考文献

[1] SCHRAMM L L. Emulsions, Foams, and Suspensions：Fundamentals and Applications[M]. Weinheim：WILEY-VCH Verlag GmbH & Co. KGaA, 2005.

[2] WALSTRA P. Physical Chemistry of Foods [M]. New York：Marcel Dekker, Inc., 2003.

[3] MILLER R, LIGGIERI L. Progress in Colloid and Interface Science Series：Interfacial Rheology [M]. Leiden：Brill, 2009.

[4] 章莉娟,郑忠. 胶体与界面化学 [M]. 广州：华南理工大学出版社,2006.

[5] 滕新荣. 表面物理化学 [M]. 北京：化学工业出版社,2009.

[6] BOS M A, van VLIET T. Interfacial rheological properties of adsorbed protein layers and surfactants：A review [J]. Advances in Colloid and Interface Science, 2001, 91：437-471.

[7] SAGIS L M C. Dynamic properties of interfaces in soft matter：Experiments and theory [J]. Reviews of Modern Physics, 2011, 83(4)：1367-1403.

[8] WAN Z L, YANG X Q, SAGIS L M C. Nonlinear surface dilatational rheology and foaming behavior of protein and protein fibrillar aggregates in the presence of natural surfactant [J]. Langmuir 2016, 32(15)：3679-3690.

[9] WAN Z L, WANG L Y, WANG J M, et al. Synergistic interfacial properties of soy protein-stevioside mixtures：Relationship to emulsion stability [J]. Food Hydrocolloids, 2014, 39：127-135.

[10] WAN Z L, WANG J M, WANG L Y, et al. Enhanced physical and oxidative stabilities of soy protein-based emulsions by incorporation of a water-soluble stevioside-resveratrol complex [J]. Journal of Agricultural and Food Chemistry, 2013, 61(18)：4433-4440.

6

食品乳状液与泡沫

　　内容简介：本章重点介绍乳状液和泡沫的定义、类型、制备和物理性质；乳状液的稳定性及影响因素、乳化剂的选择、乳液失稳现象（聚集、沉降及奥氏熟化）、乳状液的应用；泡沫的形成和破裂，泡沫的稳定性，泡沫的性能测量、消泡作用等。

　　学习目标：要求学生在掌握乳状液和泡沫制备、物理性质及稳定性的前提下，理解乳状液和泡沫这两类分散体的形成过程，了解其在食品工业中的应用。

乳状液（emulsions）和泡沫（foams）一般是指水、油或气体分散在另一种与其不相混溶的液体中的多相分散体系。在食品领域，对其的定义相对更广阔，包括连续相或分散相是半固体（semi-solid），甚至固态（solid）的体系，如饮料、冰激凌和黄油等。在许多天然食物中，或在许多食品的加工过程中，食品都可能以乳状液/泡沫的形态存在一段时间或一直保持，比如，牛奶、饮料、沙拉酱、面包、咖啡等。乳状液和泡沫几乎是食物本身以及食品加工过程中最常见的胶体体系。不仅如此，随着人们对乳状液和泡沫的认识越来越清晰，利用它们制备和开发更先进、甚至"智能"的胶体体系，如用于包载功能因子的递送系统（delivery system）等，并进一步探索其在食品中的新型应用，也成了近年来食品学界的研究热点。

对于食品行业来说，从胶体水平了解并掌握食品加工过程中可能产生的各种乳化现象，了解乳状液和泡沫型食品的物化特性以及可能影响其物化特性的各因素对优化食品理化特性、提高食品营养品质、创造新型食品质构有着至关重要的意义。

6.1 食品乳化体系的定义和分类

6.1.1 乳状液

乳状液（乳液）是指一种液体分散在另一种与其不相混溶的液体中的胶体体系。其中，分散相（dispersed phase）又称为内相（inner phase）；连续相（continuous phase）即分散介质则称为外相（outer phase）。乳状液主要分为两大类，如图 6-1 所示，即

①水包油型（O/W）乳液：油滴为内相，分散在水中。

②油包水型（W/O）乳液：水滴为内相，分散在油中。

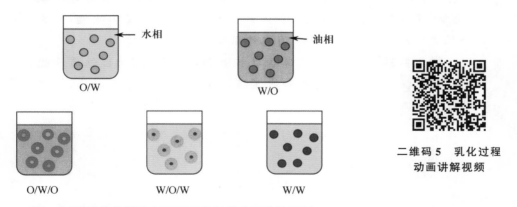

二维码 5　乳化过程
动画讲解视频

图 6-1　乳状液类型示意图（附乳化过程动画讲解视频）

除了以上 2 种简单的乳状液外，在实际情况中，也会出现更复杂的乳状液形态，如多重乳液产生；如水包油型乳液分散在油相中形成 O/W/O 型乳状液。相应的，也有 W/O/W 型，甚至更复杂的 W/O/W/O 型多重乳状液。另外，由热力学上互不相容的亲水大分子所产生的两个不能混溶的水相，还可能形成 W/W 型乳状液，近年来其在新型食品配方中的应用也引起了科学家们的关注。

根据热力学稳定性和物理化学性质，如乳液滴液的大小等特征，乳状液还可以进一步区分，如表 6-1 所示。普通乳状液（conventional emulsion）又叫作粗乳液（macroemulsion），通常

液滴较大,粒径范围在 100 nm～100 μm,油-水界面的表面自由能高于油水分开时的状态,是典型的热力学不稳定体系。普通乳液通过搅拌混合即可得到。与普通乳状液相比,虽然纳米乳液是热力学不稳定体系,但因液滴较小,粒径在 10～100 nm,可以稳定一段时间,又叫作动力稳定体系(kinetic stable system)。值得注意的是,在实际应用中,因为 200 nm 以下的乳状液也存在和纳米乳液相似的性质,所以也有人将纳米乳液的液滴大小范围定为≤200 nm。一般来说,制备纳米乳液相比制备粗乳液所需的条件更高,比如需要应用高压均质、超声乳化等高能耗的方法。当然,也有一些纳米乳液可以通过低能耗的方法甚至依赖体系的化学能自组装形成。通常,微乳液(microemulsion)液滴非常小,粒径在 2～100 nm,其自由能要小于处于分离状态的油水,所以微乳液形成的过程从热力学角度来说是属于自发过程,是热力学稳定体系。微乳液的形成常常需要依赖一些特定的表面活性剂及助表面活性剂,在合适的条件或配比下可以自发微乳化形成乳液。图 6-2 中列出的是食品中一些常见的乳状液体系。

表 6-1　根据热力学稳定性及物理化学性质对乳状液的分类

乳状液名称	液滴大小	热力学稳定性	外观
普通乳状液或粗乳液	100 nm～100 μm	不稳定	乳白/灰色半透明
纳米乳液	10～100 nm	不稳定	透明/半透明/淡蓝色
微乳液	2～100 nm	稳定	透明/无色

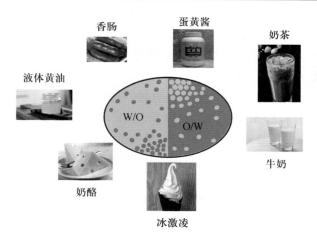

图 6-2　食品乳状液的分类举例

6.1.2　泡沫

泡沫是指一种气体为分散相,以极小气泡(tiny bubble)的形式,分散在液体连续相中的胶体分散体系。更多的时候,广义的泡沫中的气泡大小远大于胶体大小的定义(可能大于 10 μm 甚至 1 000 μm),如啤酒沫、慕斯和打发奶油等,也默认包括一些连续相为非液体的体系如冰激凌、面包等。泡沫与乳状液有许多相似的性质,如均为热力学不稳定体系,具有很高的表/界面张力,都需要利用乳化剂来稳定等。与乳状液不同的是,泡沫中的气泡很难一直维持球形。在更多的时候,其是以多面体的形式存在,与底部的液体主体和上部的气体主体分开,如图 6-3 所

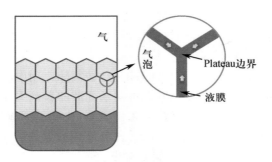

图 6-3　泡沫结构示意图

示。这种泡沫又称为干泡沫(dry foams),气泡与气泡被平液膜分隔开,而排液作用(drainage)会在相邻的气泡间发生,即液体在压力差驱动下流向液膜交联区域的 Plateau 边界,这也是这些亚稳态干泡沫中发生的一个典型行为。

6.2　乳状液的制备与性质表征

6.2.1　乳化剂在乳化过程中的作用

乳化剂(emulsifier)一般是指具有一定的表面活性,能够吸附在水油界面,起到稳定乳状液液滴使之免于聚集的物质[1]。这些乳化剂通常都是两亲性分子,能够不同程度地降低水的表面张力,改变水-油体系的界面状态从而起到乳化与破乳、分散与凝聚、起泡与消泡等一系列作用。当浓度一致时,生物大分子类如蛋白,在降低表面张力方面远逊于表面活性剂小分子。与小分子表面活性剂分子相比,蛋白分子能够在界面上形成具有一定黏弹性的薄膜,从而为液滴提供些许机械性能,所以蛋白乳状液稳定性更高。对于表面活性剂小分子如磷脂、单甘酯等而言,其在界面上并不存在构象重排,如图 6-4 所示,其亲水基和憎水基在相反的两端,在油水界面上也将分别伸入水相与油相(气相)。在水相中呈折叠状态的蛋白分子在接触到界面时,只有一部分会固定在界面上,其余大部分仍旧保持原有的折叠状态而留在水相中。柔性高的蛋白分子如牛奶酪蛋白的构象能快速重排使更多的憎水性区域吸附在界面上[2];相反,刚性高的蛋白如溶菌酶、大豆蛋白等则较难在界面上改变构象。

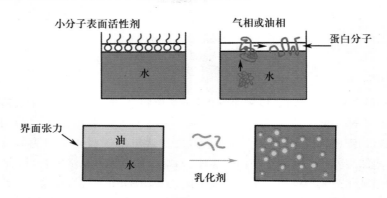

图 6-4　小分子表面活性剂与蛋白分子在水-油界面上的排列

6.2.2 常见食品乳液体系的制备方法

除了一些天然存在的乳状液如牛奶外,要在工业生产中实现乳状液的制备,必须使用一定的方法。这些制备方法可以分为高能乳化法(high-energy method)和低能乳化法(low-energy method)。

高能乳化法主要依赖高能设备,即利用这些设备所提供的极高的机械外力,克服内外相液体之间的界面能,破坏并混合油相与水相,从而形成较小的液滴,这一过程又被称为均质过程(homogenization),而这些用于均质的高能设备则被称为均质机(homogenizer)[1]。食品工业上,常用到的高能乳化法有高速剪切、高压均质以及超声波均质等。在许多食品加工过程中,可能会用到两种均质方法,如先用高速剪切搅拌装置混合油与水得到液滴较大的粗乳状液(coarse emulsion),再用高压均质的方法进一步优化乳液。各种乳化装置的比较如图6-5和表6-2所示。

与高能乳化法相比,低能乳化法并不需要使用特殊的高能设备,其主要依赖于体系本身的化学能或组分间的物化属性来完成乳化过程,具有能耗低、反应条件温和等优点。低能乳化法经常可以得到既均匀又液滴极小的乳状液如微乳液,但这一类方法通常需要较高浓度的表面活性剂,尤其是需要使用一些合成表面活性剂。低能乳化法在食品工业中的应用不如高能乳化法普遍。

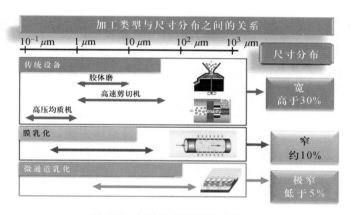

二维码6　食品乳状液常见制备方法教学视频

图6-5　各种乳化装置的比较

表 6-2　常用乳化装置的比较

乳化装置	样品黏度	优点	缺点	常用体系示例
高速剪切机	低-中	操作简便,设备价格低廉	高能耗,易混入空气,液滴较大且不均匀	食品原料预混细化,乳品、饮料等
胶体磨	中-高	可用于高黏度体系	高能耗,设备使用时产生高温,需要有降温装置	冰激凌、果酱、花生酱、肉泥、月饼馅等
高压均质机	低-中	液滴小且均一	设备成本高,能耗高,使用时产生高温,需要有降温装置	乳饮料、蔬果汁(浆)等
超声波均质机	低-中	可用于连续生产,能耗低	可能造成体系中的脂类氧化、蛋白变性等	酸牛乳、果蔬汁等

续表6-2

乳化装置	样品黏度	优点	缺点	常用体系示例
微射流均质机	低-中	可制备超细粒径乳液	使用时可能产生高温,刚性材料可能会造成堵塞,清洗较烦琐	纳米乳饮料等
膜乳化装置	低-中	可以严格控制乳液的大小与性质	产量低,暂用于实验室制备	纳米 W/O 或 O/W 乳液等

6.2.2.1 高剪切搅拌机

高剪切搅拌机(high shear mixer)又叫高速剪切机(high speed blender)或转-定子搅拌机(rotor-stator mixer),是食品工业最常使用于直接混合油相与水相的装置。在电机的高速驱动下,物料会在转-定子非常小的间隙内(一般可达 $100 \sim 3\,000\ \mu m$)高速运动,形成强烈的液力剪切和湍流,破坏水油界面,并使之相互混合,最终破碎大的液滴,达到乳化的效果。此方法的优点是操作简便,设备价格相对低廉,且效率较高;其缺点是容易混入空气,且液滴不均匀。该方法常常被用于制备食品粗乳状液或预混,如需要混入固体粉末类配料,可以使用该方法促进其分散与溶解。

6.2.2.2 胶体磨

胶体磨(colloid mill)的主要原理(图 6-6)是依赖于磨盘间高速剪切力使得物料分散为较细的液滴。在食品工业中,其主要用于黏度较高的体系均质乳化,比如,花生酱、果酱、月饼馅等糊状物。利用胶体磨可以制取液滴大小在 $1 \sim 5\ \mu m$ 的乳状液[1]。对于胶体磨而言,其乳化原理可以看作以简单剪切流体(simple shear flow)为主导的,即速度梯度与流动方向垂直在简单剪切流场中,液滴主要遭受惯性力与切应力从而转动产生变形,最终分裂成更小的液滴。该原理在黏度较低时需要非常大的剪切力才能进一步降低液滴大小。因此,黏度较低的体系要想获得更小的液滴,选用拉伸流体(elongational flow)或絮流(turbulent flow)方法更佳。

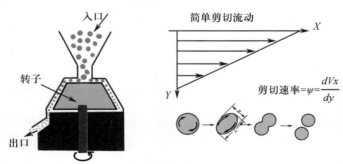

图 6-6 胶体磨的工作原理

6.2.2.3 高压均质机

高压均质乳化是食品工业用于制备精细乳液最常用的方法。与胶体磨一样,高压均质机主要用于已经制得的粗乳状液的再加工。其原理是利用高压泵入粗乳状液,并迫使其通过均质腔末端狭窄的压力阀,在高速流出的瞬间,乳状液会受到压力梯度、高速剪切、对流碰撞、空穴效应等作用,导致液滴破裂分解形成小的液滴。液滴破裂的机理可以看作由在喷嘴(阀体)处湍流中的惯性力及在高压射流均质腔中基于层流拉伸流动(elongational flow)所产生的剪切力的共同作用。如图 6-7 所示,即流体的速度梯度与流动方向一致所造成的液滴变形。

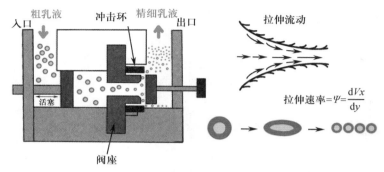

图 6-7   高压均质机的原理

高压均质机可以用于处理各种食品,最适用于中低黏度的物料,也主要用于加工需要较小液滴的乳液。通过增大压强或者增加均质次数的方式来进一步降低乳液液滴大小。高压均质机使用的高压范围一般为 3～20 MPa,被广泛应用于牛乳、豆乳、果蔬汁(浆)等乳状液食品的加工。粒径小于 0.1 μm 的乳液也可以利用此方法得到。但利用此高能方法过程中通常也会产生较大的热量,所以需要通过采用连接恒温水浴设备来降低乳液的温度,防止由蛋白质乳化剂变性引起的失稳现象。

6.2.2.4   超声波均质机

超声乳化法主要是利用超声波作用于物料,并在随之产生的剪切、局部湍流和空穴现象等作用下,将液滴打碎形成更小的液滴。食品工业上使用的主要是超声波喷射均质机(ultrasonic jet homogenizer)。其优点是可以用于连续生产乳液,能耗更低。商用超声波均质机的频率一般为 20～50 kHz[1]。通过调控超声过程的功率,可以得到几百纳米至几微米大小的乳液。通常在此高能过程中会产热,采用冰浴方法可以降低体系温度,提高乳液稳定性。

6.2.2.5   微射流高压均质法

除了以上几种食品工业上已经广泛使用的高能均质装置外,近些年来,越来越多的研究者将目光放在开发与利用一些新的高能设备用于食品乳状液,特别是纳米乳液的制备上,如利用微射流高压均质法(microfluidization)。微射流高压均质机含有一个 Y 形单微通道(single inlet)或双微通道(double inlet)的交互容腔,如图 6-8 所示,流体在高速通过微通道并对撞时,

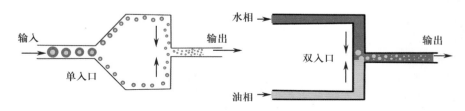

图 6-8   微射流高压均质法的原理

更高频的剪切与撞击更容易破坏乳滴,从而形成更小的液滴。通过更改压力、微通道的次数等,液滴可以逐步减少。该方法被认为是用于制备直径小于 100 nm 的超细粒径乳液的最佳方法,但其要求的体系黏度较低,如果使用一些刚性强的蛋白材料作为乳化剂,可能造成微通道的堵塞。因均质高压及碰撞可能产生较多热量,使用时需要注意冷却。

6.2.2.6 自发乳化法

由体系自发形成乳液的方法即为自发乳化法(spontaneous emulsification)。一般为将油相与水溶性表面活性剂混合,滴入水相中,表面活性剂在水相迅速扩散开时,油滴自动在水油界面形成 O/W 型乳液。液滴的大小可以通过改变两相组分和混合条件来控制。

6.2.2.7 相转变温度法

通过改变温度从而改变油-水界面上表面活性剂的曲率,最终使得体系发生相转变,叫作相转变温度法(phase inversion temperature method,PIT)。该法主要依赖于改变温度来影响体系中如非离子表面活性剂的亲水亲油性,该转相又叫作过渡转相(transitional phase inversion),如图 6-9 所示。当温度高于相转变温度(PIT)时,表面活性剂在油相溶解度偏

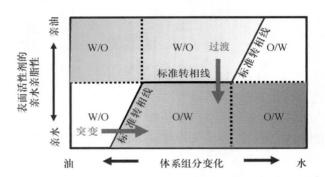

图 6-9 利用相转变法制备乳液与纳米乳液的配方-组成关系图

高,倾向于形成 W/O 型乳液。当温度降低至 PIT 时,表面活性剂在水-油界面的曲率趋于一致,从而导致界面张力变得极低且界面极度不稳定,同时表面活性剂变得更加亲水。当温度快速降低至 PIT 以下,容易形成超细小的液滴如微乳液,整个体系也转变为 O/W 型乳液。只有一些特定的油和表面活性剂的组成,才能使用相转变温度法,如离子型表面活性剂对温度变化不敏感,就不适用于该法。

6.2.2.8 相转变组分法

与 PIT 不同,相转变组分法(emulsion inversion point method,EIP)是指通过改变各组分的占比以促使体系发生相转变,从而制备乳液的方法。这种由改变油水体积比引起的乳液转相叫作突变转相(catastrophic phase inversion)。如图 6-9 所示,先将油与水溶性表面活性剂混合,在搅拌中慢慢加入水形成 W/O 乳状液。随着水量的增多,乳状液变稠,到一定程度时(即突破标准转相线),发生突变相反转,形成 O/W 乳状液。

6.2.2.9 膜乳化法

膜乳化法(membrane homogenization)是近 10 年来发展的方法。其主要利用微膜孔分离和毛细管作用的原理,即使得分散相通过膜孔并在膜的表面形成液滴,分散于连续相中。该方法主要使用的是无机微孔玻璃膜(shirasu porous glass,SPG)或陶瓷膜(ceramic membrane),相比较而言,不需要用到其他高能耗设备就能实现很好地控制乳液粒径和形状的目的。如图 6-10 所示,过膜后液滴的大小受到多重因素的影响,可以通过减小膜孔径(R_p)、增加流体流速和剪切力等方式来进一步减小乳液液滴的大小。该方法也可用于粗乳液的再加工,得到更精细的乳液。由于膜乳化法得到的产量较低,暂时并没有应用于规模化生产。

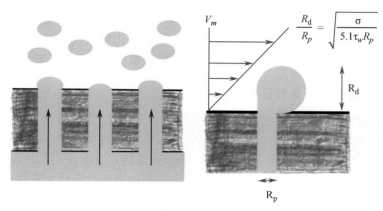

图 6-10　膜乳化法的原理示意图

6.2.2.10　其他乳液制备方法

除上面所提到的微射流法、膜乳化法之外,微通道(microchannel)和微流体芯片等新方法也被越来越多地用于医药与食品乳液的制备。这些方法或能更好地制备液滴大小高度一致、分布更均匀的纳米乳液,或能够更快捷地制备 W/O/W 型、O/W/O 型多重乳液。与以上已经广泛应用于工业生产的高能设备相比,这些方法或存在设备构造精度高、生产成本高或吞吐量低等局限,目前主要用于实验室。

多重乳液比较常用的是 W/O/W 型和 O/W/O 型双重乳液,即将 W/O 乳液(或 O/W 乳液)分散于水相(或油相)中的一种复分散体系。由于其多重、多尺度的结构特点,利用多重乳液包覆药物、营养素和风味物质等活性分子能够实现这些活性分子定时、缓慢释放,起到稳定有效成分及掩盖不良味道等作用,在医药、食品及化妆品行业有着良好的应用前景。工业主要还是采用传统的两步乳化法来制备多重乳液。如制备 W/O/W 型双重乳液(图 6-11)是先将

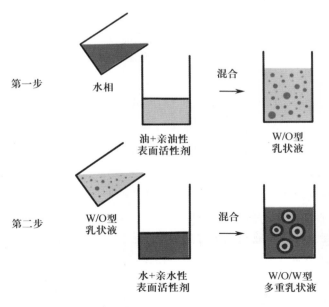

图 6-11　两步乳化法制备 W/O/W 型双重乳状液

高含量的亲油性乳化剂溶解于油相中,将内水相加入油相制备精细的 W/O 初乳,然后将该初乳分散于含有低含量的亲水性乳化剂的水溶液中,经过乳化得到 W/O/W 型多重乳状液。虽然步骤相对烦琐,但内外水相的比例以及利用该乳液包载活性物质的浓度比较好调控。

6.2.3　乳状液的性质与表征

对于含有乳状液的食品体系而言,其物理性质(如光学性质、流变性质、贮藏稳定性等)很大程度上是由其所含有的乳状液特性所决定的。由此可见,乳状液的某些物理化学特性不仅是判定乳状液本身类型、研究其稳定性的重要依据,也是决定含有这些乳状液的食品体系的品质与稳定性的关键。因此,了解并表征乳状液一些关键的物理化学特性显得十分重要。

6.2.3.1　液滴浓度

乳状液中的液滴浓度对其外观、质构、风味、贮藏稳定性、营养特性以及成本等都有很大的影响,是食品乳状液经常需要精确掌握的一个指标。液滴浓度通常以分散相的体积分数(Dispersed phase volume fraction, ϕ)来表示,即乳液中液滴的体积(V_D)除以整个乳剂的体积(V_E)。在一些情况,也以分散相的质量分数(ϕ_m)来表示,即乳液中液滴的质量(m_D)除以整个乳剂的质量(m_E)。与体积或质量分数相比,液滴浓度多以体积或质量百分比的形式表达。液滴的体积与质量分数之间有如下的关系:

$$\phi = \frac{\phi_m \rho_1}{\phi_m \rho_1 + (1 - \phi_m)\rho_2} \tag{6-1}$$

$$\phi_m = \frac{\phi \rho_1}{\phi \rho_2 + (1 - \phi)\rho_1} \tag{6-2}$$

式中,ρ_1、ρ_2 分别为连续相与分散相的密度。当二者相等时,液滴的质量分数也等于其体积分数。

对于已知配方的食品乳液体系,其体积或质量分数是已知的。经过不同的加工工艺或长期贮藏,液滴浓度也可能会随之变化,这就需要一定的分析手段测量其体积或质量分数。比较简单的方法是通过密度计测量乳剂的密度(ρ_e)从而来得到其体积分数:

$$\phi = \frac{\rho_e - \rho_1}{\rho_2 - \rho_1} \tag{6-3}$$

除此之外,液滴浓度也可以通过测量乳状液的电导率,通过利用测量液滴大小的光散射,或通过脉冲计数、核磁共振等方法得到。这些方法主要依赖于乳液的某一些会随着乳液浓度的改变而变化的物化性质[1]。

6.2.3.2　粒径与粒径分布

乳状液的许多非常重要的性质都受到其粒径大小的直接影响,如稳定性、光学性质等。对于食品乳状液来说,如何精确地测量及控制其粒径大小是十分重要的。乳状液的粒径分布与粒径大小一样都对其性质有很大影响。比如,当液滴平均大小一样时,尺寸范围越窄越稳定。当乳液中所有液滴的大小都一样,则该乳状液的液滴粒径分布具有单分散性(monodispersed),如液滴的粒径分布在一定的范围内,则其为多分散的(polydispersed)。大多数食品乳状液体系通常都是多分散的。

　　表 6-3 列出了几种常用的平均粒径值用以表征乳液大小。液滴的尺寸分布则可以利用分布系数(polydispersity index，PDI)，一个代表液滴尺寸分布宽度的无量纲值来表示。一般而言，PDI 值越大，这几个平均粒径值相差越大，表示液滴的尺寸分布越宽。

表 6-3　乳状液常用平均粒径(直径)值

平均粒径值	缩写	定义
数均直径(number-weighted mean diameter)	d_{10}	$d_{10} = \dfrac{\sum n_i d_i}{\sum n_i}$
面均直径(surface-weighted mean diameter)	d_{32}	$d_{32} = \dfrac{\sum n_i d_i^2}{\sum n_i}$
体均直径(volume-weighted mean diameter)	d_{43}	$d_{43} = \dfrac{\sum n_i d_i^3}{\sum n_i}$

　　测量乳液粒径大小与分布的方法有许多。比较常用的方法有动态光散射法、激光衍射法、沉降法、电子显微镜计数法等。采用不同的方法所得到的乳液平均粒径大小也会有所不同。如图 6-12 所示，用动态光散射法测量到的纳米乳液表观平均直径，即乳液的平均流体动力学直径或水动力学直径(hydrodynamic diameter)就比用扫描电子显微镜观察到的乳液大小要大许多[2]。这主要是因为水力直径会受到颗粒/液滴表面结构的影响。乳状液液滴界面上的蛋白大分子在连续相(水相)中有一定的伸展性，所测量出的表观直径显然要大于利用电镜等手段测量出的"Core"直径。另外，利用动态光散射法得到的直接结果是基于粒子散射光强的粒度分布值，通过米氏理论(Mie theory)演算可以得到体积粒度分布或数量粒度分布。需要注意的是，选用不同的 y 轴可能会得到截然不同的粒径分布结果，如某

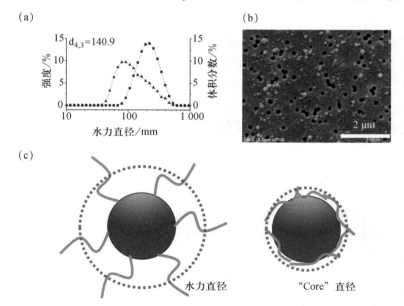

图 6-12　(a)利用动态光散射和(b)扫描电子显微镜观察由 NaCas/zein 稳定的 O/W 型乳液的
　　　　　粒径大小与分布[2]；(c)两种方法所得粒径大小比较的示意图
　　　(文献引自 Wang and Zhang[2]，经版权所有 2017 American Chemical Society 许可使用)

乳液其数量粒度分布呈现的是单峰（monomodal），在采用体积粒度分布时，则出现了双峰（bimodal）。采用何种方法测量乳液的粒径大小，如何更有效全面地展示乳液的粒径分布，都是实践中需要考量的。

6.2.3.3　表面电势

大多数的食品乳状液中的液滴的表面都带有电荷，这主要与吸附在液滴表面上的许多乳化剂分子可以离解或本就带电荷有关。例如，蛋白质分子在 pH 偏离等电点时会带正电或负电荷，某些具有表面活性的多糖分子可能在骨架上含有一些可电离的基团，还有常用的一些离子型表面活性剂、磷脂等，这些分子在液滴表面的吸附都会造成液滴表面的电荷改变。不仅如此，连续相中存在的一些离子或聚电解质分子也可能和水油界面上的乳化剂分子相互作用，改变液滴的表面电荷。乳状液的表面电位特性十分重要，不仅是因为液滴表面所带的相同电荷提供的静电斥力直接影响着乳状液的稳定性，而且液滴的表面电位还影响液滴与连续相中其他共存带电荷物质的相互作用，从而可能影响食品乳状液其他的物理特性。

和其他胶体粒子一样，乳状液液滴表面的电荷主要的表征参数有表面电荷密度（σ）、表面电势（ψ_0）以及 Zeta-电势（ζ）。表面电荷密度是单位面积上的电荷数，表面电势指的则是当把表面电荷密度从 0 增加到 σ 时所需要做的功，即液滴表面与液体内部的电位差。ζ-电势又称为电动电势，指的是滑动面（shear plane）上的电势。有关 ζ-电势的理论在第 4 章中已有详细介绍。因为与表面电荷密度和表面电势相比，ζ-电势可以通过许多分析手段相对准确快捷地测量计算出来，所以常用于表征食品乳状液的表面电势特性。一般认为，当依赖静电斥力而稳定的乳状液体系，ζ-电势大于 ± 30 mV 时，整个体系就具有较好的稳定性。

除了以上所提到的这几个关键的特性参数外，乳状液其他的一些物理化学性质也可能起着重要的作用。乳状液的流变性能就影响着许多食品乳状液，如浓缩饮料的使用与制造。乳状液中被乳化油脂的结晶程度也影响着一些食品，如人造黄油、冰激凌和鲜奶油的制造和贮藏等[1]。除此以外，食品乳状液中液滴的界面性质、液滴间的相互作用等都可能很大程度地影响其感官质量与物理性能，这些也是科学家们重点关注的方面。

6.3　乳状液的失稳现象和稳定性

当我们讨论乳状液的稳定性时，首先需要了解热力学稳定性（thermodynamic stability）与动力学稳定性（kinetic stability）的区别。热力学告诉我们某一过程是否会发生，而动力学则告诉我们该过程进行所需要的时间或速率[1]。乳化过程是一个油-水界面上表面能增加的过程，显然其逆过程（液滴合并或分解以减小表面积的过程）才是自发的，所以除了微乳液外，所有的乳状液（以及泡沫）都是热力学不稳定体系。尽管食品乳状液最终都将被破坏，但人们可以通过许多手段提高其动力学稳定性，使之在很长一段时间内维持相对的稳定性。对于科学家们而言，食品乳状液的动力学稳定性具有更大的研究价值。了解引起乳状液失稳的原理，掌握影响乳状液稳定性的主要因素是十分必要的。乳状液（以及泡沫）失稳的机理主要可以分为以下几种情形（图 6-13），具体讨论如下。

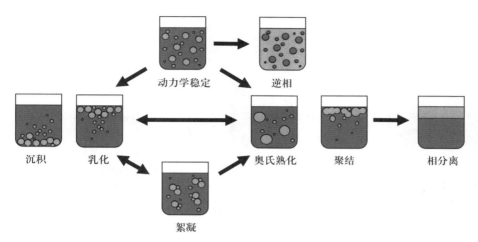

图 6-13　乳状液的失稳机理示意图

6.3.1　分层

对于食品乳状液而言,由重力场作用导致乳状液分层是其最常见的物理失稳形式。分层(phase separation)主要是由分散相与连续相之间的密度差引起的,即液滴密度小于其周围连续相液体造成上浮(creaming)或密度大于连续相造成下沉(sedimentation)现象。对于 O/W 型乳液而言,因油滴上浮,上层的油滴浓度往往比下层大得多,使得浓度变得上下不均匀。如饮料中的乳状液,油相多为香精油等,密度低于水相,通常表现为上浮。但如果油相中加入过量的增重剂或当油滴太小而包裹油滴的界面材料太厚时,也会导致其下沉。W/O 型乳液容易导致水滴下沉,造成乳状液下部的含水率较高。在分层时,乳状液未被真正破坏,可以通过轻微摇动,使得浓度重新分布均匀。

对于饮料乳状液产品来说,成环(ringing)现象很普遍,即在饮料的最上层有一层薄薄的油溶层,如向水基果汁中添加香精油。该现象即是由液滴上浮造成的。通常,油滴因重力作用上移的分层速率(v)可以用斯托克斯公式(Stoke's formula)来估算。如图 6-14 所示,当液滴的密度比连续相密度低时,其受到向上浮力 F_g 的作用;当液滴向上移动时,又会受到与周围流动相产生的内摩擦力 F_f 的作用,与上浮力的作用方向相反。当 $F_g = F_f$,液滴会以恒定的速度 v 向上移动:

$$v = \frac{2gr^2(\rho_0 - \rho)}{9\eta_0} \tag{6-4}$$

式中,g 为重力加速度;r 为油滴半径;η_0 为连续相的黏度;ρ_0 和 ρ 分别为连续相与油滴的密度。

由此可见,分层速度不仅与两相间的密度差相关,也与液滴的大小、连续相的黏度相关。食品工业界可利用相关原理来计算乳状液食品的保质期,避免分层现象或加速分层。如减小油滴大小或增加水相的黏度来增加食品乳状液的稳定性,或利用加速离心促使水油分离等。

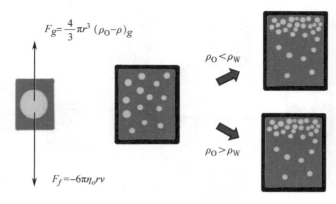

$$F_g=\frac{4}{3}\pi r^3\ (\rho_O-\rho)g$$

$$F_f=-6\pi\eta_o rv$$

$\rho_O<\rho_W$

$\rho_O>\rho_W$

图 6-14　乳状液的上浮现象

6.3.2　絮凝与聚结

乳状液中的液滴在重力、热能或施以该体系的机械力等的作用下,会随之移动并与相邻的其他液滴发生碰撞,之后可能分开,也可能保持聚集(aggregation)的状态。对于乳状液而言,最常见的两种聚集的状态是絮凝(flocculation)与聚结(coalescence)。絮凝指的是两个或多个液滴聚集成团,但团中各液滴仍保留其各自的完整性(液滴有各自的界面)。絮凝常常是一个可逆的过程,即聚集的团在搅动后可以重新分散。液滴聚集是否发生由体系中的斥力与吸引力所共同决定的。如液滴双电层重叠时产生的静电排斥力将对絮凝起阻碍作用,而液滴之间在较大的距离所产生的范德华力则促进液滴的聚集/絮凝。

絮凝可以很大程度地改变食品乳状液的性质。对于许多相对较稀的食品乳状液如软饮料、婴幼儿配方奶等而言,絮凝造成液滴变大,加速乳状液的分层,从而缩短产品的货架期。絮凝也会引起乳状液的黏度增加,从而改变其原有品质。对于一些特定的食品如偏凝胶状结构的食品而言,由絮凝引起食品质构的变化也可能是消费者喜欢的。近年来,科学家们也通过絮凝交联包裹有营养物或活性分子的液滴,从而实现营养物或活性分子的高效包埋与有效递送。

与絮凝不同,聚结是两个或多个液滴聚集合并成一个更大液滴的过程。在此过程中,原液滴的油-水界面已破裂,且此过程是不可逆的。聚结将导致液滴数目减少且液滴的大小不断增大,更容易加速乳状液的分层,从而导致最终乳状液的完全破坏,即彻底的水-油相分离(oiling off)。一般来说,液滴间的聚结与液滴水-油界面包膜的破裂相关,所以其很大程度上取决于用于稳定该乳状液的乳化剂的性质。

乳状液的聚结是食品科学家们十分关注的问题,尤其是如何有效地避免或延缓聚结过程的发生。分层与絮凝是聚结的前奏。通过避免分层与絮凝和过高的液滴浓度,或改变乳化剂及稳定剂从而使得液滴界面膜不易破裂等手段可以有效地避免乳状液的聚结。

6.3.3　奥氏熟化

在一些乳状液或者泡沫体系中,液滴或气泡的数量减少而平均粒径增大,但聚结现象却迟迟没有发生。这些体系可能发生了一种叫作奥斯瓦尔德熟化(Ostwald ripening)或奥氏熟化的过程,如图 6-15 所示。奥氏熟化容易发生在多分散的乳化体系中,是指以消耗粒径较小的液滴为代价,粒径相对较大的粒径继续变大的现象,即小的液滴溶解于连续相中通过扩散并再次沉积到较大的液滴上。奥氏熟化是一个热力学驱动的过程。根据拉普拉斯公式(Laplace equation)($\Delta P = 2\sigma/R$),小的液滴承受更大的内外压力差,这使得在小液滴中的油滴分子(溶解质)更倾向于向大液滴移动。对于在连续相中有一定溶解度的分散相物质来说,液滴越小,液滴中的物质(溶解质)在连续相中的溶解度反而越大[3]。如一些香精油乳液,小油滴周围溶解于水相中的油脂分子浓度明显高于大油滴周围的水相,由此造成的浓度梯度使得油脂分子会随着时间从小油滴转移至大油滴,造成大油滴中的油脂分子越来越多,其粒径随着时间逐渐长大,直至建立稳态。奥氏熟化的过程可以用以下公式表达[1]:

$$r^3 - r_0^3 = \omega t = \frac{4}{9}\alpha S_\infty D t \qquad (6\text{-}5)$$

式中,r_0 为油滴初始时半径;r 为油滴持续一段时间 t 后的半径;ω 为奥氏熟化的速率;S_∞ 为油滴中的物质在水中的溶解度;D 为油相中的物质在水相中的平动扩散系数,$\alpha = 2\gamma V_m/RT$,具有特征性,其中 V_m 是油相物质的摩尔体积,γ 为水-油界面张力。

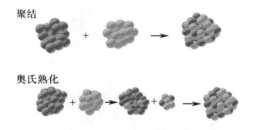

聚结

奥氏熟化

图 6-15　乳状液中的聚结与奥氏熟化现象

乳状液发生奥氏熟化的趋势主要取决于分散相在连续相中的溶解度。对于水溶性比较低的油相而言,含有长链脂肪酸的油脂,如玉米油、大豆油等,奥氏熟化并不是一个问题。对于饮料中水溶性相对较高的含有香精油的乳状液体系而言,为抑制奥氏熟化,可以加入一些熟化抑制剂(ripening inhibitors)来中和该效应,如往油相中混入水溶性低的玉米油。此外,体系中的液滴越小,液滴粒径分布越广,奥氏熟化的速率越高,所以对于液滴粒径较小的乳液体系,越窄的液滴粒径分布越有利于抑制奥氏熟化。改变乳状液界面膜的厚度,水-油界面张力被降低是另一种可以有效抑制奥氏熟化的手段。

6.3.4　相反转

相反转(phase inversion)是指原本的分散相变成了连续相,如原本的 W/O 型乳状液变成了 O/W 型乳状液。相反转一般更容易发生在分散相体积分数较高的体系中。如黄油的制作就是将稀奶油(O/W 型)通过机械搅拌的方式使之相反转,最终成为黄油——一种典型的 W/O 型乳状液。对于食品如黄油、人造奶油等来说,相反转是其制造必经的过程。对于其他食品来说,相反转则意味着彻底地变质。

相反转的发生通常是由乳化体系的组成或环境如体积分数、乳化剂类型与浓度等发生突变所引起的,所以只有一部分特定的乳化体系可能会在特定的条件下发生相反转,而大多数体系可能直接发生相分离。

这几种不稳定的情形互有区别,又互相有联系。在实际乳状液被破坏的过程中,以上几种现象也可能会同时发生,并相互促进和影响。由于乳状液中液滴大小不均,液滴上浮或下沉的速率不一可能会加剧絮凝的发生,而絮凝则可能会进一步促进分层、聚结,最终导致相分离,聚结形成的大液滴反过来也会加剧分层等。乳状液最终的破坏也取决于这些过程的速率的大小。

6.3.5 乳状液的稳定作用机理

乳状液是热力学不稳定体系,要克服以上的失稳机理,使其相对稳定,必须要加入表面活性剂或利用生物大分子聚合物(如蛋白、多糖)来达到此目的。除此之外,还可以利用固体微粒稳定水-油两相界面(图 6-16)。这一类以胶体尺寸的固体微粒稳定的乳液体系,又叫作 pickering 乳状液。食品乳状液的稳定机理主要有空间稳定(steric stabilization)、静电斥力(electrostatic repulsion)及空缺稳定(depletion stabilization)等[1]。

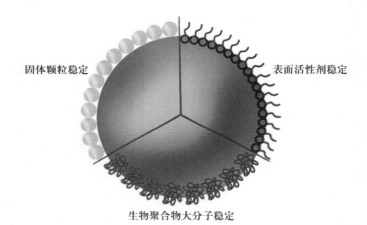

固体颗粒稳定　　表面活性剂稳定

生物聚合物大分子稳定

图 6-16　利用表面活性剂、生物聚合物大分子以及固体颗粒稳定乳液

如图 6-17 所示,对于许多被离子型表面活性剂或聚合物分子稳定的乳液而言,其表面带有一定的正电荷或负电荷,液滴间的静电斥力使得液滴之间难以靠近,从而不发生聚集,保持着乳液的稳定性。一般来说,当液滴表面的 ζ-电势为 ±30 mV 或更大时,其仅依赖静电斥力就可以起到较好的稳定效果[2]。依赖静电斥力稳定乳液的一些乳化剂如蛋白类分子容易在 pH 靠近其等电点时发生聚结,主要就是因为静电斥力的减弱。不过,对于大多数利用生物大分子聚合物(亲水胶),特别是非离子型聚合物稳定的 O/W 型食品乳状液体系而言,空间稳定作用是最重要的稳定机理。这类聚合物分子一般是两亲性的分子,疏水的一端(占聚合物分子的 10%~20%)附于油滴表面,亲水端(占聚合物分子的 80%~90%)溶解于水相中,在液滴表面形成一层如同毛发一般的保护层,依赖空间位阻效应实现了乳液的稳定性[1]。这类稳定机理在界面上形成的界面膜层越厚,稳定性越强。这也是为什么有些由蛋白类分子稳定的乳液具有较好的稳定性。当然,也有很多食品乳状液体系,空间与静电斥力共同起到了稳定的作用(electro-steric stabilization),如离子型生物大分子聚合物,或利用几种材料复合共同稳定的乳液。表 6-4 比较了聚合物空间稳定和静电稳定机理主导的食品乳状液的优缺点[1]。

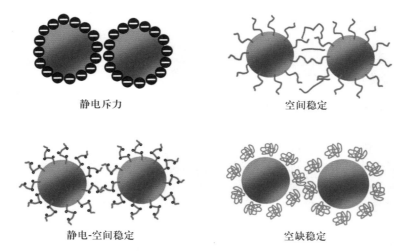

静电斥力 空间稳定

静电-空间稳定 空缺稳定

图 6-17 几种主要的乳液稳定机理

表 6-4 空间稳定与静电稳定机理主导的食品乳状液比较

空间稳定机理	静电稳定机理
对 pH 不敏感	pH 敏感:当斥力变小时容易聚集
对电解质不敏感	高电解质浓度下(>临界絮凝浓度)容易聚集
需要相对较多的乳化剂用于覆盖液滴表面	需要相对较少的乳化剂用于覆盖液滴表面
弱絮凝行为(可逆)	强絮凝行为(经常不可逆)
较好的冷冻-解冻稳定性	较差的冷冻-解冻稳定性

空缺稳定机理,又称为自由聚合物稳定,是指聚合物分子并没有直接吸附于液滴表面,而是通过使液滴表面聚合物的浓度低于分散相中的浓度,形成负吸附,造成液滴表面形成一层空缺表面层。对于该体系稳定机理而言,当自由聚合物的浓度、大小不同时,结果截然不同[4]。比如,加入低浓度的海藻酸、黄原胶等分子可能使液滴聚沉,当浓度较高时,则使之稳定[4]。

综合而言,影响乳状液稳定性的因素主要有:①油-水之间的界面张力;②液滴界面的电荷;③油-水界面膜的强度。如皮克林(Pickering)乳状液其主要原理便是依赖于吸附于油-水界面上的微粒能形成一层致密的有一定强度的界面膜,在空间上稳定了液滴。另外,要形成稳定的皮克林乳液需要使用的固体微粒必须对分散相有较好的润湿性。比较常用于制备食品皮克林乳液的微粒材料有淀粉颗粒、脂肪晶体、蛋白以及蛋白和多糖的复合纳米颗粒等。

一般来说,当乳化剂浓度太低时,界面上吸附的分子也较少,其降低界面张力的能力也较差,吸附在界面上的乳化剂形成的界面膜强度也较差,乳状液的稳定性则会较差;反之,乳状液的稳定性则较好。当然,乳状液的稳定性也会受其他一些因素的影响,如增加乳状液体系的黏度能有效减缓液滴碰撞以及聚结的速率,以利于稳定,这也是一些食品乳状液中添加增稠剂的原因。

6.4 泡沫的基本原理和性质

6.4.1 泡沫的形成与排液作用

泡沫是气体分散在液体或固体中的分散体系。一般来说,气泡在泡沫体系中的体积分数(ϕ)相对较高,占 0.5～0.97;当 $\phi>0.75$ 时,泡沫中的气泡很难再保持球体,会与相邻的气泡一同发生变形[5]。泡沫可以通过 2 种方式产生。

①向液体即连续相中通入过饱和的气体产生泡沫。该过程可以是利用压力的方式向液体中溶解入过量的气体再通过释放压力的方式产生(如碳酸饮料),或使气泡在原有体系中原位生长产生(如发酵面团)。对于该种方式,气泡核的产生对泡沫的形成起着关键的作用。

②通过机械手段,如直接通过狭窄的针口向液体中直接吹入气体,或通过高速搅拌的方式带入大量的气体从而产生气泡。机械搅拌的方式用于食品泡沫产生的装置有许多,如最简单的厨房用搅拌器、到早期的叶轮旋转制泡以及各类高速剪切装置。一般来说,搅拌速率越高,泡沫的体积分数也越大[6]。

泡沫与乳状液一样都是热力学不稳定体系,需要加入乳化剂(起泡剂)才能具有一定的动力稳定性。但二者也有截然不同之处。如图 6-3 及图 6-18(a)所示,泡沫的内相为气体,由湿泡沫经过排液形成的干泡沫中,气泡呈多面体结构,且多面体的 3 个平面相交的角度为 120°;在泡沫中,作为分散相的气体所占的体积分数较高,连续相的液体所占的体积分数反而极少,并且被气泡压缩成薄薄的液膜。该液膜形成了泡沫的骨架。其物理性质是决定泡沫各性质的主要依据[7]。

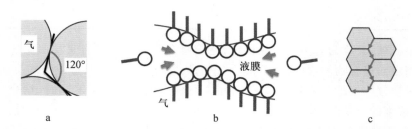

图 6-18 (a)3 个相邻气泡的 Plateau 边界;(b)泡沫液膜上的双吸附层;(c)干泡沫的排液现象

根据拉普拉斯公式可知,在干泡沫结构中,3 个相邻液膜交联区域即 Plateau 边界处的液膜是弯曲的[图 6-18(b)],此处液体的压力会小于平液膜的,导致平液膜中的液体在压力差的驱动下排出至 Plateau 边界,而平液膜会越来越薄,这一过程就是排液作用。排液的驱动力即压力差,叫作 Plateau 边界吸力(Plateau boarder suction,P_c),可以用下列公式表示[8]:

$$P_c = \frac{\gamma}{r_p} \tag{6-6}$$

式中,γ 为界面张力;r_p 为 Plateau 边界的曲率半径。一般来说,气泡越小,其 Plateau 边界的曲率半径越小,其排液的速率就越大。排液也会受到重力的作用而向下排液[图 6-6(c)],从而导致顶部的泡沫液体含量更少。这也随之造成顶部的 Plateau 边界变薄且曲率半径大于底部

（边界吸力变小），这使得底部与顶部的 Plateau 边界吸力形成一个梯度差，可以平衡一部分由重力造成的排液，最终达到亚稳态。

液膜必须有乳化剂（起泡剂）存在，单纯的液体无法形成稳定的气泡。不同于只有一层水-油界面的乳液，气泡膜有内外两个气-液界面，膜上吸附的起泡剂或稳定剂会组成双吸附层[图6-18(b)]。当液膜厚度因排液降低到一定程度时，液膜两个气液界面互相贴近，界面上用于起泡或稳定气泡的乳化剂可能会因为电性排斥（如离子型表面活性剂）或空间位阻（蛋白类生物大分子）等产生排斥作用，阻碍液膜的进一步变薄[6]。除此之外，在液体形成泡沫后，其黏度增加，排液过程也会因此减缓。

6.4.2 泡沫稳定性及影响因素

泡沫最重要也是最基本的两个性质指标是起泡性和稳定性。泡沫的起泡性或起泡能力是指在外界条件作用下，连续相能生成泡沫的能力。泡沫的稳定性是指泡沫生成后的持久性，即泡沫"寿命"的长短。起泡能力主要由连续相中使用到的起泡剂所决定，一般来说，表面张力越低，越有利于起泡。泡沫属于热力学不稳定体系，又具有一定的动力学稳定性。针对不同的食品泡沫体系，如何评价且更好地维持泡沫的稳定性，是食品科学家们感兴趣的问题。

泡沫的稳定性通常可以用 3 种方式进行评价[4]：①泡沫中单个气泡的寿命又叫作单泡寿命法；②在一定条件下（如一定气流流速，搅拌或剪切速率），通入气体或其他物理方法搅动形成的泡沫在规定条件下的稳态或动态体积；③在上述条件下所形成的泡沫从达到平衡至其破裂消失所需的速率（时间）。

对于泡沫来说，液膜能否保持恒定是泡沫稳定的关键，而这要求液膜具有一定的强度。影响液膜强度的因素主要有以下 4 点。

①液膜的表面黏度。液膜的表面黏度越大，液膜越不容易受外界扰动而破裂，同时泡沫的排液现象也减缓，气体不易透过液膜扩散。如食品泡沫中常用到的球蛋白分子，在气-液界面上能形成一层有一定厚度且有黏弹性的紧密结构，有助于形成较稳定的泡沫结构。除了表面黏度，一些食品高聚物分子，如多糖分子可以增加连续相的黏度，也可获得稳定的泡沫，但远不如液膜表面黏度的影响大[7]。

②马兰戈尼（Marangoni）效应。由于外界的扰动以及排液作用，液膜会局部伸展变薄，从而导致破裂。当液膜被拉伸时，该处吸附的表面活性分子变少，导致其表面张力大于未拉伸处的液膜，表面活性分子因此会力图迁移至变薄处，使之恢复至原有的密度，最终使变薄的液膜恢复到原有厚度，该过程即为 Marangoni 效应，其结果是使液膜的强度恢复不变，从而保持泡沫的稳定。

③液膜的表面电荷。当用离子型表面活性剂作为起泡剂时，液膜的双吸附层上下表面带有相同电荷，当液膜因排液作用挤压变薄时，液膜两边双电层重叠，由此产生的静电排斥力会防止液膜进一步变薄。当用蛋白质分子作为起泡剂或稳泡剂时，pH 越远离等电点，防止液膜变薄的静电斥力越大[6]。当溶液中离子强度较大时，静电斥力则会减小，那么表面电荷对泡沫稳定性的影响也随之减弱。

④液膜的透气性。一般来说，气体透过性与液膜表面上吸附的表面活性分子的排列紧密程度有关。吸附分子排列越紧密，则气体透过性越低，所形成的泡沫也更稳定。

由此可知，泡沫的稳定常常需要有较高的表面黏度、很好的泡沫表面"复原"能力、有一定

的表面电荷斥力以及较低的透气性等。在没有表面活性分子(表面活性剂或蛋白质分子等)的情况下,泡沫的液膜很容易因排液作用和范德华力等作用下合并破裂,最终导致泡沫的破裂。延长泡沫的寿命必须加入表面活性分子来降低表面张力,改变界面上的相互作用以及界面流变特性等。如啤酒中的泡沫正是由其中来自麦芽等原料的蛋白及发酵产生的疏水多肽等共同组成的骨架,才使之持久且稳定的。这些条件都是在为泡沫筛选合适的起泡剂和稳泡剂时需要考虑的。

6.5 食品乳化体系举例

6.5.1 牛奶与乳制品

牛奶是天然存在的食品乳化体系。自然状态下的牛奶可以看作乳脂肪球(milk fat globules)分散在富含有蛋白质、碳水化合物以及矿物质的水相的 O/W 型乳状液。在生牛乳中,乳脂肪球的直径分布为 $0.1\sim15$ μm,其平均直径为 $3\sim4$ μm[9],由叫作乳脂肪球膜(milk fat globule membrane,MFGM)的复杂界面层稳定。这层乳脂肪球膜主要是由磷脂和蛋白组成的多层结构,其厚度被不同科学家预估为 $5\sim10$ nm 或 $10\sim50$ nm。如图 6-19 所示,天然乳脂肪球的最内侧为甘油三酯,与其直接接触的是一层磷脂单分子层以及穿插其中,紧贴着甘油三酯表面及外侧磷脂双分子层内壁的蛋白,最外侧的磷脂双分子层还含有许多糖蛋白、酶、胆固醇等。乳脂肪球很容易受外界扰动而改变。生牛乳很容易发生分层现象(creaming)。当牛奶被均质处理时,乳脂肪球变小(平均半径 r_{32} 约为 0.25 μm)[1],其中油脂与水相的接触面变大,原有的乳脂肪球膜不足以覆盖所有的油滴,油-水界面被水相中大量存在的酪蛋白和乳清蛋白占据。均质后牛奶的分层现象有着明显的改善。

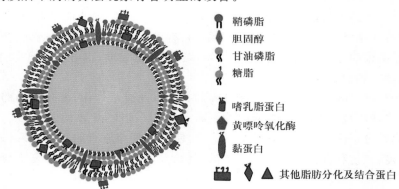

稳定脂肪球膜的乳化剂由鞘磷脂、黏蛋白等膜结合蛋白、糖类及脂类共同构成。

图 6-19　乳脂肪球膜(MFGM)结构示意图[9]

牛乳经离心后,乳脂肪球主要集中在上层部分,即可获得稀奶油(cream)。牛乳和稀奶油是制作许多食品所必需的材料。如将稀奶油在低温下打发混入空气,得到俗称的鲜奶油(whipped cream),也是许多烘焙糕点所需的必备素材之一。在打发过程中形成的气泡被气-液界面上吸附着的蛋白及乳脂肪球聚集体所稳定,特别是球蛋白在变性后更容易吸附在界面上形成一层具有黏弹性的膜包裹住气泡。在低温时,乳脂肪球容易部分聚结又称晶体桥连(partial coalescence),从而为液膜提供一定的刚性,这些都能增加鲜奶油的稳定性。除此之外,蔗糖和一些高聚物分子如明胶、多糖等也常常被添加用于提高鲜奶油的稳定性或起泡性。

黄油(butter)是典型的 W/O 型乳状液,含约 80% 油脂、18% 的水分以及 2% 蛋白质,是从奶油中通过控制相反转的方式进一步分离得来。具体来说,用于制造黄油的稀奶油是巴氏杀菌的鲜奶油当温度降低至 12～18 ℃时,液滴发生部分结晶,再利用搅乳(churning)制得。在搅乳过程中,这些部分结晶的乳脂肪球互相碰撞,引起部分聚结,最终导致大块的乳脂肪球聚集物产生、生长与其他聚集块进一步聚结,直至相反转的发生。在搅乳过程中,混入的气泡会破坏乳脂肪球的结构,使之分散在气泡表面,从而进一步加剧乳脂肪球的聚结。黄油最终的结构可以看作是水滴、气泡以及一些完整的乳脂肪球分散于脂肪结晶形成的网格中。

6.5.2　冰激凌

冰激凌是结构相对比较复杂的食品胶体体系。如图 6-20 所示,其分散相包括脂肪球(乳液)、气泡(泡沫)以及冰晶(固体)等,其连续相则是由冷冻浓缩的糖汁、矿物质以及蛋白质等共同组成的仍具有流体特征的水相[1]。按体积分数,典型的冰激凌约含 30% 的冰、50% 的空气、5% 的脂类以及 15% 的糖溶液。但不同的冰激凌,其组分可能有很大差别。以乳脂为例,其在冰激凌预拌粉中约占 1%～20%。

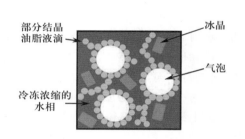

图 6-20　冰激凌微结构示意图[1]

当冰激凌中乳脂含量越高时,则非脂乳固体含量需要相应减少,以避免过高的黏度以及因乳糖结晶等造成的砂状口感。除了组成之外,冷冻过程对冰激凌的口感影响也极大。如急速冷冻能够使得冰激凌中形成的冰晶较小且均匀,口感较冷冻速度较慢所制得的冰激凌更软。冷冻以及机械搅拌也会导致乳脂肪球在泡沫界面上的部分聚结,从而形成一定的网状结构,为泡沫提供额外的稳定性。多糖类也经常作为稳定剂加入冰激凌以延缓在贮藏时较大冰晶的形成,从而保持其口感。

6.5.3　饮料

许多饮料其本身就可以被看作乳化体系,如茶、咖啡、配方奶、运动饮料、果汁饮料以及软饮料等。对于果汁饮料与不含碳酸的软饮料(后者同时还含有泡沫)产品而言,它们都是乳状液饮料(beverage emulsion),且按照功能可划分为两类:风味型乳状液(flavor emulsion)与浑浊乳状液(cloud emulsion)[1]。前者乳状液用于为饮料产品提供风味、色泽以及一定的浑浊度,后者的功能则主要用于为产品提供浊度。对于许多香精油和其他一些疏水性的配料如脂溶性维生素、增重剂等而言,很难直接分散于水相,且容易聚集造成分层。利用各种乳状液体系来递送与包裹这些风味物质与油溶性配料可以有效改善其物理化学特性。这些风味型乳状液的分散相主要为香精油或香精油与非香精油的混合物。浑浊乳状液则主要是利用非水溶性且不易化学变质的非香精油如植物油用来为饮料提供一定的光学性质,如增加浊度可以起到

隐藏饮料中沉淀的作用。

乳状液型饮料的制备一般为 2 个步骤，即先是制备成便于储存与运输的含油量在 $10\% \sim 30\%\ wt$ 的浓缩乳状液，再将其稀释至含油量小于 $0.1\%\ wt$ 的饮料终成品。对于乳状液型饮料而言，乳化剂的选择及乳化体系的制备主要需要考虑的是该体系受外界影响后的稳定性，特别是在加工、贮藏、运输以及使用过程中可能会经历的高温、阳光直射、氧化等。这两种不同功能的乳状液的失稳的机理也不尽相同。如风味型乳状液中比较常用的柑橘类精油，密度较低，且具有一定的水溶性，更容易出现上浮以及奥氏熟化的失稳现象。常用于稳定乳状液饮料的天然乳化剂主要是两亲性的多糖，如阿拉伯胶和改性淀粉。与蛋白质相比，尽管二者的表面活性较低，但它们对外界影响特别是 pH 及温度变化更不敏感，在饮料中有着更广的适用范围。

6.5.4　减脂食品

许多传统乳状液食品如蛋黄酱、沙拉酱中的油脂含量偏高。随着人们对低脂肪低热量食品的兴趣越来越大，如何降低这类 O/W 型乳状液食品中的油脂含量，同时又不影响其原有风味与口感是近年来比较热门的研究。利用 W/O/W 型多重乳状液，又叫作 $W_1/O/W_2$ 型乳状液，可以有效地实现这一目的。在 $W_1/O/W_2$ 型多重乳液中，W_1 和 W_2 分别代表最内部与最外部的水相。通过将 W_1/O 型乳状液替代单纯的油相，再乳化分散于 W_2，新制得的 $W_1/O/W_2$ 乳液获得和原本的 O/W_2 乳液相同的液滴浓度和大小，油脂含量也被明显降低。当然，$W_1/O/W_2$ 乳液除了可以用于降低油脂外，其在食品中更广泛的应用是包埋对环境敏感或需要控制其释放速率的活性物质。与一般的 O/W 型乳状液相比，W/O/W 型乳状液可能更难稳定。除了以上提到的失稳机理，内外相水分子间的扩散也可能导致最内部水滴的膨胀或萎缩，从而加剧乳液的不稳定性[1]。该现象可以通过挑选合适的乳化剂，特别是混合型乳化剂，W_1 相凝胶化或油相固化等方式得到有效减缓。

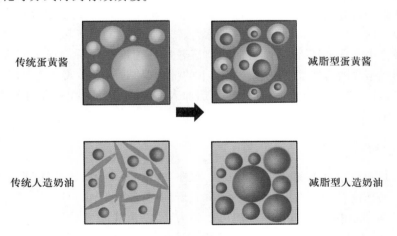

传统蛋黄酱　　　　减脂型蛋黄酱

传统人造奶油　　　　减脂型人造奶油

图 6-21　传统及减脂型食品示意图

❓思考题

某饮料公司开发了一款基于水包油乳液的饮料，假设乳液平均半径是 $10\ \mu m$，油相密度是 $2\,000\ kg/m^3$，体系的黏度是 $10\ N/(s/m^2)$，水密度是 $1\,000\ kg/m^3$。假定乳滴是大小均一，饮料瓶高度为 25 cm。请问其保质期是多久(乳液多久后上浮)？提示：请根据斯托克斯公式计算。

参考文献

［1］GRUMEZESCU A. Emulsions［M］. Cambridge：Academic Press，2016.

［2］WANG L，ZHANG Y. Eugenol nanoemulsion stabilized with zein and sodium casei-nate by self-assembly. Journal of agricultural and food chemistry［J］. 2017，65：2990-2998.

［3］TAYLOR P. Ostwald ripening in emulsions. Advances in colloid and interface science［J］. 1998，75：107-163.

［4］SCHRAMM LL. Emulsions，foams，and suspensions：fundamentals and applications［M］. Hoboken：John Wiley & Sons，2006.

［5］WALSTRA P. Principles of foam formation and stability，in Foams：Physics，chem-istry and structure［M］. New York：Springer，1989.

［6］NARSIMHAN G，XIANG N. Role of proteins on formation，drainage，and stability of liquid food foams. Annual review of food science and technology［J］. 2018，9：45-63.

［7］陈宗淇，王光信，徐桂英.胶体与界面化学［M］. 北京：高等教育出版社，2001.

［8］HARTLAND S. Surface and interfacial tension：Measurement，theory，and applica-tions［M］. Milton Park：Taylor & Francis，2004.

［9］SINGH H，GALLIER S. Nature's complex emulsion：The fat globules of milk. Food Hydrocolloids［J］. 2017，68：81-89.

7
食品凝胶

内容简介：本章系统介绍了食品凝胶的定义、分类、形成原理和表征方法，重点诠释了流变学的概念、流体黏弹性的表征方式、凝胶大形变和小形变的表征方式及硬度、黏聚性、弹性等参数代表的物理意义；在此基础上，进一步介绍乳制品凝胶、肉制品凝胶和多糖凝胶等典型食品凝胶的特征及形成原理。

学习目标：要求学生掌握食品凝胶的形成原理和表征方法；能够利用所学知识对不同凝胶型食品的流变学性质及影响因素进行分析。

凝胶是指分散介质中的胶体粒子或高分子溶质通过物理或化学交联方式形成的具有三维网络结构的半固体状态的复杂结构[1]。相对于溶胶（sol）而言，凝胶即为可流动的胶体溶液，也可以被看作是胶体体系的一种特殊状态。食品凝胶广泛地存在于各类食品中，例如，肉肠、酸奶、肉皮冻、果冻、奶酪和豆腐等。以最常见的煮蛋为例，全蛋在沸水中煮制数分钟后，原本是液体状态的卵蛋白变性、凝聚，并进一步形成凝胶网络。而松花蛋的凝胶形成工艺则与煮蛋的差别很大。其传统工艺是将蛋用红茶、盐、石灰和木灰调制的糊状物包裹并埋在土壤中或用盐水腌制。在阴凉及暗处放置几十天后，蛋清可形成褐色的半透明凝胶。由此可见，不同的加工条件可以将相同的食品高分子转变成不同性质的食品凝胶。

食品凝胶的形成与特性有一些共同的特点和研究方法。本章将重点阐述一些食品凝胶共同的物性以及由食品凝胶形成的相关知识，并介绍凝胶在食品工业中的一些常见及新颖的应用。

7.1 食品凝胶的定义和分类

7.1.1 食品凝胶的定义

在给出食品凝胶的定义之前，我们需要先了解软固体（soft-solids）又叫半固体（semisolid）这一概念。很显然，软固体排除了具有流动性的液体及在一定外力作用下能够完全恢复形变的真固体。广义上的软固体可以按照结构进行分类（表 7-1）。

表 7-1　广义上的软固体（soft-solids）分类[2]

名称	结构特征	举例
凝胶	分散介质（溶剂）存在于由交联材料构筑的连续相基质中。主要由交联材料形成的网格结构提供固体特征	各种蛋白凝胶、多糖凝胶
紧密堆积体	由可变形的颗粒/液滴占据了最大的体积分数，因相互挤压而造成彼此变形。间隙材料为液体，一些情况下也可以看作为弱凝胶	番茄酱、蛋黄酱、苹果酱、啤酒泡沫和含有未完全糊化淀粉颗粒的淀粉凝胶
多胞材料	通过相对较僵硬的细胞壁相连接，包裹住类似液体的材料	水果蔬菜组织

有别于紧密堆积体和多胞材料，食品凝胶是指分散介质（大多数情况为水）中的溶胶或高分子溶质在适当条件下，通过物理或化学交联的方式形成三维网络结构，水分子充满在网架的空隙，整个体系变成一种外观均匀，失去流动性并保持一定形态的弹性半固体状态（图 7-1）。

尽管大多数的食品凝胶是以多糖或蛋白质为形成主体，但其中也包含许多其他的成分。基于食品原料一般为混合物的特点，凝胶的结构特征是原料各组分凝胶化的程度并不一定相同，也就是说，并不是所有原料成分

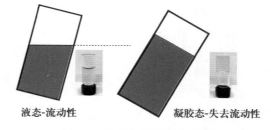

液态-流动性　　　　凝胶态-失去流动性

图 7-1　液体与凝胶的示意图

都同等程度地有助于凝胶形成。一个典型的例子就是明胶甜点中2％的蛋白质使得98％的水固定在复合结构中,整个复合结构表现出近似于固体的特征。凝胶的结构特征是介于固体和液体之间的一个中间相,即半固体状态。凝胶呈现出的硬和软通常是指其变形所需的力的大小。

7.1.2　食品凝胶的分类

凝胶的分类按照主原料分类,分为蛋白质凝胶、多糖凝胶和二者的混合凝胶;根据其网络结构的不同,分为球形颗粒凝胶(particle gels)与聚合物凝胶(polymer gels);根据其中含液体量的多少,分为冻胶与干凝胶。冻胶中水的含量常在90％以上,如琼脂冻胶中99.8％是水。多数冻胶是由柔性的大分子组成,具有弹性。液体含量相对少的凝胶称为干凝胶,由高聚物分子组成的干凝胶在吸收合适的液体后能变成冻胶。

按照形成凝胶的交联作用力的不同,食品凝胶可以分为物理凝胶(physical gel)和化学凝胶(chemical gel)。为了便于人体消化利用,食品凝胶多为物理凝胶,例如,通过胶原蛋白之间氢键作用形成的肉皮冻,通过海藻酸的羧基和钙离子的静电配位作用形成的果冻,主要依赖疏水作用力形成的白煮蛋等。食品中也有为数不多的化学凝胶,如小麦面筋蛋白通过二硫键形成面团结构,这也是保持面条拉伸劲道的原因。当然,也有许多采用相对温和的化学手段,如美拉德反应来制备食品凝胶或改善凝胶特性的应用[3]。

根据加工工艺特点,食品凝胶也可以分为热诱导凝胶、压力诱导凝胶、酸诱导凝胶和金属离子诱导凝胶等。

7.2　食品凝胶的特征与形成理论

7.2.1　食品凝胶的交联与结构

食品凝胶可以根据其网络结构的不同,分为球形颗粒凝胶与聚合物凝胶。前者与劣溶剂(例如,生鸡蛋清中的球状蛋白质)中的颗粒相对应,后者与优良溶剂(例如,热水中的淀粉)中的聚合物相对应。颗粒模型也为分散体系中的溶质(例如,乳液液滴、脂肪晶体、酪蛋白胶束)形成凝胶提供了很好的框架。将真实的更复杂的食品体系简化为下列几种简单的模型有助于我们理解食品体系的成胶原理。

颗粒模型:如图7-2(a)左栏所示,在单个颗粒分散于液体中,颗粒之间没有相互作用力,此时推动容器的一边会使液体倒向另一边流动。虽然颗粒的总体积会影响液体的黏度,但是整体上看仍然为液体。当一些有限的交联键形成时,若干颗粒会通过键连接而聚集[图7-2(b)左栏]。少部分颗粒聚集使液体变得更黏稠,但外力仍然不能通过整个体系被瞬间传送。然而,更多的颗粒聚集,可形成穿过整个容器的网络结构,由此可提供外力能瞬间传送的途径[图7-2(c)左栏]。白色圆圈部分表示可跨过网络结构的颗粒。拉动容器左边将会带动颗粒的链直到力传送到右边。

聚合物模型:呈现于图7-2右栏中。没有相互作用的线型聚合物分子分散于溶剂中,形成黏性溶液[图7-2(a)右栏],有限的交联产生后[图7-2(b)右栏]增加了体系黏度,进一步的链间交联形成半固体状态的三维网络结构[图7-2(c)右栏]。

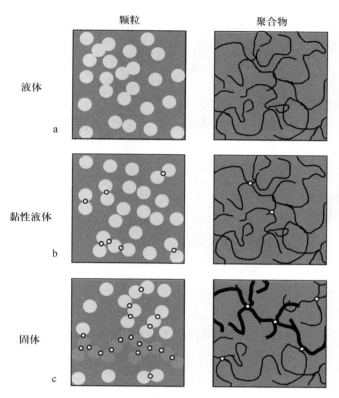

颗粒　　　　　　聚合物

液体　　　a

黏性液体　　b

固体　　　c

图 7-2　颗粒(左栏)或聚合物(右栏)凝胶模型

由此可见,交联对于食品凝胶的形成至关重要,食品大分子粒子之间或高聚物链之间通过交联形成交接区(junction zones),大分子通过这些交接区彼此连接,形成三维网络结构的粒子凝胶或链状凝胶。交接区可以通过化学交联(如二硫键等)或者是物理交联(如氢键、疏水和静电作用等)来形成(图 7-3)。

7.2.2　食品凝胶的形成原理

溶胶变成凝胶的这一过程,称为凝胶化(gelation)。解释凝胶形成的理论也有许多,比如,主要讨论胶凝点(gel point)和溶胶中分子量分布的、由 Flory 和 Stockmayer 创立的经典理论(classical theory)以及比经典理论更靠近实际的渗流理论(percolation theory)[4]。

渗流学说是当前揭示凝胶形成原理最常用的模型。渗流是指交联生长的团簇(Clusters)布满整个体系空间。在凝胶形成初期,大分子在溶液中充分分散,然后分子发生布朗运动而和其他分子碰撞产生分子团簇。在交联剂或其他因素的作用下,团簇之间开始发生交联反应而连接在一起。随着交联的团簇的增多,团簇开始生长,继而发生延伸。当团簇生长到布满整个空间,即形成了渗流网络,凝胶在此刻形成,形成凝胶的分子浓度称为胶凝点(溶胶-凝胶转变点),又叫渗流阈值(percolation concentration,PC)(图 7-4)。凝胶点可以通过流变仪和光散射方法测定。

当然,不论是经典理论还是渗流理论也都有其各自的局限性。比如,二者都没有考虑凝胶化的动力学性质。此外,也有根据 Smoluchowski 理论发展出的动力学模型(kinetic models)描述团簇的生长与聚集。

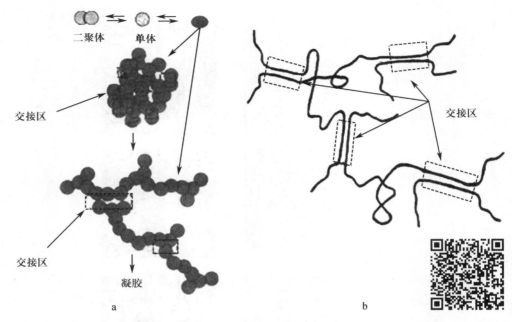

图 7-3　粒子凝胶的交接区(a)和聚合物凝胶的交接区(b)　　二维码 7　凝胶理论
动画讲解视频

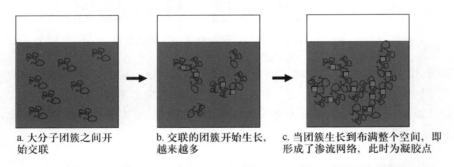

a. 大分子团簇之间开　　　b. 交联的团簇开始生长，　　c. 当团簇生长到布满整个空间，即
始交联　　　　　　　越来越多　　　　　　　　形成了渗流网络，此时为凝胶点

图 7-4　大分子凝胶形成的渗流学说示意图(附凝胶理论动画讲解视频)

食品凝胶形成的原因也可以根据以下较常见的情形进行分类：

冷凝胶(cold-set gels)：在加热时，溶胶或大分子呈溶液状，在接下来的冷却过程中通过物理交联形成凝胶。如明胶、κ-卡拉胶、槐豆胶与黄原胶的混合物。聚合物凝胶在冷却过程中通常还包括聚合物链的构象变化。

热凝胶(heat-set gels)：凝胶在加热过程中就已经形成。比较典型的例子是球蛋白。当加热温度高于其变性温度时，凝胶会逐渐形成。该凝胶化过程通常是不可逆的，且在冷却的过程中，凝胶的硬度会增加。比如，鸡蛋白、大豆蛋白、乳清蛋白以及肉蛋白。一些化学改性的多糖可以形成可逆的热凝胶。如甲基纤维素，在高温时通过疏水作用力能形成凝胶。

除了这两种情形，食品凝胶也可以通过改变 pH、离子强度、二价离子交联(Ca^{2+})以及酶交联等方式得到。由此可见，凝胶体系的形成关键是由半固体状颗粒或聚合物形成的网络结构而产生食品凝胶网络结构的条件有以下几点。

首先，必须有达到胶凝点浓度(成胶最低浓度)的高分子聚合物或胶体粒子溶解或分散在溶剂中。凝胶中颗粒所需的最低浓度通常比伸展的聚合物大,这是因为每个颗粒单位的体积更小(例如,明胶在热水中为无序的线圈,并在最低 2% 的含量下形成凝胶;而蛋清约有 12% 的球状蛋白,如果在加热前过多稀释,则不会形成凝胶)。增加浓度并使其大于最低浓度,所形成的凝胶的强度会增加。若颗粒或聚合物的含量较低,它们的加入仅会导致样品的黏度增加,但不会形成凝胶网络结构。例如,在形成酸奶凝胶之前,脱脂奶的固体含量通常会从 9% 浓缩至 14%,因为未经浓缩的牛奶所形成的凝胶太软及过于稀薄。溶解度对聚合物形成凝胶起着十分重要的作用。例如,将一些食品凝胶粉末溶于冷水中,粉末仅仅会下沉并形成水化层,但加入热水后,聚合物适当溶解,可以在随后的冷却过程中形成凝胶。

其次,凝胶网络结构要形成,必须先形成交联点(cross-links)或交接区。通过单一的共价键形成的凝胶,强度可以很大。如果要使非共价键形成的凝胶也和共价键形成的凝胶达到相同强度,就需要一系列较弱的键一起协同相互作用。因此,物理凝胶往往是由聚合物上一段伸展的交接区域组成,而不是化学凝胶中单个点的相互作用。例如,在氢键作用下,淀粉中的聚合物往往会在双螺旋中缠卷在一起。热水中的螺旋断裂,此时聚合物表现为无序的线圈,但是当溶液冷却后,聚合物开始重新形成双螺旋,即为淀粉凝胶的交接区。在分子结构相似的聚合物组成中,该交接区会不断地扩大延伸,即便是货架期内,也可能继续发生。对于淀粉及许多其他食品凝胶而言,该区域越多凝胶会变得越坚固。交界区的进一步延伸可使凝胶中的溶剂减少,聚合物之间发生相互作用以使水减少(如脱水收缩作用)。例如,当从酸奶表面舀出一勺,即会有乳清析出。换言之,聚合物组成的不均匀性可以限制交界区的延伸。例如,淀粉可以通过在链端添加磷酸基团进行化学修饰。磷酸基团不能轻易地连接到交界区上,这可以在一定程度上保证淀粉类食物的稳定性,延长其保质期且不易脱水。

7.3 食品凝胶性质的表征

7.3.1 食品凝胶的特征

对于大多数凝胶类的食品来说,其口感品质很大程度上依赖于它们的物理性能,尤其是机械性能(mechanical properties)。

溶胀性:凝胶吸收液体或蒸汽使得体积或重量明显增加的现象。组成食品凝胶的大分子多带有电荷,内部结合了大量的反离子,造成了凝胶内外的渗透压差,促使水分由外向内迁移,导致凝胶吸水溶胀,但是受到凝胶网络的限制,水分被锁在网络里。因此凝胶可以吸附容纳大量的水分子,在咀嚼时给人一种"嫩"的口感。凝胶吸水溶胀示意图如 7-5 所示。

溶胀或膨胀的程度一般用膨胀度(S)来表示:

$$S = \frac{m_2 - m_1}{m_1} \text{ 或 } S = \frac{V_2 - V_1}{V_1} \tag{7-1}$$

式中,m_1、m_2 分别为膨胀前后凝胶的质量,V_1、V_2 分别为膨胀前后凝胶的体积。

凝胶溶胀的程度不仅与凝胶内部网络的强度有关,也受外界条件如温度、酸碱度等的影响。比如,蛋白质凝胶在等电点附近的膨胀度最小。如果加酸或是加碱使其偏离等电点,就会使其膨胀度变大。

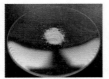

凝胶内部和外界的渗透压差促使凝胶吸水，由于网络限域达到吸水饱和后膨胀，赋予凝胶"嫩"的口感

内部渗透压高　　外部渗透压低

水凝胶的吸水溶胀原理

（2）由于凝胶网络空间的限制，水分就被锁在了网络里

（1）水分由外向内迁移-吸水溶胀

凝胶内部结合大量反离子（Na⁺）

图 7-5　凝胶吸水溶胀示意图

离浆：溶胶或高分子溶液在形成凝胶后，其性质并没有完全固定下来。在放置的过程中，凝胶的性质会继续变化，这一现象称为老化。凝胶老化的重要表现形式就是离浆，也称为缩水，如图 7-6 所示。凝胶的离浆可以看作溶胀的逆过程。在发生离浆现象时，凝胶基本保持原来的形状收缩并从网格中析出一部分的液体，即稀的溶胶或高分子稀溶液。凝胶网格中的颗粒或聚合物相互靠近，排列得更加有序。

黏弹性：从流变学的角度看，凝胶同时具有固体的弹性和液体的黏性。随着时间的变化，其弹性行为（elastic behavior）越来越占主导地位，但和真固体相比，其弹性模量还是非常小的（$<10^7$ Pa）。由于食品凝胶的口感品质以及用途都与其机械性能有着密切的关系，凝胶黏弹特性（viscoelastic properties）或流变学特性（rheological properties）的测量显得至关重要。

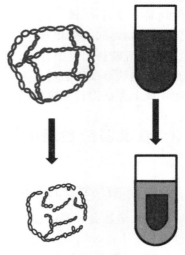

图 7-6　凝胶离浆示意图

由于大多数食品凝胶的质地较为均一，因此一般黏弹性物性的测定方法也适合用于测定食品凝胶。按照测定仪器的测量原理，可以将其黏弹性特征的测量方法按照表 7-2 进行分类[1]。基础测定法主要是对凝胶的基础流变特性，如各力学模型参数、弹性模量、松弛频谱等进行测定和解析的方法，所测定的参数都有详细的物理学或力学定义。经验测定法则是根据经验对一些可以表现食品物性的某些特征进行测定的方法。虽然这些测定的特征值可能没有明确的物理学或力学概念，但可以相对地或间接地反映凝胶质地的变化。模拟测试法，如全质构分析则是模仿人的口腔对食品凝胶的加工过程，采用两次压缩，模拟人类口腔的咀嚼，是 Szczeniak 等于 1963 年确定的综合描述食品物性的分析方法。

表 7-2　食品凝胶黏弹性特征的测量方法

测量原理	实验方法	测量仪器	测量特征参数
基础测定	压缩 (compression)	质构仪	弹性模量(modulus of elasticity)、泊松比(poission's ratio)
	应力松弛 (stress relaxation)	质构仪	剩余应力(residual stress)、松弛时间(relaxation time)
	蠕变 (creep)	受控应力流变仪	剪切模量(shear modulus)、蠕变柔量(creep compliance)
	振荡 (oscillation)	受控应力流变仪	储能模量(storage modulus)、损耗模量(loss modulus)、相位角(phase angle)、复数模量(complex modulus)、黏度等
经验测定	穿刺力 (puncture force)	质构仪	穿刺特征
	压缩 (compression)	质构仪	峰值力(peak force)、坚实度(firmness)等
模拟测定	全质构分析 (texture profile analysis,TPA)	质构仪	硬度(hardness)、黏性(adhesiveness)、弹性(springiness)、黏聚性(cohesiveness)等 TPA 参数

机械性能的测量根据凝胶样品在增加应力和移除应力之后,样品的形变(deformation)程度不同,可将其分为微小形变(small deformation)测试和大形变(large deformation)测试(图 7-7)[5]。其大形变测试,如 TPA 主要考察的是食品凝胶的质地和凝胶结构破坏后的性能;微小形变测试,如流变学测试主要用于表征凝胶本身的结构[6]。

7.3.2　小形变表征

7.3.2.1　黏弹性的表征与测量

食品凝胶同时具有固体的弹性又具有液体的流动性,是典型的具有黏弹性的物质,即黏弹性体。

黏性是表征流体流动性质的指标,阻碍流体流动的性质称为黏性。从微观上讲,黏性是流体在力的作用下质点间做相对运动时产生阻力的性质。黏性的大小用黏度表示。物体在外力作用下会发生形变,撤去外力后恢复原来状态的性质称为弹性,可以用弹性模量来反映表征。

弹性模量(δ)可以按公式(7-2)定义,是指材料在外加应力(stress,σ)的作用下发生相应的变形(strain,ε)的比例关系:

$$\delta = \frac{\sigma}{\varepsilon} \tag{7-2}$$

弹性模量是固体的特性,样品在小形变下,弹性模量是一个恒值;但是在大形变下,如果超

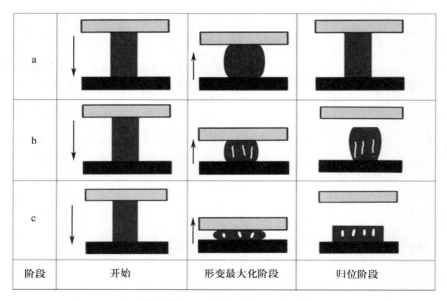

a. 微小形变;b. 中间形变;c. 大形变。

图 7-7　食品凝胶形变测试

过弹性限制,它就会随着材料的结构而改变,并在断裂前被破坏。换言之,该公式仅仅在弹性模量与 ε 无相关性,即小形变时才成立。

固体的弹性性质在一定时间内恒定不变的应力[图 7-8(a)虚线所示]作用下,固体材料瞬间发生形变,在应力移除后,固体材料瞬间恢复至原有形状。对于凝胶或黏弹性体而言,不论是形变还是之后的形变恢复都不完全是瞬间发生的,且在应力移除后,并不能完全恢复到其原来的形状[图 7-8(a)]。

如图 7-8(b)所示,液体只要施加了应力,液体的形变就会继续增加,且随着应力的增大,其应变速率也相应增大。固体只要施加了力,固体就一定发生完整的瞬间形变并且只要力保持不变,就不会有进一步的变化。所以固体的应变速率为 0。凝胶在应力非常小时,其表现出与固体一样的弹性特征,在较大应力作用下,凝胶可能会发生破裂(fracture)即大形变,或发生屈服(yielding),即凝胶开始流动但仍旧作为一个整体[图 7-8(b)]。

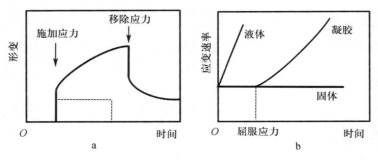

图 7-8　(a)凝胶在应力施加和移除后的形变(图中虚线表示施加在凝胶上的应力);
(b)液体、凝胶与固体的应力-应变/剪切速率关系图对比

如果只是测量凝胶的表观黏度参数,可以利用旋转黏度计来进行测量。常用的旋转黏度计有同轴圆筒式、锥板式和平行板。锥板式样品使用量少,样品装填容易,但和其余两种旋转黏度计一样,该方法也都只限于较低的剪切速率。

另外,凝胶的流体特性(包括黏度),并不能随着剪切速率的变化或应力变化瞬间达到平衡,而是随着时间改变,即具有触变性,要表征凝胶的流变特性或结构,还需要测量其他的特征参数。

一般而言,凝胶的力学性能会受到力、形变、温度和时间四个因素的影响,在测试时,往往固定其中 2 个因素,而考虑另外 2 个因素之间的关系。

蠕变(creep):在一定温度和恒定应力作用下,物质的应变随时间的增加而增大的现象;

应力松弛(stress-relaxation):在一定温度和恒定应变作用下,物质内部的应力随时间的增加而衰弱的现象;

滞后现象(hysteresis):在一定温度和循环(交变)应力作用下,物质应变滞后于应力变化的现象。

以上 3 种力学松弛现象,根据应力或应变是否是交变的,蠕变和应力松弛又称为静态黏弹性,滞后现象则叫作动态黏弹性。测定静态黏弹性的方法,又可以称为静态测定法。如拉伸(压缩)试验所测的弹性率,蠕变性质的滞后时间、蠕变柔量、松弛弹性的应力松弛时间等参数可以通过静态测定法获得。静态黏弹性可以得到流体的本质参数,如流变特性指数 n。n 的大小反映了流体的类型,当 $0<n<1$ 时,流体为假塑性流体;当 $n>1$ 时,流体为胀塑性流体。

测试动态黏弹性的试验方法有正弦波应力应变试验(谐振动测定法)、共振试验、脉冲振动试验等。谐振动测定法是对试样施加固定频率和振幅的、以正弦波变化的作用力时,通过其应变响应所反映出的流变性质[1]。一般可以通过动态流变仪的振荡测试(oscillatory test)来测量食品凝胶的动态黏弹性。

7.3.2.2 食品凝胶的振荡测试与流变学参数

如图 7-9 所示,以控制应变为例,采用平行板模具,将测试样品夹在两平行板中间,下板静止不动,给样品施加固定频率(Hz 或角频率 ω)的小振幅应变。当该施加的应变(strain,γ)为正弦波变化时,样品内部作用在下板使之保持原有位置的应力(stress,τ)也会以正弦波规律随之变化,并通过下板的传感器反映出来。

任何时间下施加的应变(γ)都是时间(t)的函数:

$$\gamma = \gamma_A \cdot \sin(\omega t) \tag{7-3}$$

反馈响应的应力(τ)信号则为:

$$\tau = \tau_A \cdot \sin(\omega t + \delta) \tag{7-4}$$

式中,ω 为角频率,γ_A、τ_A 分别为相应的最大应变与最大应力。

如图 7-9(a)所示,对于理想的弹性固体而言,应力在任何时间下都正比于应变,因此得到的应力也是一个与输入的应变拥有相同频率的正弦曲线,并且在相同点获得最大值,二者之间相位差(δ)为 0°。对于真正的理想液体[图 7-9(b)],测得的应力也会以输入形变的相同频率呈正弦变化,但向后移动 90°($\delta=90$°)。对于具有黏弹性的物品如食品凝胶来说,因同时显示液体的黏性和固体的弹性,其应力响应也可以等效地看作二者之和,即应力也会随着应变呈正弦变化,但存在相位差,其 δ 介于 0~90°之间。

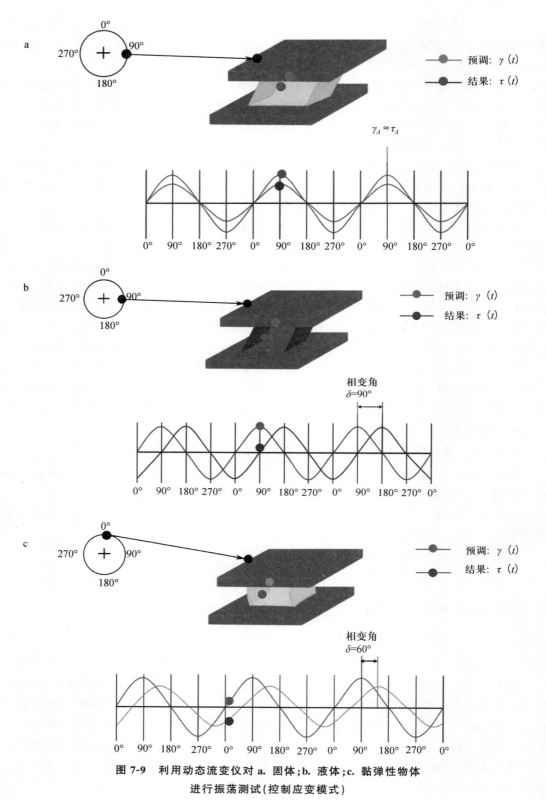

图 7-9　利用动态流变仪对 a. 固体；b. 液体；c. 黏弹性物体
进行振荡测试(控制应变模式)

在该实验条件下,固体的弹性模量可以简单地用最大应力与最大应变值之间的比值计算,并定义为复数模量(complex modulus,G^*):

$$G^* = \frac{\tau_A}{\gamma_A} \qquad (7-5)$$

复数模量描述的是样品的整个黏弹性行为,依据相位差可以将复数模量分解为储能模量和损耗模量。

储能模量(storage modulus,G'):代表的是样品黏弹性行为的弹性部分,形变能力中储存的部分:

$$G' = \lfloor G^* \rceil \cos\delta \qquad (7-6)$$

损耗模量(loss modulus,G''):代表的是样品黏弹性行为的黏性部分,形变能力中损失的部分:

$$G'' = \lfloor G^* \rceil \sin\delta \qquad (7-7)$$

复数模量的大小则为:

$$G^* = \sqrt{G'^2 + G''^2} \qquad (7-8)$$

另外一个重要的流变参数是相位角 $\tan\delta$,称为阻尼或损耗因子(loss factor),其定义为黏性和弹性响应的比率:

$$\tan\delta = \frac{G''}{G'} \qquad (7-9)$$

对于纯弹性固体(即 $\delta = 0°$)或纯黏稠液体(即 $\delta = 90°$)而言,黏性和弹性模量分别为零。有时使用条件 $G' > G''$(或 $\tan\delta < 1$,$\delta < 45°$)来区分黏弹性固体(凝胶)与具有一定黏弹性的液体。以食品溶胶-凝胶体系为例:

$\tan\delta < 1$,即 $G' > G''$,样品中弹性占主要部分,为凝胶;

$\tan\delta > 1$,即 $G' < G''$,样品中黏性占主要部分,为溶胶;

$\tan\delta = 1$,即 $G' = G''$,样品中弹性与黏性相等,为溶胶-凝胶转变点。

我们已经知道黏弹性材料如何响应振荡应变,也知道了振荡测试能够得到的流变学参数。下面我们介绍 4 种常见的动态振荡测试。

①应变扫描(strain sweeps)。一般用于其他动态振荡测试之前,用于确定测试条件以及确定线性黏弹性范围,即在该范围内,模量与应变是独立变量。

②频率扫描(frequency sweeps)。改变振荡频率,温度与应力保持不变,测量黏度、模量等参数随频率变化的规律。

③温度扫描(temperature sweeps)。改变测试温度,频率与应力保持不变,测量黏度、模量等参数随温度变化的规律。

④时间扫描(time sweeps)。振荡频率,温度与应力均保持不变,测量黏度、模量等参数在一段时间内变化的规律。

对于食品凝胶而言,人们经常采用动态振荡测试来观察其在凝胶形成和融化时的特征。如图 7-10 所示,该黏弹性材料同时具有黏性和弹性特征,一开始 $G' < G''$,该材料主要表现为

液体特征,随着时间的增加,G'和G''都相应增加,但G'增幅更大,当达到某临界点(箭头所示),G'超过G'',固体特性开始占主导地位,开始形成凝胶,当温度继续升高,两个模量都达到顶峰。

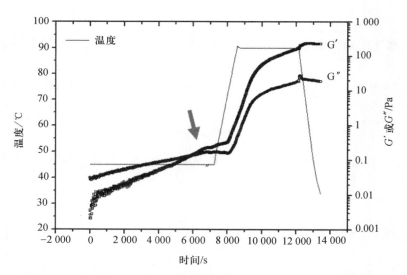

图 7-10　食品凝胶的储能模量与损耗模量随温度和时间的变化

淀粉糊化、蛋白与多糖分子形成凝胶都可以采用以上的动态振荡实验进行监测。通过各种实验设计,采取以上多种实验方法,更全面地比较黏弹性体系各流变参数随温度、时间以及频率等的变化规律,以全方位地了解其结构信息。如图 7-11 所示,对于添加了不同鸡蛋蛋白的面团而言,当温度高于鸡蛋蛋白变性温度时,G'明显升高,$\tan\delta$显著下降,说明面团的弹性特征增强。而当在之后的时间扫描与频率扫描时,添加了鸡蛋蛋白的面团变化不大,也侧面说明了鸡蛋蛋白的添加有助于面团的稳定性[7]。采用动态振荡实验可以帮助筛选优化凝胶的配方等。

7.3.3　大形变表征

7.3.3.1　凝胶的变形与破裂

以上介绍的方法主要考察的是微小形变,即线性黏弹区内凝胶的流变性能在该范围内,应变与应力呈线性关系。食品科学家往往对线性黏弹区间以外,即凝胶在大形变甚至破裂的物理性能也感兴趣。从流变学角度考虑破裂,首先考虑 3 种不同应力-应变关系的凝胶。

①理想型弹性凝胶,在破裂点前其应变与应力成正比(即恒定的弹性模量)。需要注意的是,不同的凝胶即使模量相同,在破裂点的应力和应变也可能会不同。

②应变减弱型凝胶(如切达干酪),模量随应变的增加而减小,同时结构也因变形而减弱。

③应变增强型凝胶(如橡皮糖),模量随应变增加而增加,同时结构元素也变得能够应对更大的变形。

那么哪种凝胶被认为是最坚硬、难以咀嚼的和最难涂抹或切片的？如图 7-12 所示,在变形的最后,每种凝胶都有相同的破裂应力和应变。如果只考虑破裂时的特征参数,人们会认为以上 3 种凝胶可能具有相似的结构。事实上,3 种凝胶的结构存在很大的不同。

在具有黏弹性的凝胶中,应力对结构的作用在时间上有一定的相关性(如网络中通过不均匀

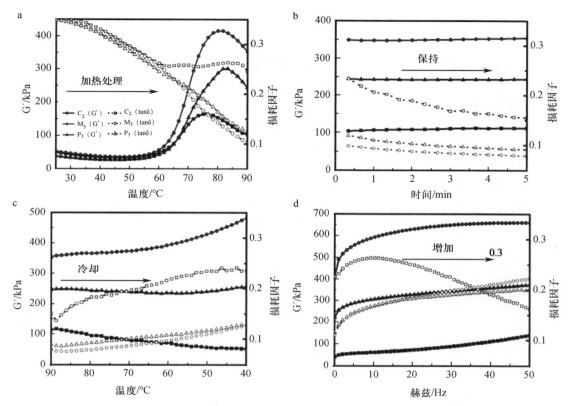

图 7-11 采用温度扫描（a、c）、时间扫描（b）和频率扫描
（d）研究不同配方面团的储能模量与损耗因子随温度、时间以及频率的变化[7]

（文献引自 Xie et al.，2020，经版权所有 2020 ELSEVIER 许可使用，版权号：5054041070589）

变形的粒子或链，或通过水的流动而穿过气孔），同时消耗一部分能量。然而，一旦储存的能量超过临界值，凝胶就会破裂，即宏观网络中的结构元素断裂会导致凝胶破裂成为碎片。如果凝胶由于滞流而消耗能量，那么变形越慢能量损失越大，破裂所需的变形程度越高。这种情况常出现在主要为蛋白网络结构的凝胶中。如果能量的消耗是由摩擦力引起的，那么变形越快能量损失越多，且造成破裂所需的变形程度也越高。多糖网络结构的凝胶会出现这种现象。

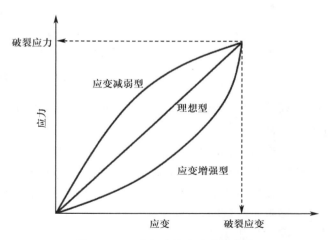

图 7-12 3 种凝胶的应力应变曲线

要尽可能地了解凝胶的特性，需要得到凝胶综合指纹图谱，即对线性黏弹区间、破裂处及两者间被称为非线性区间的空间内都进行测试。同时，也应当考虑变形率，对于大多数凝胶如果变形速度快，则至少存在一定的黏弹性且通常会表现得更为坚硬（即较高的模量）。

7.3.3.2 凝胶的全质构分析

凝胶的大形变表征可以使用质构测定仪器进行,20 世纪以后,食品质构概念得以精确定义,并能够通过仪器测量反映产品质构。测定凝胶质构性质的仪器一般按变形或破坏的方式可分为七类:压缩破坏型、剪断型、切入型、插入型、搅拌型、食品流变仪和剪压测试仪。全质构分析,又叫质构剖面分析方法(texture profile analysis,TPA)是与感官分析并行的质构剖面分析的客观方法,由 Szczesniak 在 1963 年定义质构参数并首先使用,随后 Bourne 于 1978 年通过在 Instron 测试仪上两次压缩标准形状样品实践了 TPA 方法。

TPA 是基于将质构看作多元参数特性的基础上发展起来的。为了获得理想的研究结果,一个具有多元参数的质构剖面最好在同一个形状较小、性质均一的样品上取得。这种测试模拟牙齿运动往复地压缩两次可咬的食品,进而从力-时间曲线上分析可得一系列质构参数:首要参数包括如硬度、黏聚性、弹性、回复性和黏附性;次要参数包括脆性、胶着性/黏牙性和咀嚼性等。

如图 7-13 所示,以下是利用 TPA 的特征图形计算得到的各参数。

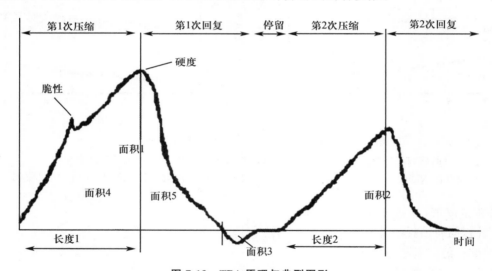

图 7-13　TPA 原理与典型图形

①硬度。硬度值指第一次压缩或穿刺样品时的压力峰值,一般硬度值出现在最大变形处或刺入的最深处。

②黏聚性。黏聚性指样品抵御第二次穿刺变形而相对于第一次探头穿刺的程度,它的度量是第二次穿刺的用功面积除以第一次的用功面积的商值(面积 2/面积 1)。

③弹性。弹性指样品本身在第一次穿刺过程中变形后的"弹回"程度,而这种"弹回"是在第二次穿刺时测量的,所以两次穿刺下压动作的间歇时间十分重要,必须保证产品已"弹回"到最大限度。弹性度量有多种方法,但最具代表性的是第二次穿刺的测量高度同第一次测量高度的商值(长度 2/长度 1)。

④回复性。回复性表示样品在第一次压缩穿刺过程中回弹的能力,其计算方法是在第一次穿刺中的"收回"阶段的面积同下压穿刺阶段面积的商值。回复性不是总通过 TPA 测试计算的,它也可通过一次单独的穿刺测试完成,但探头"收回"速度必须同下压穿刺速度相同(面

积 5/面积 4）。

⑤黏附性。第一次压缩曲线达到零点到第二次压缩曲线开始之间的曲线的负面积(面积 3)。

⑥脆性。不是所有的样品都会发生脆性破裂，但当样品发生脆裂时，脆性点出现在探头第一次冲向样品过程中坐标图上的第一个明显峰值处(这里压力出现下降)。

⑦胶着性/黏牙性。只用于描述半固体样品的黏性特性，其计算公式为：硬度×黏聚性。

⑧咀嚼性。用于描述固体样品，其计算公式为胶着性×弹性。测试样品不可能同时具有半固体和固体特性，所以不能同时用咀嚼性和胶着性描述同一样品的质构特性。

7.4 食品凝胶举例

7.4.1 蛋白凝胶

7.4.1.1 乳凝胶

酸奶和奶酪等凝胶类乳制品以其独特的风味、细腻的质地和较高的营养价值深受人们的喜爱。根据凝胶形成方式的不同，乳凝胶可以分为酸凝乳凝胶和酶凝乳凝胶。乳蛋白是构筑乳凝胶最重要的单元，尤其是酪蛋白。酪蛋白约占乳蛋白质量分数的 80%，可以分为 α_{s1}-酪蛋白、α_{s2}-酪蛋白、β-酪蛋白和 κ-酪蛋白 4 种酪蛋白单体，其相对质量比例为 4:1:3.5:1.5。溶液状态下酪蛋白并不是以单个分子的形式存在的，而是和矿质元素（主要是磷酸钙）相互结合而成为一种直径约为 200 nm 并且外观类似于"覆盆子"的球状复合物，一般将这种复合物称为酪蛋白胶束(casein micelle)。正确认识乳凝胶形成过程中酪蛋白胶束的变化及影响因素，有助于实现乳凝胶结构的定向调控，从而获得品质优良的乳凝胶制品。

1. 酶凝乳凝胶的产生机理

酶凝乳凝胶是以鲜乳为原料，经过添加发酵剂和凝乳酶使乳凝固，再经排出乳清、压榨、发酵成熟而制成的凝胶型乳制品。酶凝乳凝胶的产生主要分为 3 个过程(图 7-14)。

①酪蛋白的水解。酪蛋白胶束的稳定性主要由位于胶束外层带负电的 κ-酪蛋白维持。凝乳酶可特异性催化牛乳 κ-酪蛋白中 Phe_{105}-Met_{106} 键的水解，破坏表面的 κ-酪蛋白，产生糖巨肽和副 κ-酪蛋白。

②酪蛋白的聚集。经过凝乳酶的作用形成的糖巨肽是可溶的，可以直接释放到乳清当中。然而副 κ-酪蛋白在乳中钙离子的作用下，彼此之间会形成"钙桥"，从而使副 κ-酪蛋白相互凝聚。不仅如此，κ-酪蛋白的破坏也导致胶束之间静电斥力和空间位阻作用的降低，加速胶束的聚集，并最终产生凝胶。

③脱水作用。在凝胶形成后，多余的水分便通过脱水收缩的过程排出。在没有任何扰动的条件下，酶凝乳凝胶在数小时之内是稳定的，不会产生脱水收缩作用。一旦存在扰动，如切割处理，酶凝乳凝胶就会产生脱水收缩效果。

2. 酸凝乳凝胶的产生机理

牛乳的酸凝处理是生产酸奶酸凝胶型乳制品最重要的环节。酸凝处理是指将经过预处理牛乳的 pH 降至酪蛋白的等电点时，酪蛋白相互聚集，溶解度下降，最终形成凝胶的过程。一般将酸凝的方式分为：接种微生物酸凝法，微生物可以利用牛乳中的乳糖，将其转化为乳酸，从

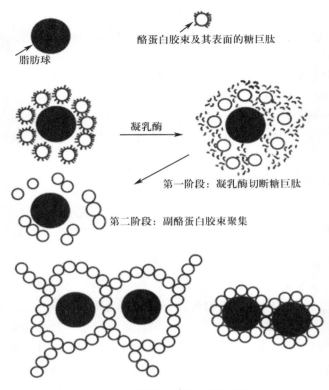

脂肪球

酪蛋白胶束及其表面的糖巨肽

凝乳酶

第一阶段：凝乳酶切断糖巨肽

第二阶段：副酪蛋白胶束聚集

图 7-14　酶凝乳凝胶的形成机理

而导致酸凝乳凝胶的产生；直接添加酸性试剂法，通过向乳中添加酸性试剂（如葡萄糖酸 δ-内酯），使酪蛋白沉淀。这 2 种酸凝方式的机理是相同的，可以分为以下 4 个阶段。

①pH 从 6.7 降低至 5.8。这一阶段主要发生的是酪蛋白胶束的去矿质化作用，胶束中的钙、镁、柠檬酸根、磷酸根等开始逐渐释放到溶解相中，同时酪蛋白胶束表面的净电荷开始减少，胶束间的静电斥力也随之降低，溶解度逐渐下降。在这一阶段，酪蛋白胶束的完整性未发生明显改变（图 7-15）。

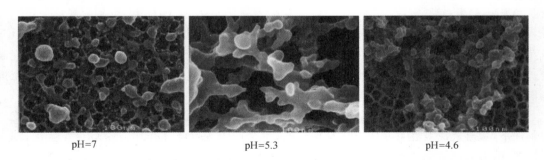

pH=7　　　　　　　pH=5.3　　　　　　　pH=4.6

图 7-15　酪蛋白胶束在不同 pH 下的扫描电镜图

②pH 从 5.8 降低至 5.3。酪蛋白胶束的结构在这一 pH 范围内的变化非常明显。随着 pH 的降低，胶束净电荷数量急剧减少，静电斥力迅速降低。达到 pH 5.3 时，κ-酪蛋白的毛发层结构完全坍塌，胶束中的磷酸钙几乎全部流出，通过扫描电镜可以看到处于 pH 为 5.3 时的

酪蛋白胶束与胶束之间呈现出一种熔融的状态。

③pH 从 5.3 降低至 4.8。从胶束中解离的酪蛋白互相聚合,重新聚合形成胶粒,这一过程中胶粒的平均粒径增大,溶解度降低,黏度增大。

④pH 从 4.8 降低至 4.6。重新聚合而成的酪蛋白胶粒迅速凝结成具有三维空间网络状结构的凝胶。

3. 影响乳凝胶特性的因素

①热处理的 pH 和温度。凝乳前对牛乳的热处理是影响酸凝乳凝胶品质最重要的因素之一。尽管热处理本身对酪蛋白胶束的影响非常小,但是热处理能够使乳清蛋白变性,变性的乳清蛋白能够与胶束结合,进而影响凝胶的过程和性质。除温度外,pH 也会影响变性乳清蛋白与酪蛋白胶束结合。

当牛乳热处理的 pH 大于 6.6 时,大部分乳清蛋白不会与酪蛋白胶束结合,而是以一种聚集体的形式分散于溶解相中(图 7-16);当 pH 小于 6.6 时,乳清蛋白会与酪蛋白胶束结合,随着 pH 的升高,与酪蛋白胶束表面结合的乳清蛋白的比例逐渐增大。在牛乳的热处理前的 pH 为 6.55 时,乳清蛋白以膜的形式覆盖在酪蛋白胶束表面。对于酸凝乳凝胶而言,表面覆盖的乳清蛋白的含量越多,凝乳时间越短,形成的酸凝乳凝胶强度越大。因此热处理的 pH 越低,形成的酸凝乳凝胶的强度越大,凝乳时间越短。对于酶凝乳凝胶而言,表面覆盖的乳清蛋白能够抑制酪蛋白胶束表面的 κ-酪蛋白与凝乳酶的结合,不利于酶凝过程的发生,因此热处理的 pH 越低,酶凝乳凝胶形成的时间越长,形成的凝胶强度越低。

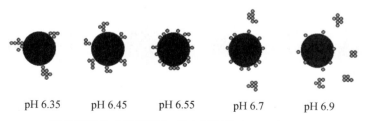

pH 6.35　　pH 6.45　　pH 6.55　　pH 6.7　　pH 6.9

灰色圆圈代表乳清蛋白,黑色圆圈代表酪蛋白胶束。

图 7-16　牛乳热处理前 pH 对变性的乳清蛋白分布的影响的示意图

提高热处理的温度(70～95 ℃)将增加乳清蛋白的变性程度,形成更多的乳清蛋白聚集体和乳清蛋白-酪蛋白胶束复合物,酸凝乳时间变短,凝胶强度增大,不利于酶凝乳凝胶的形成。

②均质。原料乳中含有较大的脂肪球会破坏酸凝乳凝胶网络,降低酸凝乳凝胶和酶凝乳凝胶的强度。因此在对牛乳进行热处理之前,一般要进行均质,将脂肪球的尺寸降低,使脂肪球均匀地填充到酸凝乳凝胶网络结构中。一般乳制品工业采用的均质压力和温度分别为 10～20 MPa 和 55～65 ℃。均质还可以使脂肪球表面吸附蛋白质,在乳凝胶的形成过程中,这些表面吸附了蛋白的脂肪球能够有效地镶嵌到凝胶的网络内部,从而增加凝胶强度,缩短凝乳时间。

③金属离子。乳中的离子对于酸凝乳凝胶的性质影响较小,对酶凝乳凝胶的性质有显著的影响。金属离子(尤其是钙离子)可以缩短酶凝乳凝胶的形成时间,增大凝胶强度。其作用机理为:首先,钙离子通过与氢离子的交换作用,降低了乳的 pH,间接促进酶促反应。其次,钙离子的存在使酪蛋白胶束表面的电荷减少,导致副 κ-酪蛋白之间的空间排斥力减小,胶束

相互聚集。钙离子浓度增加,凝乳时间缩短,但过高时,形成的酶凝乳凝胶质地坚硬,因此应根据产品需要选择合适的离子浓度。

7.4.1.2 肉蛋白凝胶

蛋白质是肌肉的主要成分,占肉重的 $18\%\sim20\%$,对肉制品的功能特性起着决定性的作用。肌肉蛋白根据其溶解性分为:水溶性肌浆蛋白、盐溶性肌原纤维蛋白和不溶性基质蛋白三类。肌原纤维蛋白在不同动物的肌肉蛋白中占比 $50\%\sim70\%$,由肌球蛋白(myosin)、肌动蛋白(actin)以及调节蛋白的原肌球蛋白(tropomyosin)、肌钙蛋白(troponin)等组成,是具有重要生物学功能特性的结构蛋白质群。除了参与肌肉的收缩,影响肌肉的嫩度外,其对肉制品的品质与功能特性如凝胶特性起着主要的作用。关于肉蛋白凝胶性能的研究在 20 世纪 40 年代就开始了,开辟了肉品学中一个新的研究领域。肉蛋白质凝胶机理和流变特性的深入探索也成了肉品科学的重要研究内容之一,并不断取得进展。

1. 肉蛋白热诱导凝胶的产生机理

肉制品中的肌原纤维蛋白凝胶一般都由热诱导产生。肌原纤维蛋白可以形成两种类型的凝胶:肌球蛋白凝胶和混合肌原纤维蛋白凝胶。

①肌球蛋白凝胶。在接近生理条件下,肌球蛋白形成肌丝,因此,在低盐浓度($0.15\sim0.20$ mol/L),或肉中的盐浓度为 $0.6\%\sim0.8\%$ 条件下,肌球蛋白能形成弱凝胶。但加工肉制品的离子强度至少要 0.5 mol/L NaCl(或肉中的盐浓度为 2%),以保障蛋白质的充分提取和溶解。所以如此低离子强度下,肌球蛋白凝胶的实践意义并不大。

②混合肌原纤维蛋白凝胶。其也被称作肌原纤维蛋白凝胶、肌动球蛋白凝胶或盐溶性蛋白质凝胶,是大多数加工肉制品中常见的凝胶。然而,即使在混合蛋白系统中,肌球蛋白部分仍然是最重要的凝胶形成蛋白。

对热致肌球蛋白凝胶的变化进行连续观察发现(图 7-17):肌球蛋白头部(S-1 亚基)在 35 ℃ 发生解聚,并且产生了头-头交联的二聚体和多聚体。当温度上升到 40 ℃时,形成头部紧密相连、尾部朝外的球状聚集体;当温度上升到 45 ℃时,低聚物和由两个,甚至是更多的低聚物形成的聚合体共存;当温度上升到 50~60 ℃,低聚物的尾-尾交联产生凝胶微粒,凝胶微粒构成了凝胶网络。

图 7-17　肉蛋白热诱导凝胶示意图

2. 影响肉蛋白凝胶特性的因素

①加热条件。肉蛋白凝胶主要为热诱导凝胶,温度是影响其凝胶特性的主要因素。当肉蛋白中的肌球蛋白重链加热到 35 ℃时,凝胶强度很弱;当升温到 60 ℃时,凝胶强度呈指数上升。加热的方法也会对其凝胶特性有明显影响。猪肉肌球蛋白在 70 ℃恒温加热条件下形成的凝胶储能模量要低于逐步升温处理。这是因为在恒温加热和温度迅速升高时,蛋白质发生

的相互作用是随机的;而线性升温时蛋白质发生的相互作用是有序的,给蛋白质足够时间用来完成相变,从而形成更强的三维网络凝胶(图7-18)。

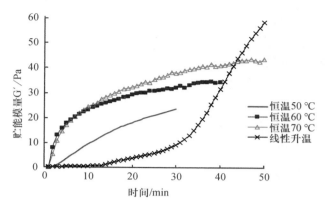

图 7-18　肌球蛋白在不同加热方式下储能模量的变化

②肉蛋白的浓度。蛋白质只有达到一定浓度才能形成热诱导凝胶。蛋白质浓度升高,肌球蛋白分子之间的距离减小,它们之间更容易发生相互作用产生聚集。随肌球蛋白浓度的增加,形成的热诱导凝胶硬度增大,如图7-19所示,凝胶网络更加细致,网孔从直径 6～10 μm 逐渐变小至最小值 2 μm,并在浓度达 15 mg/mL 以上时出现了蛋白聚集体。

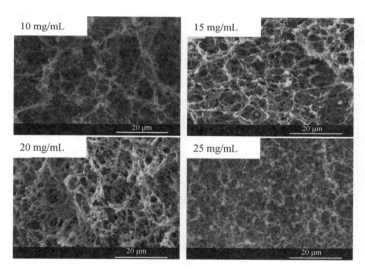

图 7-19　不同肌球蛋白浓度时凝胶超微结构

③pH 和离子强度。pH 和离子强度能够改变氨基酸侧链电荷分布,改变肉蛋白在溶液中的存在状态,从而降低或增加蛋白质之间的相互作用,进而影响肉蛋白的凝胶特性(图7-20)。肌球蛋白的等电点为5.3,在高盐浓度(0.6 mol/L)下呈可溶的单体或二聚体,而在低盐浓度(0.03 mol/L)下则不溶。当 pH 大于 6.0 时,肌球蛋白溶解度升高,只要保持高的离子强度和合适的 pH,肌球蛋白就呈可溶状态。当离子强度小于 0.3 时,肌球蛋白会凝聚成纤丝。当在 pH 为 6.0 时,将肌球蛋白直接置于 0.2 mol/L KCl 中,形成的凝胶具有无序的网络状三维结构。在高离子强度如 0.6 mol/L KCl 下,蛋白形成球状颗粒并交联形成网络结构。当 pH 在 5.5～6.0 时,肌球蛋白在低离子强度 0.25 mol/L KCl 下,形成细链状凝胶结构;在高离子强度 0.6 mol/L KCl 下,形成粗糙凝聚的凝胶结构;前者的凝胶强度比后者小。在近中性 pH 条件下,添加适量食盐和复合磷酸盐有利于提高猪肉凝胶的强度。

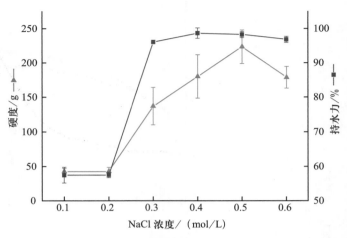

图 7-20　NaCl 浓度对肌原纤维蛋白热凝胶硬度和保水性的影响

④调节离子强度的速度。如从 0.6 mol/L KCl 直接稀释到 0.2 mol/L KCl 时,蛋白形成丝状弱凝胶。当通过缓慢透析到 0.2 mol/L KCl 时,则形成强的丝状凝胶网络,且透析后形成的凝胶强度比直接稀释形成的凝胶强度大 2 倍。

⑤肌肉类型。不同动物品种来源的肉蛋白在结构上存在差异,所以形成的凝胶特性也不相同。骨骼肌肌肉被分为以腿肉为代表的红肌(慢肌)和以胸肉为代表的白肌(快肌)。红肌与白肌在化学组成上存在差异,如图 7-21 所示,在该测试 pH 范围内,白肌肌球蛋白形成的凝胶硬度比红肌大。在 0.6 mol/L KCl,pH 为 5.2~6.0 的中酸性条件下,鸡胸肉肌球蛋白凝胶强度高于鸡腿肉。在这个 pH 范围内,随 pH 的下降,鸡胸肉肌球蛋白黏度会上升,而鸡腿肉则相反。鸡胸肉和鸡腿肉凝胶形成的最佳 pH 分别为 5.1 和 5.4。在盐浓度为 20 mmol/L 的缓冲液中,电镜观察显示鸡胸肉凝胶为纤丝状,而鸡腿肉则显示更小更少的纤丝,这种分散状态的差异可能在很大程度上影响了二者热诱导凝胶性质。

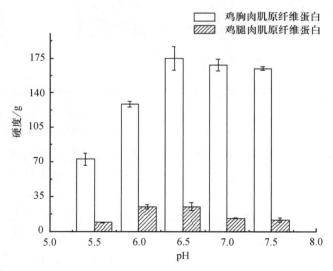

二维码 8　肌肉凝胶性能测定视频

图 7-21　鸡胸肉、鸡腿肉肌原纤维蛋白热诱导凝胶硬度差异

7.4.2　多糖凝胶

7.4.2.1　卡拉胶凝胶

卡拉胶(carrageenan)又名角叉胶,是以红藻为原料制取的水溶非均一性多糖,由硫酸基化或非硫酸基化的半乳糖残基和 3,6-无水半乳糖基团通过 $\alpha(1\rightarrow3)$ 糖苷键和 $\beta(1\rightarrow4)$ 糖苷键交替连接而成。按照硫酸基含量的不同,食品中常用的卡拉胶可分为 κ-卡拉胶、ι-卡拉胶及 λ-卡拉胶。如图 7-22 所示,卡拉胶的凝胶机理为:当溶于热水中时,卡拉胶以不规则的卷曲状态存在;随着温度的降低,卡拉胶分子螺旋化,形成螺旋体;温度进一步降低,使螺旋体相互聚集,形成空间网状结构。卡拉胶的凝胶具有热可逆性,即加热时熔化,冷却时又形成凝胶。

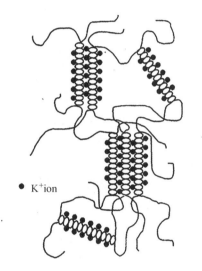
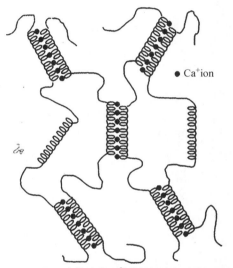

Kappa-卡拉胶和K$^+$特异性结合形成硬凝胶
a. firm, brittle kappa-carrageenan gel

Iota-卡拉胶和Ca^{2+}特异性结合形成软凝胶
b. elastic iota-carrageenan gel

图 7-22　卡拉胶凝胶形成示意图

影响卡拉胶凝胶性质的因素有 pH、温度、离子强度和卡拉胶浓度。卡拉胶分子残基中存在交链扭结,不利于凝胶的形成,适当的 pH 调节可消除这种扭结状态,使分子链伸直,增大凝胶强度;当 pH<5.0 时,卡拉胶的凝胶强度随 pH 的增大而增强;当 pH 5.0~8.0 时,趋于平衡;当 pH 8.0~9.5 时,凝胶强度随 pH 的增加而降低;当 pH >9.5 时,卡拉胶凝胶强度随着 pH 的增加而增大。卡拉胶凝胶的强度随温度的增加而降低,但是随卡拉胶浓度和离子强度的增加而增大。

卡拉胶具有形成半固体状凝胶的特点,是制作果冻类食品的一种极好的凝胶剂,在室温下即可凝固,成型后的凝胶呈半固体状,透明度好,不易倒塌。在制作透明水果软糖中,用卡拉胶作凝胶剂,获得的软糖透明度好,爽口不黏牙。在硬糖中以卡拉胶为凝胶剂,能使产品均匀、光滑、稳定性提高。

7.4.2.2　结冷胶凝胶

结冷胶(gellan gum)是一种高分子线性阴离子多糖,由 4 个单糖分子组成的基本单元重

复聚合而成。其基本单元是由 1,3-和 1,4-连接的 2 个葡萄糖残基,1,3-连接的 1 个葡萄糖醛酸残基和 1,4-连接的 1 个鼠李糖残基组成(图 7-23)。天然结冷胶含有甘油酰基和乙酰基。结冷胶通过碱处理除去甘油酰基和乙酰基后生成低酰基结冷胶,再经过滤可得到纯化低酰基结冷胶,即商品结冷胶,其相对分子质量约为 50 kDa。

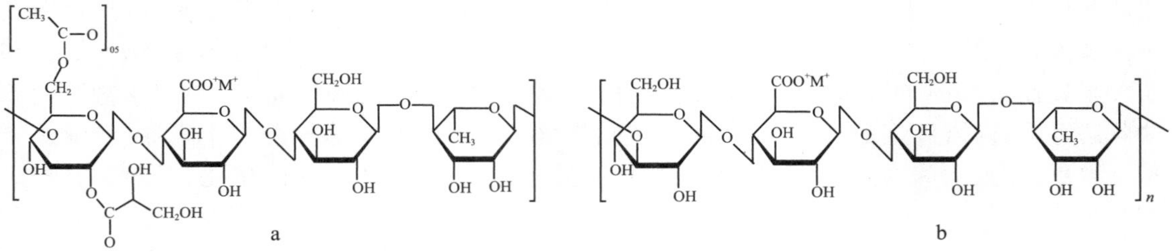

图 7-23 天然结冷胶(a)和低酰基结冷胶(b)的结构

结冷胶在水溶液中的凝胶机制与卡拉胶类似。结冷胶凝胶的形成过程可分为 2 个独立的阶段:第一阶段为结冷胶链从卷曲到螺旋结构的转变;第二阶段为螺旋链相互聚集形成联结区。在热溶液中,结冷胶分子以单链状态存在,分子间的静电排斥作用使得多糖链以卷曲形态存在,卷曲的分子链无序地分散在溶液中。随着溶液温度的降低,2 条卷曲的多糖分子链通过分子间作用力形成双螺旋结构,使无序的多糖分子链趋于有序。溶液温度继续降低,双螺旋链间通过较弱的分子间作用力(氢键和范德华力),形成热可逆的弱凝胶。当体系中存在阳离子时,带正电荷的阳离子屏蔽了双螺旋链间的负电排斥作用,增强了双螺旋链间的作用力,使得凝胶的热稳定性增强,在加热和冷却过程中产生热迟滞效应,即凝胶熔化温度滞后于凝胶形成温度。

温度是影响结冷胶凝胶形成的重要因素。结冷胶在高温时呈现溶液状态,只有当温度降低到某一值时才能形成凝胶。一般来说,结冷胶的凝胶温度在 $30\sim50$ ℃。除温度外,阳离子(包括 H^+)是影响结冷胶凝胶性能的另一重要因素。阳离子的浓度、电荷数、离子半径都对结冷胶凝胶性能有显著的影响。在一定范围内,随着阳离子浓度增大凝胶强度增大,但当阳离子浓度高于某一值时,随着浓度增大凝胶强度减小。从结冷胶凝胶网络结构看,凝胶网络的形成是通过阳离子联结双螺旋分子形成联结区,联结区构成了凝胶网络骨架。当体系中存在过量的阳离子时,双螺旋结构聚集成大的聚合体,反而使体系中有效的"联结区"数量减少,破坏了有序的三维网络结构。当阳离子浓度极过量时,双螺旋链还会聚集成大的聚合体形成固体沉淀,即完全的相分离现象。当结冷胶体系的 pH 从中性降到 3.5 时,凝胶强度迅速增加;当 pH 继续降低到 3.4(葡萄糖醛酸的 pKa 值)以下时,凝胶强度迅速减小;当 pH 降低到 2 时,只能形成透明度较差的胶状物,并且溶剂与聚合物出现相分离现象。因此,有人根据 pH 对结冷胶的这一影响,用 pH 在 2 以下的酸溶液对结冷胶进行分离纯化。在实际应用中,为了得到较好的凝胶效果,一般控制 pH 在 4 以上。金属阳离子浓度对凝胶性能的影响也呈现类似的趋势。在实际使用时,要注意阳离子与体系的 pH,以便更好地发挥结冷胶的凝胶特性。

结冷胶优良的凝胶特性使其在食品工业中具有广泛的应用。如用于凝胶类软糖、果酱果冻、水果馅料、布丁以及各水基凝胶类食品。

7.4.2.3　果胶凝胶

果胶(pectin)是一种聚半乳糖醛酸,在适宜条件下其能部分发生甲氧基化(甲酯化,即甲醇酯),其主要成分是部分甲酯化的 α-(1,4)-D-聚半乳糖醛酸。残留的羧基单元以游离酸的形式存在,或形成铵、钾、钠和钙等盐。根据果胶的酯化度,可以分为高甲氧基果胶与低甲氧基果胶。

高甲氧基果胶溶液必须具有足够的糖和酸存在才能形成凝胶。当果胶溶液 pH 足够低时,羧酸盐基团转化成羧酸基团,分子不再带电,分子间斥力下降,导致水合程度降低,分子间形成凝胶网络。糖的浓度越高(一般为 65%),越有助于分子间缔合,这是因为糖与果胶分子链竞争水分子,使分子链的溶剂化程度下降,更能促进分子链间的相互作用。

虽然低甲氧基果胶对 pH 的变化不如高甲氧基果胶那样敏感,也无须高浓度的糖,但必须在二价阳离子(如 Ca^{2+})存在下,与来自不同分子链的羧基阴离子通过静电相互作用力,才能形成"蛋箱结构"的凝胶(图 7-24)。对于该机理而言,因为甲酯基的存在会干扰蛋箱结构的形成,因此酯化度越低越有助于胶凝。虽然低甲氧基果胶不添加糖也能形成凝胶,但加入 10%～20% 的糖可明显改善凝胶的质地。这是因为糖可促进分子链间的相互作用。

有许多因素影响果胶凝胶的形成与凝胶强度。最主要的因素是果胶分子的链长与联结区的化学性质。在相同条件下,果胶相对分子质量越大,形成的

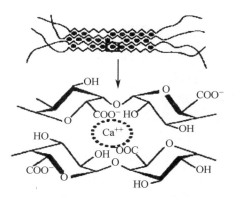

图 7-24　钙离子诱导低甲氧基果胶凝胶结构形成的示意图

凝胶强度越强,如果果胶分子链降解,则形成的凝胶强度就比较弱。凝胶破裂强度与平均相对分子质量具有非常好的相关性,凝胶破裂强度还与每个分子参与联结的点的数目有关。凝胶形成的条件同样还受到可溶性固形物的含量与 pH 的影响,固形物含量越高及 pH 越低,则可在较高温度下胶凝,因此在制造果酱和糖果时必须选择固形物含量、pH 以及适合类型的果胶以达到所期望的胶凝温度。

果胶凝胶可以作为食品添加剂涂布于焙烤和油炸食品(如面包、土豆、洋葱圈、肉类等)的表面,防止食品在油炸过程中吸收油分,保持食品的水分,提高酥脆性和热稳定性。酯化度低于 40% 的低甲氧基果胶对钙离子敏感,可以用其溶液处理富含钙离子的食品,或者将果胶溶液涂布于食品表面再用钙盐溶液浸泡,这 2 种方式都可以使食品表面覆盖一层果胶钙凝胶涂层。

7.4.3　油凝胶

不论是蛋白凝胶还是多糖凝胶,其连续相基质都是水相,即都是水凝胶(hydrogel)。油凝胶(oleogel)通常是通过升温使少量凝胶因子和亲脂性液体(通常是植物油)充分混合,然后将混合体系冷却后形成的凝胶。在温度下降的过程中,凝胶因子无规则、不定向地聚集形成一级结构,然后通过弱的相互作用(氢键、静电力等非共价键)自组装或者是形成结晶的方式排列形成纤维状、丝带状、囊泡状或片状等形态的聚集体从而形成二级结构,最后聚集体相互作用形成三维网状结构,抑制油脂的流动(图 7-25)。除温度是形成与影响油凝胶结构的主要因素

外,油相构成和凝胶因子的影响也是必须考虑的。

7.4.3.1　油相构成

油凝胶中油相脂肪酸组成是影响凝胶性质最重要的因素之一。油凝胶中油相一般为植物油,其中不饱和脂肪酸的含量高于80%,而饱和脂肪酸含量较低。通过比较蜂蜡和中链甘油三酯(MCT)、长链甘油三酯(LCT)结合的油凝胶的流变性能发现,LCT油凝胶比MCT油凝胶具有更高的黏弹性,同时X射线衍射表明两者的晶体结构沉积是不同的,这说明脂肪酸链中的碳原子数量会影响油凝胶的结构。脂肪酸的不饱和度越高,弯曲的空间排列所产生的作用更强,最后形成油凝胶的机械强度越大。

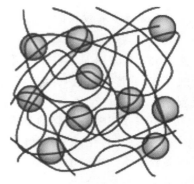

其中线条代表凝胶因子,球体代表分散相。

图 7-25　油凝胶结构示意图

7.4.3.2　凝胶因子

凝胶因子(oleogelator)是影响油凝胶性能的另一重要因素。根据组成,可以分为单一组分和双组分凝胶因子;根据分子质量大小,又可以分为低分子质量和高分子质量凝胶因子;根据其形态,也可以将凝胶因子分为液态凝胶因子和固态凝胶因子。液态凝胶因子在温度下降过程中聚集构成中空结构,和溶剂分子相互作用形成单双层圆柱聚集体并稳定溶剂分子。由液态凝胶因子形成的液态纤维结构之间的作用力主要来自表面张力,随着温度变化,是不稳定的。固态凝胶因子在温度下降过程中聚集构

二维码9　分子美食凝胶球制备过程视频

成实心的结构,这种固态凝胶因子的沉淀聚集通过分子间作用力形成结晶构成凝胶的网状结构,结构规则,分子作用力更强,结构动力学上更为稳定。表7-3是油凝胶在食品中的一些应用。

表 7-3　油凝胶在食品中的应用[8]

类别	油相	凝胶因子
法兰克福香肠	大豆油、菜籽油、亚麻籽油	乙基纤维素
冰激凌	葵花籽油	米糠蜡
人造奶油	大豆油	米糠蜡、小烛树蜡
饼干	葵花籽油	巴西棕榈蜡、小烛树蜡
巧克力涂抹物	石榴籽油	单甘酯、蜂蜡

7.5　食品凝胶的消化吸收

作为食品中的一大类,食品凝胶在机体的消化吸收特性也十分重要。另外,由于凝胶类食物相比于溶胶,需要更长的消化时间或更利于避光保藏等,在现代食品工艺中,经常用于包载活性物质如营养素、益生菌等,或实现它们在机体的可控释放与吸收,或提高其在食品加工与贮藏过程中的稳定性等。所以,研究食品凝胶的消化吸收特征,成为现代食品研究中一个相对重要的课题。一般而言,凝胶进入机体后,需要经过口腔加工、消化和吸收等环节。

7.5.1 口腔加工

流变学和摩擦学是揭示口感和凝胶特性的最有力手段。凝胶进入人体需要先经过口腔加工，可以通过研究其流变学特性（如硬度、弹性等）和摩擦学特性（如润滑性等）来反映其口感与凝胶特性。例如，口部感受到的凝胶硬度和脆性与断裂应力和应变（流变学特性）密切相关，而口部感受到的平滑和黏稠感与凝胶的摩擦系数（摩擦学特性）密切相关。通过改变食品凝胶的组成、结构和网孔大小，可以定向地调控凝胶的流变学和摩擦学性能，以改善感官效果。同样地，当利用更健康的配方来模拟高脂高糖或高盐凝胶食品的流变学与摩擦学性能，也可以相应地减少食品中脂肪、糖和盐的使用量。例如，通过将乳清蛋白凝胶微球加入半固态食品中，可以降低低油脂食品体系的摩擦系数，改善低脂食品的口感。此外，凝胶可有效地降低分子的扩散能力，从而有效地避免一些风味较差的生物活性物质对口腔的刺激作用。反之，使用可溶或易碎的凝胶可以增强味道的强度，从而降低口感增味剂（如食盐和糖）的用量。口腔能够感受到的凝胶颗粒的大小一般为 $10\sim50~\mu m$，且该感官刺激受颗粒尺寸、形状和硬度的影响。颗粒越坚硬、形状越不规则和不均一，越容易被口腔所感知。

7.5.2 消化

在胃肠道中，由于蛋白酶的存在，如果以蛋白质为基本构筑单元，凝胶就很容易被消化，而多糖形成的凝胶消化性则显著低于蛋白质凝胶。不同于淀粉可在口腔和小肠中被快速降解，大部分的多糖如膳食纤维、果胶等不易被人体消化道中的酶降解，但是可被人体消化道中的各种微生物降解，非常适合用于制备肠道特别是结肠靶向的递送载体，用于在结肠部位缓释营养素[9]。为了减缓蛋白凝胶的消化速率和胃部排空时间，使之具有更好的缓释性能，食品科学家们也采用了不同的方法，如通过与多糖分子复合或作为外涂层，来延迟其消化的时间。酸或热诱导的乳蛋白凝胶也可有效地降低蛋白的消化速率和胃部的排空时间，这对于增强机体的饱腹感、降低血糖的利用速率具有重要的意义。

肠道不同部位的 pH 存在较大差异，如成年人空腹时胃部的 pH 约为 2.0，而小肠的 pH 约为 7.0，这就为设计具有 pH 响应刺激性的凝胶提供了有利条件。如在胃酸环境中（pH=2）带正电荷的蛋白凝胶可被带负电荷的海藻酸钙紧密包裹，但是该凝胶到达小肠后，由于 pH 升至 7.0，蛋白与海藻糖均带负电荷，导致二者产生静电斥力而凝胶解离溶胀，可以释放出被包裹的活性物质。

7.5.3 吸收

大多数未消化的食物凝胶和聚合物难以吸收和转运到体内，这主要是由于黏液层和胃肠道上皮细胞的障碍。当颗粒较小时，如纳米凝胶颗粒（nanogel）理论上也可能通过打开紧密连接蛋白或者跨细胞转运进入小肠细胞内部。粒子通过这两个屏障的能力取决于它的大小、表面电荷、表面成分和疏水性/亲水性。比如，壳聚糖（chitosan）分子，它可以附着在黏液层，并通过其可逆性打开细胞间紧密连接蛋白而促进其被细胞摄入。以壳聚糖为基本构筑单元形成的纳米凝胶可有效地提高其被细胞摄取的能力，同时不会对上皮细胞造成损伤。具有合适的尺寸和表面特征的凝胶颗粒可通过吸附到黏膜层以延长停留时间或直接被上皮细胞摄入机体，以提高营养素的生物利用率（图 7-26）。

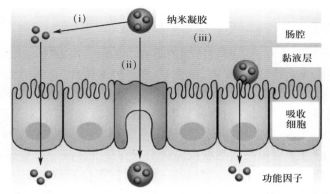

(i)凝胶颗粒在特定位点直接释放;(ii)凝胶颗粒被小肠上皮细胞摄取;
(iii)凝胶颗粒延长活性物质在细胞表面的吸附时间。

图 7-26　纳米凝胶颗粒通过不同的方式提高活性物质的生物利用率

思考题

　　传统果酱的制作方法是将水果磨碎之后加大量的蔗糖,然后加水煮沸把水分蒸发掉,直到蔗糖和水的质量比为 2∶1 时,果酱基本制成。在上述过程中,水果里的果胶在蔗糖作用下形成弱凝胶来达到果酱较好的涂抹效果。但现在需要研发一种低热量果酱,因此需要大大降低蔗糖的量。这样的话凝胶就不易形成,则会影响果酱的涂抹效果。请问你将采取什么方法来改进该果酱的涂抹效果?

参考文献

　　[1] 李里特.食品物性学[M].北京:中国农业出版社,1998,98-133.

　　[2] DAMODARAN S,PARKIN K L. Fennema's Food Chemistry[M]. Boca Raton:CRC Press,2017:22-69.

　　[3] SPOTTI M J,PERDUCA M J,PIAGENTINI A,et al. Gel mechanical properties of milk whey protein-dextran conjugates obtained by Maillard reaction [J]. Food Hydrocolloids,2013,31:26-32.

　　[4] BRINKER C J,SCHERER G W. Sol–Gel Science:The Physics and Chemistry of Sol-Gel Processing[M]. Elsevier Science,2013:330-360.

　　[5] BUREY P,BHANDARI B,RUTGERS R,et al. Confectionery gels:A review on formulation,rheological and structural aspects [J]. International Journal of Food Properties,2009,12:176-210.

　　[6] MURPHY S B. Rheological characterisation of gels [J]. Journal of Texture Studies,1995,26:391-400.

　　[7] XIE L,NISHIJIMA N,ODA Y,et al. Utilization of egg white solids to improve the texture and cooking quality of cooked and frozen pasta [J]. LWT,2020,122:109031.

　　[8] 柯翔宇,崔梦楠,高彦祥,等.简述油凝胶及其在食品中的应用 [J]. 食品科技,2019,44:116-121.

　　[9] AMIDON S,BROWN J E.,DAVE V S. Colon-targeted oral drug delivery systems:design trends and approaches [J]. Aaps pharmscitech,2015,16:731-741.

8

食品分子自组装

　　内容简介：本章主要介绍食品分子自组装的概念和基本原理、特征、发生条件、影响因素及表征手段，重点介绍典型食品分子如蛋白质、多糖及脂质形成的结构类型与其可能形成的新的食品特性，并阐述食品分子自组装的研究意义及其在食品开发中的应用。

　　学习目标：掌握食品分子自组装原理，了解不同食品分子形成的自组装结构类型及其在食品体系中的应用。

　　自然界中存在的物质结构在经历数百万年的进化后,其功能性质得以优化。在过去几十年中,生物大分子表征技术逐步发展,人们借此获取和理解复杂的生物结构和物质的结构-功能关系。由于自然界中的能量是有限的,因此弱相互作用对于构建超分子结构具有基础性的作用。自组装是构建这些复杂体系结构的关键过程。食品级聚合物(如蛋白质、碳水化合物和脂质)通过自组装可形成先进的食品材料,满足消费者对食品营养、健康及方便的需求。

　　自然界中不存在结构简单的食物,事实上,所有被人类视为自然来源的物质和食物都具有高度复杂的结构。自组装过程在自然界和多个技术领域中普遍存在,涉及从分子到行星的许多不同种类的相互作用。食品是由从自然来源获得的生物(例如植物、动物或微生物)衍生物制成的,生物材料如蛋白质、碳水化合物和脂类经过数百万年的进化后,形成了多种复杂的结构如膜、细胞器、细胞和器官。生物材料的层次、结构、组织与其独特的性质和功能直接相关。自组装是构建这些复杂体系结构的关键过程。

8.1　分子自组装的概念和发生条件

8.1.1　分子自组装概念

　　分子自组装是形成各种复杂生物结构的基础过程之一。自组装是指在没有外力介入的情况下,物质的不同基本单元之间通过分子间的非共价键作用(如氢键、疏水作用、范德华作用力、静电相互作用和螯合作用等)自发地形成有序结构体(如球形胶束、囊泡、线状、带状、层状、柱状、管状、球状和网状等结构)的过程,最终获得的自组装体能呈现出组装单元本身不具备的某些特性,如光、电、生物特性等。分子自组装在生物系统中普遍存在,并且是各种复杂生物结构形成的基础。自组装赋予蛋白质和多糖独特的结构和功能,例如,良好的稳定性和更高的机械强度,在调节食品结构和生物学功能中起到关键作用。随着科学研究的不断深入,分子自组装已为食品科学、化学、材料、生物医药、物理、制造、纳米科学等学科的发展提供了新思路与新机遇。

8.1.2　自组装发生的条件

　　生物分子自组装体系是由较弱的、可逆的非共价相互作用驱动的,同时,这些非共价相互作用又可维持自组装体系的结构稳定性和完整性。并不是所有分子都能够发生自组装过程,这一过程的产生需要两个条件:自组装的动力和自组装的导向作用。自组装的动力是指分子间弱相互作用力的协同作用,它为分子自组装提供能量。自组装的导向作用是指分子在空间上的互补性,即分子自组装的发生必须在空间尺寸和方向上达到分子重排的要求,从而使分子之间发生自适应的组装过程。食品中的聚合物如蛋白质、多糖和脂质,其理化性质可以通过不同的环境条件来改变,如离子强度、pH 和温度。如果自组装的动力和导向作用都满足,食品分子间的自组装就可通过非共价相互作用(例如氢键、范德华力、静电相互作用、π-π 堆积和疏水相互作用等)来驱动分子之间的可逆或不可逆聚集,进而诱导形成从纳米到微米大小不等的、稳定的、具有一定规则的几何外观结构。

　　分子自组装是在热力学平衡条件下进行的分子重排过程。如果体系的吉布斯自由能为负($\Delta G < 0$),则发生自发相互作用。在这种情况下,吉布斯自由能由 2 个参数定义,即焓和熵

（$\Delta G = \Delta H - T\Delta S$）。发生在分子界面上的几乎所有类型的非共价相互作用都伴随着一组特定的热力学参数，这使其可与其他类型的现象区分开。焓和熵的符号表示它们对负吉布斯自由能变化的贡献，所以负 ΔH 和正 ΔS 被认为有利于分子间相互作用。分子之间形成非共价键通常会导致负 ΔH，而相互作用表面的去溶剂化是观察到正 ΔS 的常见原因。在 ΔH 为负（有利）的情况下，ΔS 可以为正（有利）或负（不利），其中对于自发相互作用，ΔG 仍为负。另一方面，通常还通过观察到的正（不利）ΔH 来指示和驱动分子相互作用的疏水力，其 $T\Delta S$ 为正（有利）且大小大于 ΔH。除了焓和熵对吉布斯自由能变化的贡献之外，焓和熵之间的可能关系（即焓-熵补偿）是另一个需要考虑的因素。在引入非共价大分子相互作用系统的内部或外部参数中的一些变化后，相互作用的平衡常数/自由能变化几乎保持恒定。这主要是由于焓和熵变化之间存在补偿关系，在大多数情况下，它们之间是线性相关的。

$$T\Delta\Delta S = \alpha\Delta\Delta H \tag{8-1}$$
$$T\Delta S = \alpha\Delta H + T\Delta S_0 \tag{8-2}$$
$$\Delta G = (1-\alpha)\,\Delta\Delta H \tag{8-3}$$

式中，α 为 $T\Delta S/\Delta H$，表示由熵补偿焓变化之比；参数（$1-\alpha$）为焓变的分数，该焓变的分数有助于系统的自由能变化。

8.2　食品分子自组装

食品生物大分子已在食品工业中用作乳化剂、增稠剂或制备凝胶、微胶囊和食品包装材料等。如蛋白质、多糖和脂质。这些大分子在特定条件可以通过氢键、静电吸引或排斥、疏水相互作用等形成具有一定特定功能的自组装结构。不同材质的食品分子自组装体表现出不同的物理化学特性、热力学稳定性和生物相容性等。分子自组装体通常呈现纳米级，因此具有优异的水分散性、乳化性、较高的细胞吸收率和生物利用率，在食品工业中具有广泛的应用前景。

8.2.1　蛋白质分子自组装

蛋白质是人体生长发育和维持健康的必需营养素，也是开发食品级材料的极佳资源。自组装是形成蛋白质结构的一种有趣方法，该过程包括大分子从无序状态到高度有序的自发组装过程，这些有序结构处于热力学平衡状态，而该状态稳定与否取决于环境条件，如 pH、压力和温度。不同的蛋白质自组装体从膜、水凝胶到纳米结构都可作为新型材料应用于各种食品中。此外，某些蛋白质可以根据其所处的环境条件自组装成不同的超分子结构。蛋白质的自组装过程是自然界中普遍存在的，因此会形成许多复杂的结构，这对于多样的生物学功能至关重要。与此同时，食品系统中的自组装蛋白质可以改善现有结构或创造新结构。自组装的两个优势在于：一是具有可重现性，且耗能最少；二是改变环境条件例如离子强度或 pH，即可触发或逆转超分子结构的形成。基于此，蛋白质自组装技术使蛋白质在食品加工和消费时更易实现具有针对性的功能。

8.2.1.1　蛋白质自组装的物理基础

根据氨基酸序列和热处理过程的不同，蛋白质可以分为球状（折叠）或无规则卷曲状（展开）两种。对于球状蛋白质而言，氨基酸序列发展成二级结构，二级结构紧密堆积在一起形成球状体。这是一种自然折叠的三级结构,其中总自由能通过降低总界面能而最小化,从而使蛋白质中更亲水的部分暴露在水中,而更疏水的部分被限制在内部。食物蛋白质中的 β-乳球蛋白、牛血清白蛋白、乳清蛋白、蛋清溶菌酶、鸡蛋卵白蛋白和大豆蛋白质等都属于球状蛋白质。在温和的变性条件下,折叠的球形蛋白质局部展开,保留二级结构;在剧烈的变性条件下,蛋白质可进一步水解为肽片段集合。无规则卷曲蛋白质以展开的状态存在,更像一种合成的带电聚合物——聚电解质。这类蛋白质中最具代表性的是酪蛋白、糖蛋白和脂蛋白。此外,在这两类中间,还包括一些二级和三级结构可以发生可逆变化的蛋白质,如胶原蛋白。不同的蛋白质结构如图 8-1 所示[1]。

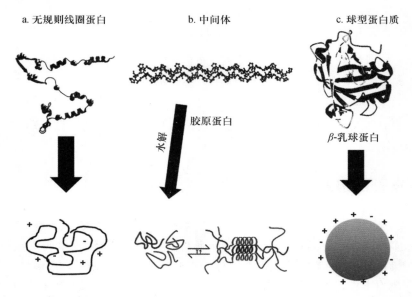

a. 一种假定的未折叠蛋白,解释为两性聚电解质,同时含有正电荷和负电荷;b. 通过水解三螺旋胶原蛋白获得的明胶中间体:明胶链的 α 螺旋结构可通过升高温度而融化并在冷却时可逆地重新构成,其中 α 螺旋相互作用以诱导溶液凝胶化;c. 折叠的球形蛋白质,例如 β-乳球蛋白,其表面带有正电荷和负电荷

图 8-1　蛋白质在软凝聚态物质中的物理描述示意图

食物中的自组装蛋白质可从不同来源获得,包括动物、植物和微生物。自组装或共组装的多组分结构也可以产生于不同来源蛋白质之间的相互作用,甚至可以通过蛋白质-多糖相互作用产生。蛋白质分子的组装过程由分子内和分子间吸引力/排斥力的平衡所控制。分子发生自组装主要依靠非共价键的相互作用,常见的非共价相互作用力包括氢键、疏水作用、静电作用等:氢键主要维持蛋白质最重要二级结构 α-螺旋的稳定;疏水作用对蛋白质三、四级结构的形成和稳定起着重要的作用;由于大部分的蛋白质带有电荷导致分子之间存在静电力,静电作用的大小不仅与蛋白质本身氨基酸组成、结构和两个蛋白质之间的距离有关,还与蛋白质所处环境如 pH、溶液电解质性质等有关。

8.2.1.2　蛋白质自组装的形式及影响因素

蛋白质自组装产生的结构与蛋白质浓度、pH、盐的种类和浓度、温度以及机械处理等因素有关。驱动自组装过程的作用力通常包括氢键、范德华力、金属配位键等。

蛋白质纤维化聚集的自组装是一种广泛存在于自然界中的重要现象。研究发现,许多蛋白质可以在体外自组装成由堆积的 β-折叠构成的原纤维,其结构类似于体内与某些神经系统疾病相关的淀粉样蛋白原纤维。几种球形食物蛋白质,例如,卵清中的卵清蛋白和溶菌酶,大豆中的大豆球蛋白以及牛奶中的牛血清白蛋白和 β-乳球蛋白在一定变性条件下可在体外形成"淀粉样"原纤维。淀粉样蛋白原纤维通常在低蛋白浓度下形成黏弹性凝胶,因此,它们可用作组织支架或增强质地的食品成分,同时在酶固定化和生物活性物质的封装方面也有重要应用。

球状蛋白分子的自组装通常是在酸性环境中(如 pH 2.0)进行的。在此条件下,加热使球蛋白变性暴露出更多的疏水结构,蛋白质分子间更容易发生疏水聚集,在疏水作用和静电斥力达到平衡时可促使纤维的形成。如图 8-2 所示,如果溶液的 pH 远离蛋白质的等电点(pI)且溶液的离子强度很低,球状蛋白质分子可能形成串珠状的多聚体。这主要是因为在 pH 远离 pI 时,蛋白质分子表面带较高的正(负)电荷,而这种电荷不能被有效屏蔽(离子强度低),刚开始的连接有限且以线性连接为主,蛋白质分子易自组装形成有序的线性纤维聚集;当溶液的 pH 靠近蛋白质的 pI 或溶液的离子强度很大足以屏蔽蛋白质之间的静电排斥作用时,球状蛋白分子可快速随机聚集,形成无规则的聚集体[2]。

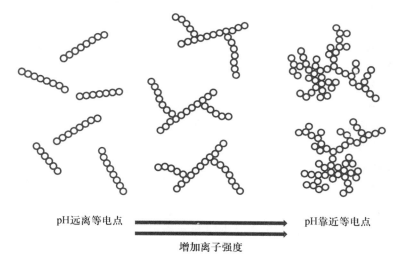

pH远离等电点 → pH靠近等电点

增加离子强度

图 8-2 球状蛋白质通过在不同的 pH 和离子强度下加热形成的各种结构的示意图

在一定的 pH 范围内(接近蛋白质的 pI),形成蛋白质颗粒是除了纤维化以外蛋白质的另一个共性特征。这两个特征不仅取决于特定的氨基酸序列,还取决于所有的分子是如何共同在分子尺度上产生特定的物理化学性质,如疏水位点、电荷分布和偶极矩等。在适当的 pH 条件下,一些食物蛋白质能够形成分形簇,一旦簇浓度足够高,就会导致凝胶化。例如,在临界浓度以上加热牛血清白蛋白、卵清蛋白或 β-乳球蛋白会导致凝胶化。

大部分的食物蛋白质属于球状蛋白质。对于球状蛋白而言,当溶液的温度升高到蛋白质变性的温度以上时,天然态的球状蛋白的三级结构遭到一定程度的破坏,疏水基团被暴露分子表面,蛋白分子之间因疏水相互作用增强而发生聚集。例如,在 100 ℃和 pH 2 下制备的原纤维比在 80 ℃下制备的原纤维具有更高的黏度分散性。此外,通过剪切来提高自组装的速度,原纤维长度可变短,并变得更加分散。

8.2.1.3 不同蛋白质分子自组装

1. 动物蛋白自组装

①胶原蛋白：它是哺乳动物体内最丰富的蛋白质，也是皮肤、肌腱和骨骼等的主要成分，胶原蛋白由三条多肽链组成，形成特殊的三重螺旋结构，其前体是原胶原蛋白。胶原蛋白可以通过静电、疏水和氢键相互作用自组装成组织良好的纤维结构。胶原蛋白自组装成纤维是在适当的条件下进行的，即高离子浓度（尤其是磷酸盐）和中等碱性（pH 9～11）。研究表明，胶原蛋白的组装机制在很大程度上取决于 pH。但是，由于胶原链相互作用会影响纤维的形成，在分子水平上还需要进行更多研究，以充分了解 pH 对胶原链相互作用的影响。

②鱼肌球蛋白：它是构成鱼类肌原纤维粗丝与细丝的主要成分，在不同的盐（NaCl）浓度、pH 和低温的条件下，表现出独特的自组装行为。在低 NaCl 浓度（低于 2 $wt\%$）下，肌球蛋白主要通过离子键自发组装成致密的细丝，随着 NaCl 浓度的增加，离子相互作用被破坏。分子间离子键的断裂导致肌球蛋白丝的溶胀和更大程度的解离，因而肌球蛋白与水之间的相互作用增加并使得肌球蛋白缓慢溶解。继续增加盐浓度（超过 6 $wt\%$）将导致肌球蛋白的许多疏水基团（如巯基）由于蛋白质的展开而暴露于表面，最终促使疏水相互作用的产生，从而使蛋白溶液浊度和粒径明显增加。同时，肌球蛋白的质子化程度、表面电荷和 pH 的变化可显著改变肌球蛋白组装体的形态。在低 pH 条件下，低静电斥力促进了肌球蛋白的组装，从而导致相对较高的浊度和紫外线吸收，共聚焦激光扫描显微镜的结果表明，在低 pH 下形成了刚性结构组装体。相反，在碱性条件下（pH 7.0～9.0），负电荷会增加静电斥力，导致肌球蛋白表现出较快的展开速率，暴露出更多的疏水部分，形成具有精细和有序结构的组装体。因此，高 pH 条件下肌球蛋白组装体的平均粒径比低 pH 下的小。在中性（pH 7.0）和低温条件下，鲢鱼肌球蛋白的相对展开速度和组装速度有助于形成精细均匀的结构，更利于凝胶化，这对鲢鱼肌球蛋白应用于鱼糜生产有一定的参考价值。

③牛奶蛋白：酪蛋白和乳清蛋白。在动物蛋白中，牛奶蛋白是研究最多的自组装蛋白质之一。牛乳约含 3.5% 的蛋白质，其可分为两大类：一是酪蛋白，约占蛋白总量的 80%，由四种主要蛋白组成，即 αS_1-酪蛋白，αS_2-酪蛋白，β-酪蛋白和 κ-酪蛋白；二是乳清蛋白，主要包括 α-乳白蛋白和 β-乳球蛋白，同时含少量的牛血清白蛋白、免疫球蛋白和乳铁蛋白。乳清蛋白价格较低并具有重要的生物学、物理和化学功能的特性，已被广泛用于食品制造中，作为营养和功能性成分。

酪蛋白是磷酸蛋白家族成员之一，包含大量的脯氨酸（Pro），无二硫键。因此，酪蛋白被认为是非结构化或天然变性的蛋白质。酪蛋白的等电点（pI）为 4.6，这意味着酪蛋白在牛奶中（pH 6.6）带负电。酪蛋白具有较差的水溶性，在牛奶中以自组装胶束的形式存在（直径范围为 50～600 nm）。酪蛋白通过非共价键（如疏水相互作用）结合在一起形成胶束。胶束的表面是亲水性的，但其内部却是疏水性的，这有利于其用作疏水性分子的天然载体（图 8-3）。

乳清分离蛋白（WPI）由大约 80% 的 β-乳球蛋白和 15% 的 α-乳白蛋白组成。WPI 因具有较高的营养价值和功能性以及较低的成本而在食品领域得到了广泛的应用。pH 和温度是影响 WPI 自组装的重要因素。当 WPI 水溶液被加热到 60 ℃以上时，肽链发生流动。WPI 在低 pH（2.0）和低离子强度下长时间加热，能够自组装形成微纤维和纳米纤维。蛋白质在低 pH 下被水解，而原纤维是由一部分水解产生的肽自组装形成的。此外，WPI 在更高的浓度下（＞ 50 g/L），会随机缔合成较大的自聚集体，并在高于临界浓度（介于 70 g/L 和 80 g/L 之间，取

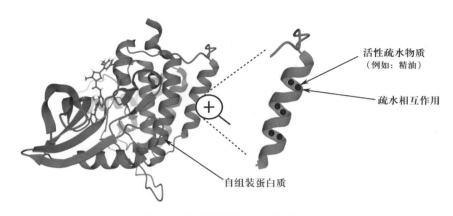

图 8-3　负载精油的自组装酪蛋白

决于 pH)的情况下形成凝胶。

作为 WPI 的主要成分,β-乳球蛋白在 90 ℃加热条件下形成原纤维,该过程包括原丝的形成、排列和聚集为成熟的多股原纤维以及产生沿着其轮廓长度形成的周期性螺距[3]。散射技术和单分子技术相结合的结果与 3 个关键步骤相吻合:一是由于液晶相互作用,各个原丝在接近时会对齐;二是细丝之间的短距离吸引力(大概是 lennard-Jones 或疏水性类型)导致近乎完美排列的原丝不可逆地聚集成多股带状纤丝;三是原纤维的分子内静电排斥导致带沿轴线扭曲,从而导致沿原纤维轮廓长度产生周期性间距。

据研究发现 α-乳清蛋白通过定点酶解之后可以形成两亲性羧基肽,该羧基肽在钙离子诱导下通过"二聚体-α-螺旋初级细丝-多股螺旋卷曲-卷曲闭合"的自组装过程形成纳米管(图 8-4)。

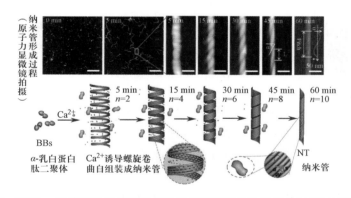

图 8-4　酶解 α-乳清蛋白自组装形成纳米管所推测的自组装机制(附动画视频)

④蛋清蛋白:蛋清由于其起泡和胶凝等功能特性而被广泛用于食品工业。蛋清蛋白(EWP)占蛋清总干物质的 80% 以上(主要是球蛋白、溶菌酶、卵清蛋白、卵黏蛋白、卵黏液和卵转铁蛋白)。EWP 因具有较高的营养价值、自组装性和两亲性而成为一种用于微米载体和纳米载体的潜在生物材料。截至目前,许多研究都采用 EWP 来开发自组装材料。在 90 ℃下,EWP 颗粒胶凝化形成球形或纤维状粒子,其特性取决于 pH。当 pH 远离 EWP 的 pI(4.8)时,就会形成致密、均匀且交联良好的凝胶结构。相反,在

二维码 10　乳清蛋白纳米自组装理论动画讲解视频

接近 pI 的 pH 条件下,形成的凝胶结构一般较硬,并且包含聚集的颗粒亚基。

2. 植物蛋白自组装

①大豆蛋白:多年来,大豆蛋白因具有多种营养价值和功能特性而受到人们的关注,其重要性与日俱增。大豆蛋白主要包括白蛋白和球蛋白两大类,后者为主要成分,占总大豆蛋白的 50%~90%。许多研究都集中在大豆蛋白的新型纳米结构开发上,以用于生物活性化合物的递送,特别是生物利用度低或水溶性差的化合物。一些研究集中于浓度、pH 和温度对大豆蛋白聚集状态的影响。研究表明,天然大豆球蛋白自组装形成的聚集体的大小随蛋白质浓度的增加和 pH 的降低而增大,并且这一过程是可逆的。由于蛋白质分子间的化学键相对较强,因此稀释后很难引起聚集体的分解。热变性大豆球蛋白的胶凝速率也随温度的升高而增加。除了在接近等电点的高浓度条件下,这种蛋白质在天然状态下不显示大规模自组装。

②玉米醇溶蛋白被定义为谷醇溶蛋白,是玉米胚乳中的主要存储蛋白。玉米醇溶蛋白不溶于水,可溶于乙醇、甘油、酮的水溶液和极端碱性溶液,其氨基酸序列包含超过 50% 的疏水部分,可以自组装成球形颗粒,这使其成为生物活性化合物、药物、精油以及其他营养素和食品成分的理想递送载体。玉米醇溶蛋白的自组装行为取决于蛋白质浓度以及蛋白质分子的极性和非极性基团与环境之间的特定平衡。疏水相互作用决定了玉米醇溶蛋白的聚集情况,并可以随溶剂的极性不同而发生改变。

两亲性是驱动玉米醇溶蛋白自组装的主要因素之一。它依赖于弱相互作用,包括范德华力、毛细管力、π-π 堆积作用和氢键。蒸发可诱导玉米醇溶蛋白的自组装,这是一个涉及二元或三元溶剂的过程,其中一种溶剂的优先蒸发改变了溶液的极性,从而驱动了溶质的自组装。在玉米醇溶蛋白质量分数为 0.2~5 mg/mL 的 70% 乙醇中,玉米醇溶蛋白表现为球形结构,随着蛋白浓度的增加,球形结构经历连接、熔化和变形后会形成不同的几何形状,其机理主要包括 3 个部分[4](图 8-5)。

第一步,原溶液中的 α-螺旋转变为 β-折叠链。在蒸发过程中,溶剂变得越来越亲水,在溶剂诱导下发生从 α-螺旋到 β-折叠的构象转变。

第二步,玉米醇溶蛋白分子以反平行 β-折叠的形式并排排列,形成一条长带状,由 β-折叠两侧之间产生的疏水相互作用驱动。

第三步,丝带卷曲成环状或环形。

③麦醇溶蛋白:它是面筋蛋白的主要成分之一,可从小麦中提取获得,也可从大麦、燕麦或黑麦等其他谷类中获取。面筋蛋白常被用于改善面包粉的特性,也被用作烘焙产品的添加剂。根据麦醇溶蛋白的氨基酸序列和其在低 pH 下凝胶电泳中的迁移率,可将其分为四种类型:α-麦醇溶蛋白、β-麦醇溶蛋白、γ-麦醇溶蛋白和 ω-麦醇溶蛋白。应该注意的是,麦醇溶蛋白可溶于乙醇,但不溶于水,此特征已用于自组装纳米颗粒的形成。pH 对麦醇溶蛋白的自组装有重要影响。研究发现,在 pH 3.0 时,麦醇溶蛋白自组装成胶束状聚集体;在 pH 7.0 时,观察到无定形的纳米颗粒状聚集体,其可能是通过麦醇溶蛋白暴露的氨基酸与水之间的氢键稳定的。

8.2.2 多糖分子自组装

多糖是一类天然大分子化合物,其种类繁多,来源广泛。根据其来源可以分为:动物多糖(如壳聚糖、软骨素)、植物多糖(如果胶、瓜尔豆胶)、微生物多糖(如葡聚糖、黄原胶)和藻类多

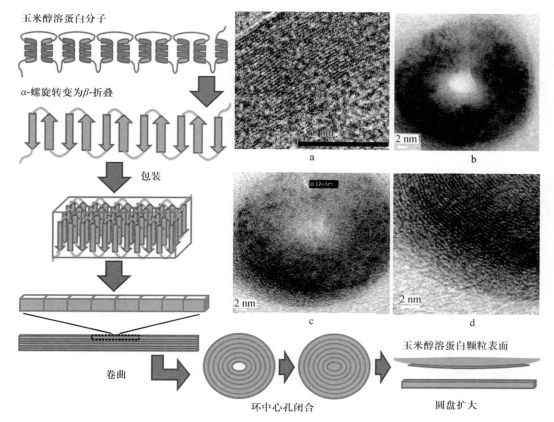

原始玉米醇溶蛋白溶液中的 α-螺旋转化为 β-折叠链（TEM 图像 a）；由疏水相互作用驱动
并排列的反平行 β-折叠片，形成长条带（TEM 图像 b）；丝带卷曲成环形或环形卷曲；
环形中心孔闭合（TEM 图像 c）；通过添加新的 β-折叠链扩大圆盘（TEM 图像 d）。

图 8-5　玉米醇溶蛋白从单分子到纳米球自组装的可能机制

糖（如海藻酸盐）。多糖具有大量的活性基团，分子量范围广，化学成分复杂，因此其在结构和
性质上具有多样性。根据多糖的带电性质，可将其分为聚电解质和非聚电解质，前者可进一步
分为带正电荷的多糖（如壳聚糖）和带负电荷的多糖（海藻酸、肝素、透明质酸、果胶等）。大部
分天然多糖具有羟基、羧基、氨基等亲水基团，可与生物组织（主要为上皮和黏膜）形成非共价
键，利于生物黏附，如壳聚糖、淀粉、海藻酸盐等是良好的生物黏着剂。由生物黏附型多糖制成
的递送载体可延长药物的使用周期，从而提高药物的治疗效果。多糖具有良好的生物相容性、
生物可降解性及大量可修饰的官能团，是生物活性载体和功能性食品材料的良好选择。

8.2.2.1　多糖的自组装现象

在自然界中，多糖的自组装现象无处不在。许多多糖可自组装形成天然的复杂聚合物，如病
毒衣壳、细菌细胞壁、真核细胞的多糖包被等。多糖自组装也常常出现在食品加工领域，如酱汁、
布丁、涂膜等。不同形状、大小和结构的多糖可以实现不同的自组装策略，以扩展其在食品领域
中更为广泛的应用和功能。多糖自组装进程可以通过环境因素调控，如温度、pH、离子强度、特
定添加物、加工条件等，组装的形式与多糖的物理化学性质及目标产品的营养和质地有关。

8.2.2.2 多糖自组装的不同形式

在不同程度的化学互补、结构相容以及物理或化学键等影响下，多糖分子之间发生相互作用，可形成具有特定功能的多层次结构。多糖自组装结构主要通过离子交联、聚电解质络合、氢键及疏水相互作用等机制形成。在制定多糖的自组装结构时，需要了解目标自组装载体的重要特性来进行有目的性的设计。例如，通过对多糖进行疏水改性、矿化、交联等，来控制自组装载体的尺寸、构象、稳定性、表面电荷等性质。其中，电离型多糖的自组装是基于二者之间静电作用产生的，该自组装行为受到聚合物本身分子量、带电荷量的影响；同时，体系中阴、阳离子聚合物之间的比例、聚合物总浓度、离子强度、pH、环境温度、压力等均会影响自组装的进程。

对多糖分子表面的羟基、羧基、氨基等基团进行修饰，可以进一步促进自组装形成特定结构的新材料。改性得到的两亲性多糖可以自组装构建出不同形式的纳米微粒，如胶束、纳米凝胶、聚合物囊泡等（图8-6）。这些独特的结构赋予了多糖载体负载疏水性药物、活性物质的增溶和定向运输等潜在功能。

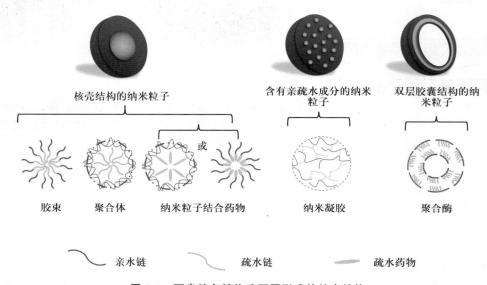

图 8-6　两亲性多糖构建不同形式的纳米结构

各种不同性质的多糖通过特定的自组装方法可以制备多种形态的组装体，如微粒、纤维状结构、薄膜、凝胶等，这些不同形式的组装体可作为载体实现对功能性成分的包封和定向输送。通过空间构象对自组装结构进行划分，可分为一维多糖材料、二维多糖材料和三维多糖材料。

多糖通过自组装可以制备静电纺丝，这是一种表面积较大的一维纳米材料。静电纺丝的制备通常是将聚合物溶液放置到喷射装置中，使之带上高压静电，带电的聚合物液滴表面会产生电荷，当静电力足以克服溶液的黏度和表面张力时，就可以形成喷射细流。喷出的带电射流随着电场力的高速拉伸、溶剂挥发与固化，最终落在接收装置上，形成纤维状物质。一般来说，这一过程要求聚合物具有足够高的浓度、分子量和弹性。如果聚合物溶液太黏稠，形成的纤维容易出现缺陷。

二维多糖材料包括薄膜、涂层等，通过多糖胶束的局部自组装可以形成这些结构。其中，胶束是以疏水基团为核心，亲水基团为外壳，由若干溶质分子或离子构成的有序自组装结构。

在分子间的相互作用如疏水作用、静电作用、氢键作用以及溶剂疏水聚集效应等作用下,疏水链之间相互吸引形成内核,外壳则由亲水高分子链段形成。

三维多糖材料可通过层层自组装技术构建。将带负电荷的聚阴离子和带正电荷的聚阳离子通过静电相互作用逐层组装可以得到三维结构的多糖,利用这种具有三维结构的多糖可以有效地封装保护食物的色、香和营养物质,防止食品结构坍塌。在适当的 pH 或温度下,多糖还可通过物理交联形成凝胶,将生物活性分子(如多酚或风味化合物)添加到三维网络中,可以实现其定向输送。

8.2.2.3 不同多糖分子自组装

1. 阳离子多糖

壳聚糖(chitosan)主要存在于虾壳和其他甲壳类动物中,是由 N-乙酰氨基-D-葡萄糖和氨基葡萄糖两种结构单元通过 β-1,4-葡萄糖苷键连接的线性高分子多糖。壳聚糖是一种带正电的两亲性聚电解质。在—OH 和—NH$_2$ 的作用下,壳聚糖分子内和分子间可以通过氢键进行自组装。同时,壳聚糖还可与具有相反电荷的生物聚合物(如海藻酸盐、果胶、黄原胶、卡拉胶和阿拉伯胶等)发生静电相互作用,以形成多种纳米结构。壳聚糖骨架中具有许多官能团,经过化学修饰后可以组装成多种纳米材料,这些纳米材料可以用于食品或药物中活性成分的递送。如图 8-7 所示,对壳聚糖进行羧甲基以及氯化十六烷基二甲基叔胺修饰改性获得了具有两亲性的羧甲基十六烷基叔胺壳聚糖(DCMCs),并通过 DCMCs 的自组装作用构建了装载有维生素 D$_3$ 的核壳型载体系统。

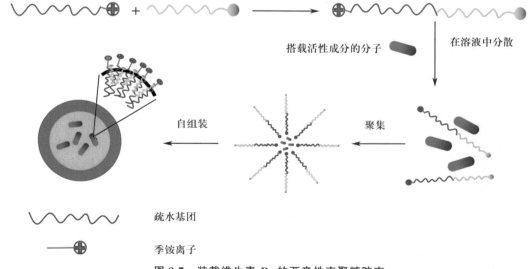

疏水基团

季铵离子

图 8-7 装载维生素 D$_3$ 的两亲性壳聚糖胶束

2. 阴离子多糖

①纤维素:纤维素(cellulose)是自然界中最丰富的多糖,其化学结构是由 D-吡喃葡萄糖环彼此以 β-1,4-糖苷键以(C_1 式构象)连接而成的线型高分子。纤维素中分布着纳米级的有序结晶区和无定形区,天然植物纤维素依靠分子内及分子间氢键形成自组装的复杂结构。纤维素的 D-吡喃葡萄糖单元的 C_2、C_3 及 C_6 位上共有 3 个羟基,可发生一系列衍生化反应,如氧

化、交联、醚化、酯化、接枝共聚等。这些化学改性和接枝共聚改性等方式能够改变纤维素的亲/疏水性、溶解性、分散性和界面相容性,有助于扩大其应用范围。然而纤维素分子链之间存在的大量分子间和分子内氢键导致其溶解性差,从而不利于纤维素参与反应。只有少数溶剂可用于天然纤维素的溶解,如浓磷酸、铜氨溶液、N-甲基氧化吗啉、氯化锂、二甲基乙酰胺等。这些溶剂可以破坏纤维素分子内和分子间氢键,使纤维素超分子结构松散,甚至解体,同时增加羟基的反应活性,从而使纤维素能够参与各种反应。

纳米纤维素是最小的纤维素结构单元,可以采用化学水解法、物理机械法、生物细菌法、化学人工合成法以及静电纺丝法来制备,其粒径大小一般为 1~100 nm,属于超细纤维。纳米纤维素具有高强度、高结晶度、高亲水性、良好的生物相容性和生物可降解能力等优势,是当前的研究热点。

②淀粉:淀粉(starch)及其衍生物作为一种高分子活性载体材料在近年来受到人们的广泛关注,一般由直链淀粉和支链淀粉两种多糖组成。直链淀粉主要是由 α-1,4-D-葡萄糖苷键连接形成的链状分子,在溶液中的构型主要是螺旋和无规卷曲结构。支链淀粉则是由 α-1,4-D-葡萄糖苷键以及在分支交叉处的 α-1,6-D-葡萄糖苷键连接形成的高度支化的大分子,其侧链是双螺旋的半结晶结构。

淀粉及其衍生物被认为是制备生物纳米载体的理想材料,常被用于封装不溶性生物活性分子。淀粉主要通过接枝、酯化和醚化等方法进行改性来改善其亲水或疏水性质。例如,辛烯基琥珀酸酐(OSA)淀粉被广泛用于包封挥发性香水。淀粉及其衍生物的胶束通常采用超声和透析法来制备。超声法是在超声波的作用下将淀粉类聚合物均匀分散在水溶液中,通过分子间的疏水相互作用形成胶束,其中胶束的大小可由超声处理的时间长短来控制。该方法操作简单,但形成胶束的稳定性不理想。透析法则首先将疏水改性淀粉溶解在二甲基亚砜、N,N-二甲基甲酰胺或四氢呋喃等与水互溶的溶剂中,然后在水中透析。在透析的过程中,聚合物自组装形成胶束,其大小、分散性和产率与有机溶剂的性质有关。用这种方法形成的胶束通常具有体积小、分散性好等优点。

③环糊精。环糊精(cyclodextrins,CDs)是由 D-吡喃葡萄糖组成的环状低聚糖,常见的有 α-环糊精、β-环糊精和 γ-环糊精,聚合度分别为 6、7 和 8。环糊精分子呈锥形的圆环状结构,其宽端由 C_2 和 C_3 的仲羟基构成,窄端由 C_6 的伯羟基构成。环糊精具有特殊的疏水空腔结构,能与多种客体分子如脂类物质、风味物质、色素等自组装形成复合物,以保护其免受氧化、光解、酶解等破坏。环糊精疏水空腔中包埋物的装载效果与客体分子及环糊精的尺寸、几何形状和带电特性有关。例如,环糊精的疏水内腔尺寸应当与对应的客体分子匹配;客体分子的几何形状和立体效应会影响分子间的络合。此外,某些离子型客体分子具有高度的亲水效应,它们与环糊精内腔只能形成微弱的相互作用,而极性较弱的物质则更易于与环糊精内腔自组装。

天然环糊精的键合能力和稳定性在某些情况下(如强酸性环境)会受到影响,同时,β-环糊精在水中的溶解度不高,限制了其应用,可以对环糊精分子外部的羟基进行不同的官能团修饰来提高其水溶性。环糊精含有三种不同类型的羟基,分别位于 C_2、C_3 和 C_6,指向环糊精分子环结构的两个不同方向。在不同的反应条件下,各羟基的反应活性不同,获得的取代产物不同。

④菊粉:菊粉(inulin)是由 D-呋喃果糖经 β-2,1-糖苷键连接而成的链多糖,末端通常为 α-D-葡萄糖基。菊粉的聚合度为 2~60,其具有多种营养功能,包括免疫活性、降血脂作用、益生

元功效、促进矿物质(钙、镁)吸收等。与葡聚糖和果聚糖相比,菊粉的自组装已经得到了广泛的研究。如图 8-8 所示,在相邻链氢键作用下,随机线圈状的菊粉链组装成一维螺旋状构象,由于菊粉链一端的葡萄糖和相邻链上的果糖之间存在相互作用,螺旋状构象组装形成二维纳米层。随后,二维的纳米层通过氢键交联形成菊粉的三级结构。

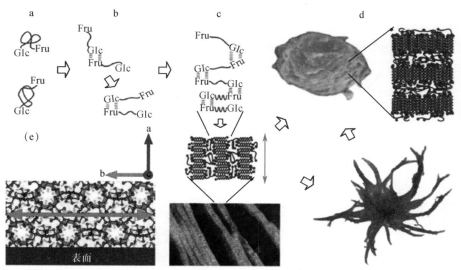

a. 随机线圈状的菊粉链;b. 相邻菊粉间形成葡萄糖-果糖链;c. 菊粉螺旋结构反向平行排列形成
带状结构(红色箭头表示菊粉螺旋长轴);d. 带状结构自组装形成半晶质颗粒;
e. 菊粉的平面俯视图(圆环表示菊粉螺旋结构)[5]。

图 8-8 菊粉颗粒的形成示意图

一般来说,聚合度和提取工艺对菊粉的理化性能有很大的影响,随着菊粉聚合度的增加,其玻璃态转变温度(T_g)也随之升高。对于自组装的天然菊粉来说,其聚合程度对 T_g 及活性物质的包埋效果没有影响。然而,天然菊粉作为单一载体包埋疏水性物质的能力是有限的。为了解决这个问题,一方面,可将天然菊粉与其他低热量生物聚合物(如麦芽糊精、变性淀粉、壳聚糖、蛋白质或树胶等)结合使用,以提高界面吸附性质;另一方面,可对菊粉进行疏水改性,疏水改性菊粉经自组装后具备更多潜在功能,其衍生物可作为乳液的稳定剂,并能有效地封装和递送食品、药品或化妆品中的疏水活性物质。

⑤果胶:果胶(pectin)是一种重要的食品胶凝剂,常见于陆生植物的细胞壁中,它是由 D-半乳糖醛酸通过 α-1,4-糖苷键线性连接而成的酸性多糖。果胶的半乳糖醛酸残基往往被甲氧基酯化,根据果胶酯化度(DE)的不同,可将其分为高甲氧基果胶(DE>50%)和低甲氧基果胶(DE<50%)。

果胶分子之间主要通过氢键相互作用发生聚集。高甲氧基果胶在存在酸和糖的条件以及适当的温度下即可形成凝胶。高浓度糖(≥55%)能竞争水合水,降低了分子链的溶剂化,使分子链间发生相互作用,促进了结合区的形成。当果胶溶液的 pH 降低时,高度水合和带电的羧基转变成仅少量水合和不带电荷的羧基。由于电荷减少、水合降低,高聚物分子链的某些部分就会发生缔合,使高聚物链接合成网状结构。在低甲氧基果胶的胶凝过程中,即使加糖、加酸的比例适当,也难以形成凝胶。其需要与钙离子或其他多价阳离子交联才能形成凝胶。二价

阳离子形成凝胶的能力大小排序为:钡＞锶＞钙。

低甲氧基果胶凝胶化的机理被称为"蛋盒"模型(图8-9),即2个分子链间的羧基通过盐桥实现离子连接,并在氢键参与的共同作用下形成凝胶。将钙盐和低甲氧基果胶添加到载体材料中可以用于包埋物的延迟释放。例如,低甲氧基果胶与钙盐结合使用可制备凝胶珠,用于活性物质的持续释放,通过改变低甲氧基果胶的酯化度,可改变其释放模式。此外,果胶中半乳糖醛酸的羧基也可以与氨基发生酰胺反应。酰胺基团通过氢键促进分子链缔合,能提高低甲氧基果胶的胶凝能力,使其胶凝过程需要的钙更少。

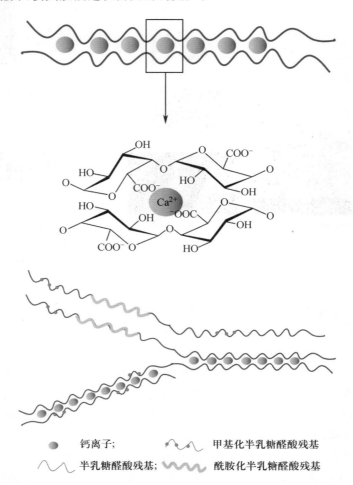

图8-9　低甲氧基果胶在钙盐的作用下"桥连"("蛋盒"模型)和酰胺化低甲氧基果胶的凝胶模型

8.2.3　脂质分子自组装

脂质是人体不可或缺的组成部分,也是日常所食用的各种食品的重要成分之一。除了储能以外,脂质还具有一系列重要的生物学功能,包括以生物膜的形式结构化和分隔细胞器、细胞分化、信号传递、重要器官的隔离和保护以及基本生物分子(如激素和胆汁酸)的合成。膜中的脂质双分子层可能是自然界中研究最深入的自组装结构。双层膜是层状液晶相、囊泡或脂质体的基本结构元素。脂双层膜是由两层脂质两亲分子构成的膜。质膜由复杂的混合物组成，其中脂质是主要的构成部分。质膜包含大量不同类型的脂质，这些脂质与膜小叶在内部（胞浆）和外部（细胞外）间形成脂质双分子层。在自然界中，它将离子、蛋白质和其他分子保留在需要它们的地方，并防止它们扩散到不该扩散的区域。

脂质通常也被称为脂肪，其主要成分是基于各种脂肪酸组成的甘油三酸酯，这些脂肪酸可以是饱和的——构成固体脂肪，或者是不饱和的——形成油状液体。一个或多个（相似或不同）脂肪酸亚基构成了许多脂质类型，包括甘油酯、磷脂、甘油磷脂和鞘脂等。大多数脂质在脱水状态下会形成有序的晶体，而在水性环境中，它们会自组装成各种晶体、液晶或宏观上无序的相。脂质的自组装可进一步扩展到结构化乳液和结构化颗粒等。许多消费品都具有这种脂质结构，包括化妆品、食品和药品。

8.2.3.1 脂质自组装的基础

生物脂质通常呈现相当简单的化学结构，该化学结构由 1 个或 2 个 C_{10}—C_{20} 链和一个或多个官能团（如酯基、磷酸酯基、羟基或氨基）组成。通常，脂质的非极性性质使它们可溶于有机溶剂而不溶或微溶于水。但是，大多数生物脂质具有两亲性，其中极性部分亲水，而非极性部分疏水。与可溶于水或有机溶剂的其他简单分子相比，脂质的这种特殊的化学性质使它们的结晶行为复杂化。更有趣的是，两亲分子即使在高度水合的状态下，即在远离常规结晶和过饱和的条件下，也显示出有序的结构。通常，疏水效应、范德华力和氢键等因素共同决定了所产生的脂质分子的有序或无序状态，脂质处于水合状态时以自组装的"多晶型物"存在。脂质自组装的多样性从简单的胶束到复杂但有序的一维、二维和三维结构，也称为相或中间相，它们的晶胞尺寸以纳米级（0.25～25 nm）为单位，因此，它们被普遍称为"脂质纳米结构"或"纳米结构脂质组装体"。

单/双甘油酯在许多食品中得到了广泛的应用，以控制乳液和泡沫的稳定性。甘油单酸酯的独特特征是它们分散在水中时具有形成各种自组装结构（图 8-10）的能力。层状相可以以囊泡或脂质体结构的形式分散在水中。所使用的稳定剂，（如两亲性嵌段共聚物）还可以使立方相和六方相在水中分散成双连续立方颗粒和双连续六方颗粒，通常分别称为立方体和六方体。

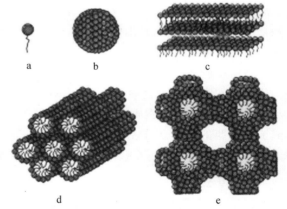

a. 具有极性头的单个脂质分子；b. 胶束；
c. 层状相；d. 六方相；e. 立方相。

图 8-10　脂类自组装结构

8.2.3.2 水溶液中脂质的自组装

由于脂质包含亲水性（极性头基）和疏水性部分（脂肪酰基链），因此它们被视为两亲分子。脂质暴露于水后，以能量上最有利的方式压缩其疏水部分形成疏水核。这个简单的原理是脂质在水环境中（如活细胞和人工膜系统中）自组装的基础。

脂质表现出令人印象深刻的多样性，可以通过其几何形状以及与水接触形成的胶束进行解释。如果球形胶束由 N 个脂质分子组成，则总胶束表面积 A_M 和体积 V_M 可以确定为：

$$A_M = Na_0 = 4\pi R_m^2 \tag{8-4}$$

$$V_M = Nv = \frac{4}{3}\pi R_m^3 \tag{8-5}$$

胶束半径 R_m 可以表示为:

$$R_m = \frac{3v}{a_0} \tag{8-6}$$

作为 $R_m \leqslant 1$ 为球状胶束,得到下面的方程:

$$\frac{V}{la_0} \leqslant \frac{1}{3} \tag{8-7}$$

式中,V 为非极性部分的体积;l 为非极性部分的长度;a_0 为极性头基的最佳表面积;V/la_0 为临界填充参数。其中,V、l、a_0 3 个参数之间的相互关系决定了脂质分子的几何形状及其在水中的行为。根据脂质形状可分为以下三大类[6](图 8-11)。

①倒锥状脂质($V/la_0 < 1/2$),在水中形成具有正曲率的胶束相。主要成分是具有单个脂肪酰基链的脂质,例如溶血磷脂。要组装成球形胶束,脂质的临界填充参数必须低于 1/3,而 $1/3 < V/la_0 < 1/2$ 的脂质则组装成圆柱胶束。

②圆锥状脂质($V/la_0 > 1$),自组装形成具有负曲率的六角形胶束相(在酸性环境中)。这种脂质一般是不饱和的,它们参与细胞膜向内弯曲的吸收过程。

③圆柱状脂质($1/2 < V/la_0 \leqslant 1$),自组装形成结构化脂质双分子层。这些具有两个不同长度和饱和度的脂肪酰基链的脂质是一种重要的膜脂质,形成了细胞膜的流体脂质基质。它们可以组装成脂质体的柔性脂质双分子层($1/2 < V/la_0 < 1$)以及平面脂质双分子层($V/la_0 \approx 1$)。

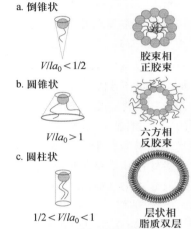

a. 倒锥状

$V/la_0 < 1/2$

b. 圆锥状

$V/la_0 > 1$

c. 圆柱状

$1/2 < V/la_0 < 1$

胶束相
正胶束

六方相
反胶束

层状相
脂质双层

V—非极性部分的体积
l—非极性部分的长度
a_0—极性头基的最佳表面积

a. 倒锥状脂质形成正曲率的胶束(胶束相);
b. 圆锥状脂质组装成六方相(H_{II})的反相胶束;c. 圆柱状脂质形成层状相。
V/la_0 为脂质的临界填充参数

图 8-11　与水接触的脂质的自组装

8.2.3.3　不同极性脂质结构的自组装

食品脂质可分为极性脂质(如磷脂、糖脂)和非极性脂质(如甘油三酯、蜡)。极性脂质通常由亲脂性和亲水性部分组成,被称为表面活性脂质(或表面活性剂)、两亲性或低分子量乳化剂,通常用作食品生产加工中的稳定剂。极性脂质在自然界含量丰富,作为代表,磷脂是一种直接从自然界中获得而无须化学转化的极性食品脂质,它是两性离子表面活性剂的典型实例,表现出优异的生物相容性。卵磷脂的主要成分是二酰基磷脂酰胆碱,大豆和鸡蛋等多种卵磷脂来源的制品可商购获得。食品工业中使用的大多数极性脂质是非离子或阴离子脂质。阳离子脂质具有毒性,通常不被使用。当将极性脂质在水中添加到一定浓度(临界聚集浓度)以上时,其显示出自组装现象。表 8-1 可见由极性食品脂质形成的自组装结构的一些实例。

表 8-1　极性食品脂质形成的自组装结构[7]　　　　　　　　　　　　　℃

极性脂质	温度	自组装结构
聚山梨酯 80(吐温-80)	20	正胶束(L_1)
聚山梨酯 60(吐温-60)	45	正六角相(H_1)
磷脂酰胆碱(卵磷脂)	20	层状液晶相($L_α$)
单硬脂酸甘油酯(饱和单甘油二酯)	20	层状晶相(L_c)
甘油单油酸酯(不饱和单甘油二酯)	20	反双连续立方相(V_2)
甘油单亚油酸酯(不饱和单甘油二酯)	60	反六角相(H_{II})
糖脂	20	反胶束立方相(I_2)

8.2.3.4　脂质自组装构建微乳液、脂质颗粒和脂质体

①微乳液(micro-emulsion):不同于传统乳液,微乳液为透明的纳米液滴组成的各向同性分散体系,尺寸范围为 5～100 nm。由于它们在热力学上是稳定的,所以当将所需的组分混合在一起时,这些系统能自发形成,但通常必须施加一些能量以克服所有动能障碍并确保成分的充分混合。微乳液对亲脂性和亲水性分子具有较大的增溶能力,从而保护了溶解的成分免于被降解。微乳液中的纳米液滴通常通过一组表面活性剂(通常与助表面活性剂结合使用,如短链和中链醇)稳定,以进一步降低界面张力。然而,微乳液在食品配方中的应用受到所用表面活性剂和助表面活性剂毒性的限制。

②固体脂质纳米颗粒(solid lipid nanoparticles,SLN):固体脂质纳米颗粒与水包油乳液或纳米乳液相似,但油相以结晶形式存在。油相的结晶可以改善颗粒的物理稳定性,提高封装的活性成分保留率。SLN 通常是通过使用高熔点脂质形成水包油型(O/W)乳液或纳米乳液,然后冷却体系以促进脂质的结晶来制备的。

③脂质体(liposomes):这种胶体颗粒通常由单个或多个由磷脂形成的层状球形结构组成。磷脂组装成双分子层,每层的非极性尾部相接触。脂质体具有可用于封装极性活性成分的亲水内部区域以及在双层中可用于封装非极性活性成分的疏水区域。脂质体可以由多种不同的方法形成,包括表面沉积层的微流化和再水化等。

8.2.3.5　乳脂肪球膜

乳脂肪球膜(milk fat globule membrane,MFGM)是指包裹乳脂肪球的薄膜。由于其含有蛋白质和极性脂质的特殊组成被广泛用作食品或非食品领域中的乳化剂、稳定剂及营养物质载体等。

MFGM 是在乳腺内皮细胞释放乳脂的过程中形成的,由蛋白质和脂类组成。MFGM 环绕着通过母乳输送脂肪球的囊泡。在泌乳的乳腺细胞内,内质网形成胞质磷脂囊泡,该囊泡中充满了三酰基甘油酯(TAG)。然后,这种富含 TAG 的胞质小泡到达分泌的质膜。黄嘌呤脱氢酶(XDH)、己二酸(ADPH)和丁酸(BTN)等物质有助于囊泡的运动并与分泌的质膜结合。到达质膜后,充满 TAG 的胞质囊泡随质膜磷脂双层进入分泌液中,并沿途吸收与乳腺细胞质膜相关的多种蛋白质(图 8-12)。MFGM 可以将脂肪以均匀的溶液形式转移到母乳中,此外还有人提出 MFGM 某些成分与营养和增强健康功能有关。

人们对 MFGM 的结构进行了广泛研究,其 3 层结构现在已经受到广泛认可(厚度:10～

50 nm）。MFGM 的内层由来自内质网的蛋白质和极性脂质组成,而外双层的极性脂质来自乳腺上皮细胞顶端质膜的专门区域,当它们分泌时,这些质膜包围着脂肪球[8]。

MFGM 包含复杂的蛋白混合物、酶、中性脂和极性脂。其中,神经鞘磷脂占乳 MFGM 总极性脂的 1/3。科学证明,神经鞘磷脂是对人体有益的营养物质,而 MFGM 蛋白也具有很特殊的营养性,它们也被看作一种乳化剂或稳定剂。

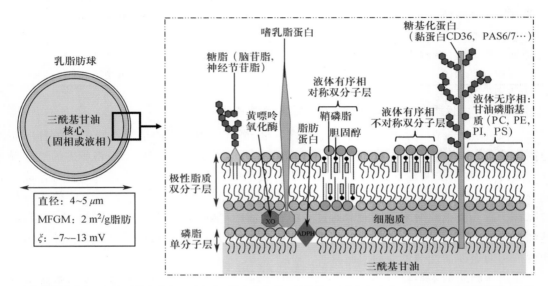

乳脂肪球膜具有极性脂质横向分布和蛋白质不均匀分布的三层结构,用乳脂小球膜(MFGM)的示意图表示。极性脂质的三分子层是 MFGM 的骨架,在双分子层的平面上有一个侧向结构,与富鞘磷脂结构域(液体有序相)的相分离相对应。甘油磷脂以液体无序相矩阵的形式排列在富含鞘磷脂区域周围。MFGM 跨膜和外周结合蛋白沿膜位于磷脂的液相无序相中。糖蛋白和糖脂的糖基化部分分布在外膜表面,即糖萼中。

图 8-12　乳脂肪球的表面结构

8.3　食品分子自组装及其在食品中的新应用

蛋白质、多糖和脂质具有重要的物理、化学和生物特性,因此它们在开发不同的自组装结构以满足各种食品需求方面具有广泛的应用前景。蛋白质、多糖和脂质二元或者三元复合体系表现出特定的凝胶特性和界面特性。同时,食品分子的自组装体具有易调控、结构稳定、生物相容性好、可生物降解等优点。其不仅在改善食品品质、降低食品成本、创造新型食品结构中发挥重要作用,同时在开发营养功能因子递送体系方面表现出巨大潜力。

8.3.1　蛋白多糖自组装在稳定食品体系的应用

蛋白质是食品体系中的重要成分,其自组装行为直接影响着食品的品质。由于其本身的理化特性,蛋白质自组装可在一定程度改变食品的乳化性、凝胶性、起泡性及稳定性。同时蛋白质可与蛋白质、多糖和脂质自组装形成特定结构(如纳米水凝胶、纳米原纤维和纳米管),可作为功能性成分如矿物质、抗氧化成分、多酚、维生素等的负载、保护及递送的载体。

食品蛋白质中最常见的自组装形式是纳米纤维及由纤维进一步形成的水凝胶结构。自组装凝胶也已经被应用于乳液体系(也称为乳液凝胶)。通过调节 pH 和离子强度来控制自组装乳清分离蛋白(WPI)乳液凝胶的强度,从而在 WPI 的等电点(4.2~5.2)附近形成较强的乳液凝胶。以这种方式可在酸性 pH 条件下诱导 WPI 与麦醇溶蛋白、乳铁蛋白和麦芽糊精之间发生相互作用。这些自组装体系已被用于生产玉米油、亚麻籽油和棕榈油的乳化剂,并有望在具有生物活性的食品基质中发挥应用价值。

天然的多糖经疏水性修饰后可以形成两亲性聚合物,通过分子间和分子内的疏水相互作用,形成具有核壳结构的自聚集胶束。其具有体内易降解、低免疫原性和良好的生物相容性等优点,为营养成分和药物递送系统开拓了积极的前景。高分子量的多糖通常呈链状结构,其直径为纳米级,可以与食品中其他组分自组装,从而使混合体系中的吉布斯自由能最小化,在此过程中达到组分间相互排斥和吸引的平衡。许多生物活性物质(如姜黄中提取的姜黄素)的利用通常会受到溶解度的限制,而亲水性多糖可以通过其官能团捕获这些生物活性物质,增加其在体内的溶解度和生物利用度。另外,营养物质在体内消化的过程中容易被破坏,在血浆和组织中难以达到有效浓度,而多糖具有独特的肠道消化性质不仅能增加对活性成分的保护作用,还有利于它们在体内的缓慢释放。

蛋白质和多糖之间的自组装在加工食品的结构和稳定性中起着重要作用。对这些大分子相互作用的调控是开发新型食品工艺和产品的关键。蛋白质和多糖之间形成的复合物主要由静电相互作用产生。与单独的蛋白质和多糖相比,高度结构化的自组装复合物表现出更好的功能特性。例如,水合、结构化、界面和吸附性能。具有独特的功能特性的蛋白质-多糖复合物可被视为一种新的食品成分。通过控制内部参数(pH、离子强度、生物聚合物比例、生物聚合物质量和电荷密度)或外部参数(温度、剪切速率和时间、压力)来调节其功能特性。这些复合物可作为潜在安全食品成分(如脂肪替代品)用于食品,特别是乳制品。此外,蛋白-多糖复合物的特殊性质可用于稳定水包油型(O/W)乳液和制备微胶囊等。

由于其特殊的结构、大小和组成,蛋白质-多糖复合物和凝聚层在开发复杂食品方面具有广泛的实用功能。凝聚层的界面性质为稳定分散食品体系开辟了新途径,其可能产生具备独特性质的结构,从而可提高或延长食品产品的质地和货架期稳定性。另外,使用蛋白质-多糖复合物和凝聚层作为食品中生物活性物质或敏感分子的递送系统也是非常值得关注的研究方向。

功能性食品是能提供基本营养物质的食品,以利于降低患慢性疾病的风险。近年来,多项研究工作集中在基于蛋白质和活性化合物之间的自组装功能食品的开发上。自组装可以降低活性化合物对化学、物理或生物降解上的不稳定性。将具有抗氧化特性的化合物(例如姜黄素、类黄酮和 α-生育酚等)与几种蛋白质在 pH 2~7 范围内进行自组装,以利于保持上述化合物的活性。虽然这些活性化合物是疏水性的,但其在与蛋白质自组装后其溶解度得到了改善,从而开辟了上述化合物用于开发液体食品和胶体自组装材料的新型应用途径。

8.3.2　分子自组装在增溶递送脂溶性功能因子中的应用

疏水性生物活性化合物的低水溶性、稳定性和生物利用度极大地限制了它们在食品中的应用。稳定和改善疏水性生物活性化合物功能性质的方法主要包括分子络合(与其他分子物理络合或化学偶联)和包封(将其包封在某些种类的胶体颗粒中)。

食品中自组装结构最有趣的应用之一是提高难溶于水的功能因子的水溶性,并形成胶体

颗粒改善疏水性生物活性化合物的生物利用度。大多数非极性营养素具有极强的疏水性,因此,其极差的水溶性使之不能简单地分散到水基食品(如饮料、调味料、酸奶和甜品)中。如果这些营养素被封装在具有疏水核和亲水壳的胶体系统内(如水包油型乳液、纳米乳液、微乳液或胶束),那么它们很容易分散到这些水基食品中。相反,许多极性营养素具有很高的亲水性,不易被分散到油基食品(如黄油、人造黄油和涂抹酱)中。在这种情况下,可以将它们封装到由亲水核和疏水壳组成的胶体系统中(如油包水型乳液、纳米乳液或微乳液)。例如,在水溶液中进行部分酶水解来制备乳白蛋白(α-lac)胶束;疏水作用将 β-胡萝卜素掺入这些胶束的核心(图8-13)。与游离 β-胡萝卜素相比,封装的 β-胡萝卜素在 60 ℃加热或紫外线照射下的水溶性和稳定性均得到显著改善[9]。

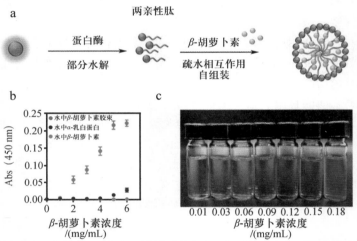

a. 负载 β-胡萝卜素的胶束的图示:α-乳清蛋白被部分水解成两亲性肽,后者自组装成胶束。在此过程中,β-胡萝卜素可通过疏水相互作用被加载到胶束核心中;b. 随负载量增加,α-乳白蛋白、游离 β-胡萝卜素及负载 β-胡萝卜素的胶束的吸光度;c. 随着负载量的增加,α-乳白蛋白胶束负载 β-胡萝卜素的照片。

图 8-13　α-乳白蛋白胶束用于负载 β-胡萝卜素

(文献引自 Du et al.,2019,经版权所有 2020 ELSEVIER 许可使用,版权号:5054540422187)

极性食品脂质(如大豆卵磷脂、蛋黄卵磷脂)在放入水中后能够形成多种自组装结构。将不溶性活性成分包封在脂质自组装结构中可用于递送食品功能性成分。微乳液中形成的表面活性剂界面层是客体分子(如中性营养剂、防腐剂或调味剂)的重要位点。它可用于显著增加水不溶性和油溶性较差的组分在脂质相中的溶解度,可以作为浓缩物添加到任何水基食品中。这个过程要控制的主要参数是微乳液界面的性质(曲率、组成)以及微乳液液滴与其他食品成分的相互作用。

8.3.3　分子自组装在促进美拉德反应中的应用

自组装结构影响美拉德(Maillard)反应,从而影响反应产物的产率。对于 O/W 微乳液中由糠醛和半胱氨酸组成的 Maillard 模型体系而言,较大的比表面积增加了糠醛的界面可及性,提高了糠醛的局部界面浓度,导致组分之间的界面相互作用增强,从而导致初始反应速率增加。

美拉德反应速率提高的原因可能是：①界面处反应物浓度的局部增加（反应物紧密接近）；②表面活性剂-水界面处的特定环境可能会降低反应的活化能（反应物在界面内的运动受限即笼效应）；③亲脂性反应产物在自组装结构的亲水域和亲脂域之间的分配（降低了水中反应物的实际浓度）。自组装对美拉德反应影响的机制可能还与反应产物在脂相中的迁移有关，反应物在界面上的取向和位置可能利于或限制某些反应途径。与溶液（水性或脂性）相比，自组装微乳液等介质的优势在于其具有更好的溶解性和亲疏水性区域的分配，这两者都将影响美拉德反应的活性、选择性和反应动力学。这可能通过加速双分子反应，更好地保护反应产物以及根据反应物和反应介质的物理化学性质选择支持或限制某些反应而得到更高的局部浓度和反应速率。自组装结构中的界面可用于调节和修饰分子反应性能。该应用仍处于起步阶段，必须进行更系统的研究，以便将来能够根据自组装结构的界面性质，预测反应的途径和产率。

8.3.4　分子自组装在食品包装材料中的应用

消费者对健康生活方式的认识日益提高，促使人们研究在无须使用防腐剂的情况下延长食品保质期的新技术。可食用的薄膜和涂层能够改善食品质量，在食品保存中受到特别关注。生物聚合物基质中的主要成分以优异的机械性能和阻隔性能引起了人们对复合结构的兴趣，从而能够探索每种组分的互补优势并最大限度地减少其劣势。蛋白基可食用膜被用于阻隔食品与外界环境，保证食品质量安全。蛋白质和多糖自组装体的可食用膜不仅具有良好的表面性能和阻隔性能，还具有抗菌和抗氧化性能。

通常将脂质添加到可食用的薄膜和涂层中以赋予其疏水性，从而减少水分流失。脂质成分非常广泛，包括天然蜡、树脂、乙酰甘油酯、脂肪酸以及石油基、矿物油和植物油。在涂覆涂料之前，在水相中先进行脂质相的乳化过程。乳液基可食用薄膜和涂料可用于新鲜食品和加工食品，如水果、蔬菜、奶酪、肉、香肠和烘焙产品。研究发现，由水胶体和脂质生产的复合乳液基可食用材料比只具有一种组分的薄膜具有更好的功能性，尤其是在阻水性能方面。然而，还需要进行更多尤其是在感官特性方面的研究，来改进基于乳液的可食用材料的应用过程，以适应每种产品的需求。

虽然食品分子的自组装存在广泛的应用，但也面临许多挑战：①同种分子和不同种分子之间存在自组装行为，同时所形成的自组装结构会受到环境因素的影响（如温度、pH、粒子强度等），因此食品分子的自组装机制需要进一步阐明，性能良好的自组装结构的制备需要进一步优化。②自组装结构的稳定性和应用范围需要进一步探索。③在食品自组装研究中，需要研究新的合成和表征方法，同时需要加强其与生命科学领域的交叉研究，以实现自然界中生命体的某些功能。

思考题

1. 食品分子自组装是由哪些作用力驱动的？请举例说明影响分子自组装的因素。
2. 食品分子自组装在食品加工中有哪些应用？

参考文献

[1] MEZZENGA R，FISCHER P. The self-assembly, aggregation and phase transitions of food protein systems in one, two and three dimensions [J]. Reports on Progress in Physics,

2013，76（4）：046601.

　　[2] van DER LINDEN E, VENEMA P. Self-assembly and aggregation of proteins [J]. Current Opinion in Colloid & Interface Science，2007，12(4-5)：158-165.

　　[3] BOLISETTY S, ADAMCIK J, MEZZENGA R. Snapshots of fibrillation and aggregation kinetics inmultistranded amyloid β - lactoglobulin fibrils [J]. Soft Matter，2011，7(2)：493-499.

　　[4] WANG Y, PADUA G W. Nanoscale characterization of zein self-assembly [J]. Langmuir，2012，28(5)：2429-2435.

　　[5] BARCLAY T G, RAJAPAKSHA H, THILAGAM A, et al. Physical characterization and insilico modeling of inulin polymer conformation during vaccine adjuvant particle formation [J]. Carbohydrate polymers，2016，143：108-115.

　　[6] SYCH T, MÉLY Y, RÖMER W. Lipid self-assembly andlectin-induced reorganization of the plasma membrane[J]. Philosophical transactions of the royal society B：Biological sciences，2018，373(1747)：20170117.

　　[7] LESER M E, SAGALOWICZ L, MICHEL M, et al. Self-assembly of polar foodlipids[J]. Advances in colloid and interface science，2006，123：125-136.

　　[8] LOPEZ C. Milk fat globules enveloped by their biological membrane：Unique colloidal assemblies with a specific composition and structure [J]. Current opinion in colloid & interface science，2011，16(5)：391-404.

　　[9] DU Y, BAO C, HUANG J, et al. Improved stability, epithelial permeability and cellular antioxidant activity of β-carotene via encapsulation by self-assembled α-lactalbumin micelles [J]. Food chemistry，2019，271：707-714.

9
食品功能因子稳态化及定向递送载体

　　内容简介：天然活性分子,如多酚、类胡萝卜素具有抗炎、抗氧化、防癌、降血糖、降血脂等健康功效。然而,这些天然活性分子对环境条件比较敏感,在加工和储存过程中不稳定,生物活性会降低;经口摄入后受到消化道胃酸、酶和黏液层的阻碍而进一步降低其生物利用率。食品功能因子递送载体技术是近年来兴起的学科交叉研究方向,旨在提高敏感难溶功能因子的水溶性、稳定性和生物利用率。本章首先描述了食品功能因子递送载体的定义,不同结构的递送载体研究进展,并提出了口腔环境、肠道 pH、生理酶和生物特异性识别等智能响应性释放载体的概念。其次介绍了载体的细胞摄取机制,胃肠道体外和体内评估模型;阐述了载体增强功能因子水溶性、稳定性和生物利用度的作用机制;最后展望了载体在不同类型食物中的应用。本章节为食品功能因子在食品工业中的应用及相关研究提供理论依据。

　　学习目标：掌握不同食品载体的类型、载体的响应性设计原理及评估食品载体的各种模型及实验手段。

9.1 背景介绍

食品胶体学利用新兴食品技术,促进了绿色天然食品、保健食品、功能食品等多元化发展,为人类的健康生活方式提供更多选择,促进居民营养健康。

食源性功能因子如天然活性分子在降低糖尿病、癌症、心血管疾病和肥胖等疾病风险方面具有潜在的健康益处,因而受到广泛关注。食源性功能因子包括天然植物提取物、脂肪酸、维生素、蛋白质、生物活性肽、活性多糖和低聚糖等。然而这些功能因子在应用时还存在一些问题,首先,这些物质在加工和贮藏过程中对外界环境(如光、热、氧和 pH 等)高度敏感易失活;此外,直接口服摄取功能因子需要面临重重阻碍(图 9-1),口腔 pH 近中性,含有大量的唾液淀粉酶。其次,一些功能因子例如辣椒素、花色苷和活性肽等具有刺激味、涩味和苦味等不良口感,降低了其感官接受度;人体的内环境总体上是亲水性环境,因此会极大地阻碍疏水性化合物在水性介质中的溶解和在人体胃肠道内的吸收,并且体内胃酸 pH 条件、胃蛋白酶可能会消化降解生物活性物质特别是蛋白类活性物质和对酸敏感的物质;小肠是营养物质吸收的主要场所,小肠部位存在胰蛋白酶、脂肪酶和淀粉酶,会进一步分解经过胃消化的食糜。虽然小肠上皮细胞上部的肠黏液屏障是天然保护屏障,但却阻碍了某些生物活性分子的扩散,导致某些功能因子通过肠上皮的渗透性较低,致使这些活性分子通过小肠上皮细胞的吸收率比较低,极大地限制了它们的生物利用率;即使到达肠道细胞层,有些小分子还难以通过细胞紧密连接进入体循环,并且细胞摄取机制受到多药耐药性(multi-drug resistance)的限制,肠上皮细胞上存在的糖蛋白外排泵 p-gp,可将吸收的多酚泵回腔内,进一步降低了其肠道吸收率。结肠是肠道微生物大量存在的部位,而肠道微生物产生的酶,如葡聚糖酶等可进一步地分解一些抗性多糖,产生益生元寡糖,促进益生菌的生长。

食品功能因子递送载体近年来成为解决上述问题的有效解决策略[1]。食品递送体系已经变得越来越功能化[2],例如,构建外部亲水内部疏水的胶束型载体,疏水性活性因子可以通过疏水相互作用被包埋到其疏水内核中,从而极大地提高了其水溶性和稳定性。为了使载体更加智能,在设计新的递送系统时还应考虑到对口腔环境、肠道 pH 和生理酶的响应性以及生物识别和克服肠黏液屏障的能力。例如,复合凝聚层递送载体用于口服递送风味化合物以延长其保留时间并提高食物的感官品质,能掩盖功能因子的不良口感。各种纳/微米胶囊递送系统可以保护生物活性物质免于在胃肠道中降解,提高口服后的耐消化道稳定性,例如,层层组装结构载体对肠道 pH 具有响应性,可以保护包埋的化合物免于被胃酸降解并释放到小肠中。肠道靶向载体可通过肠道微生物酶的降解而释放其包埋的物质,例如,靶向肠道免疫 M 细胞的受体载体可以极大地提高 M 细胞对包埋物质的摄取量。可穿透黏液的载体能够有效改善对所递送物质的吸收,因为它们能够快速扩散穿越黏液屏障并到达上皮细胞,从而提高生物活性物质渗透肠道黏液屏障的能力和肠上皮细胞的内吞率,进而快速地进入体循环。相反,黏膜黏附性载体可以与黏液相互作用来实现延缓包埋物质释放,一些基于黏膜黏附天然生物大分子的载体可以延长化合物在肠中的停留时间并增加它们在上皮细胞表面附近的局部浓度。总之,靶向控释递送载体体系将发展得越来越智能,不仅成了食品领域新兴学科交叉前沿研究方向,也为开发精准营养食品提供理论依据和技术支撑。

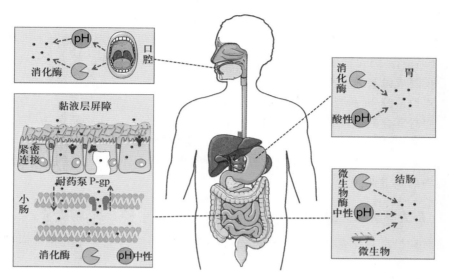

图 9-1　功能因子体内消化吸收所面临的生理环境[1]

（经版权许可所有 2019 ELSEVIE 许可使用，授权号：5054671328352）

9.2　按结构分类的功能因子递送载体

食品功能因子递送载体在食品工业中发挥着重要的作用。天然食品大分子，例如，多糖、蛋白质和脂质等常作为壁材用于制备新型微胶囊。递送载体可制备成多种结构，例如，复合凝聚层、皮克林乳液、核壳微胶囊、交联食品大分子凝胶和分子自组装纳米载体等（图 9-2）。接下来将根据不同结构的递送载体进行详细论述。

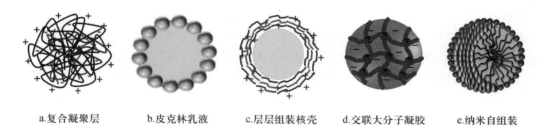

a.复合凝聚层　　b.皮克林乳液　　c.层层组装核壳　　d.交联大分子凝胶　　e.纳米自组装

图 9-2　不同结构递送载体的示意图

（经版权许可所有 2019 ELSEVIE 许可使用，授权号：5054671328352）

9.2.1　复合凝聚层递送载体

"复合凝聚层（complex coacervates）"这个概念是由两位荷兰物理化学家 Bun Enberg de Jong 和 Kruyt 提出的，以区别于单一聚合物的简单凝聚层。它被定义为两种相反电荷的聚合物在水相中混合时发生相分离的现象。在两个相反电荷的聚合物发生静电相互作用过程中，伴随反离子释放引起熵增，形成复合凝聚物，因此可以说复合凝聚物的形成是由熵驱动的。食品体系的复合凝聚层多由带负电荷的多糖和带正电荷的蛋白质形成。例如，负电荷多糖阿拉伯胶(arabic gum)和正电荷 β-乳球蛋白形成的复合凝聚层是早期报道之一。复合凝聚层具有成膜特性,因此基于蛋白质-多糖复合物凝聚物可用来制备包埋食品功能因子的微胶囊。例如,由乳清分离蛋白-阿拉伯胶或者酪蛋白-卡拉胶,可以形成不溶性的复合凝聚物,该复合凝聚物可进一步制成微胶囊。复合凝聚层包埋 β-胡萝卜素,能够提高它的溶解度、稳定性和抗氧化活性。阿拉伯胶-乳清蛋白复合凝聚物还可用于包埋酸奶中的乳杆菌亚种,有效提高其发酵稳定性。同时复合凝聚物载体还能将益生菌定向递送到肠道。这些研究表明,复合凝聚层可以成为提高敏感食品生物活性物质稳定性的潜在食品载体。然而,由于在 150 mmol/L 的生理盐浓度下的电荷屏蔽效应,凝聚层胶囊可能会发生解离。不过可以通过交联来增强带相反电荷聚合物的稳定性。

9.2.2　皮克林乳液递送载体

食品级颗粒稳定的皮克林乳液(pickering emulsions)由于其优异的乳化稳定性而获得了广泛关注。皮克林乳液是指由固体胶体颗粒稳定形成的乳液,而不是指小分子或生物聚合物稳定的乳液。用于稳定皮克林乳液的颗粒能够同时部分地被油相和水相润湿,因此可以稳定油水界面。当这种颗粒在油-水界面形成的稳定的乳液接触角 $\theta > 90°$ 时,意味着颗粒主要分布于油相中,较为疏水,通常形成油包水(W/O)型乳液;相反,当颗粒在油水界面接触角 $\theta < 90°$ 时,则主要分布于水相中时,常形成水包油(O/W)型乳液。颗粒稳定的皮克林乳液在食品功能因子递送和改善食品质构中具有较大潜力,按照颗粒的性质不同,皮克林乳液递送体系可分为 3 种类型:①两亲性多糖颗粒形成的皮克林乳液递送体系。通过疏水改性形成两亲性的淀粉纳米球可以用来稳定皮克林乳液。此外,微晶纤维素(MCC)和改性淀粉(MS)可用于制备具有高稳定性的皮克林乳液。MCC 颗粒比 MS 颗粒更能提高脂质的抗氧化稳定性,因为MCC 颗粒在油滴周围能够形成较厚的隔绝层,从而阻止了脂质氧化。据报道,维生素 E(V_E)包埋在改性的木薯淀粉纳米胶囊之后,显著提高了其稳定性。在 35 ℃ 条件下储存 60 d 后,V_E在包埋组中的保留率显著高于未包埋组。②蛋白质颗粒形成的皮克林乳液递送体系。难溶于水的植物蛋白由于具有较好的油水两相分布特性多用于制备皮克林乳液。玉米蛋白-酪蛋白纳米复合物稳定的水包油皮克林乳液具有较高的稳定性。③混合颗粒形成的皮克林乳液递送体系。基于胶体(colloidosome)的皮克林乳液可以通过自组装的胶体颗粒来稳定界面,并表现出优异的包埋和控释性质。姜黄素包埋在乳清蛋白纳米自组装粒子稳定的皮克林乳液中表现出了良好的缓释特性,提高了姜黄素的生物利用率[3]。除了上述对功能因子的递送,皮克林乳液在改善食品质构中也显示出较大的应用潜力,例如,高内相的皮克林乳液还可以形成人造奶油的质构,且由于较高的解吸能和抗聚结相对稳定,多用于研发低脂食品。刚性的皮克林颗粒壳在形成过程中的平衡十分缓慢,因此很难使乳液达到所需的液滴尺寸。为了解决这个问题,软凝胶微粒,如乳清蛋白凝胶球可用于制备均一尺寸的皮克林乳液液滴(图 9-3),与硬凝胶球和乳清蛋白相比,硬度较小的软凝胶球更容易在界面形变和铺展,形成致密的界面保护膜,从而有效地降低了小肠中脂肪酶和胆盐的攻击,起到了延缓脂肪消化的作用,可用于开发低热量食品。

9.2.3　层层组装技术制备的核壳微球递送载体

由层层自组装(layer-by-layer,LbL)技术形成的多层微胶囊也常用于包埋和控释功能因子。LbL 沉积法是基于聚合物之间弱的相互作用以形成可控致密层的载体结构。用大豆分

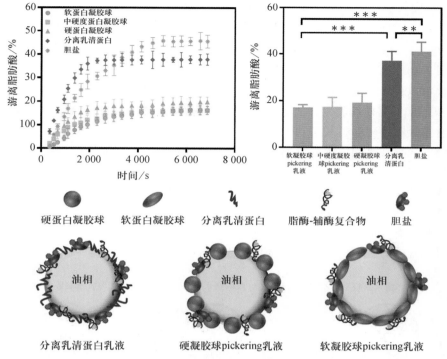

图 9-3 不同硬度的乳清蛋白凝胶球延缓脂肪消化的实验结果和机理推测

离蛋白、改性淀粉和壳聚糖通过 LbL 组装技术制备 3 层微胶囊。与单层或双层微胶囊相比,3 层微胶囊虽然具有较低的包埋效率,但它们能够表现出程序化可控的释放行为。带正电荷的聚赖氨酸和带负电的聚谷氨酸通过 LbL 在氧化淀粉凝胶微粒表面上依次沉积形成具有一定渗透性的载体结构,聚赖氨酸/聚谷氨酸荷载的氧化淀粉凝胶微粒可以有效减慢溶菌酶在 0.05 mol/L NaCl 溶液中的释放,保护凝胶微粒免受 α-淀粉酶的降解。然而,LbL 组装技术还存在一些缺点,例如制备过程难以控制、物质易发生聚集和盐敏感性等不良因素,都会导致胶囊的解离,限制了它们在食品中的应用。因此,可在层之间引入额外的共价交联来稳定 LbL 层的结构。

9.2.4 食品大分子凝胶递送载体

水凝胶(hydrogel)是由高分子聚合物形成的具有一定溶胀性能的半固体状态的三维网络结构胶体,是近年来的研究热点。食品大分子通过链间交联也可形成吸水性超强的凝胶结构,例如,果冻。若采用反相乳液交联法可以使大分子在微小的乳液液滴中交联形成微米级凝胶球,也称为凝胶微粒(microgel)。通常,食品凝胶可以由大分子化学交联(共价键)或物理交联(非共价键)形成。化学交联已广泛应用于食品大分子改性、食品包装、微球制备等。例如,在碱性条件下,三偏磷酸钠(STMP)和三聚磷酸钠(STPP)混合改性的食品淀粉 α-淀粉酶抑制分解和限制溶胀的能力增强。此外,食品级转谷氨酰胺酶交联的明胶-麦芽糖糊精微球在模拟胃肠道条件下具有保护益生菌的良好效果。

多糖凝胶微粒的制备方法一般要先进行精准氧化,例如,以 TEMPO(2,2,6,6-四甲基哌啶-1-氧基)为催化剂和次氯酸钠为氧化剂,可将淀粉、魔芋和纤维素等天然多糖的己糖单元

6位的伯醇基团特异性地氧化成羧基,从而获得可控氧化度(30%～100%)、较高羧基负电量和良好的生物兼容性的氧化多糖[4]。氧化改性可以提高电中性多糖的电荷密度和控释性质,由STMP交联的氧化淀粉凝胶微粒带有大量的负电荷,因此通过静电吸引作用结合大量正电荷的蛋白质等功能因子,引入静电作用将显著提高其荷载率,优于不带电的载体。氧化淀粉凝胶微粒不仅可以控制溶菌酶在微生物淀粉酶响应性下释放[5],还可以根据肠道pH响应性地释放β-胡萝卜素。同样的氧化方法也可对其他多糖,例如魔芋葡甘露聚糖进行氧化改性,氧化魔芋葡甘露聚糖还可通过羧基和Fe^{3+}配位作用交联形成响应性释放微球[6],在肠道条件下响应性能够释放出花青素。水凝胶的优点在于可以通过不同的功能设计和结构调控来构建满足不同需要的先进载体(图9-4)。例如,凝胶微粒和复乳结合可以构建内含乳液的多重功能因子协同递送体系,凝胶微粒和蛋白纳米颗粒结合可以形成靶向缓释递送系统,还可引入不同食品级交联剂形成高密度多重交联水凝胶,凝胶微粒和LbL层的组合结构能够更有效地调控释放特性。凝胶载体的特点是倾向于吸附大量水而溶胀,这就需要确保引入食品中以后不影响食品本身的性质,还要减少和食品其他成分的相互作用。

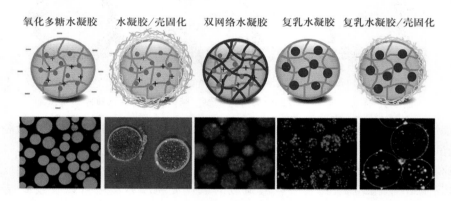

图9-4 不同结构氧化多糖凝胶微粒的示意图

9.2.5 分子自组装纳米递送载体

由分子自组装(self-assembly)形成的纳米递送载体引起了较多关注。分子自组装是指小分子或者大分子在一定的溶剂条件下,无须外力自发地,通过非共价相互作用(氢键、范德华力、静电力和π-π相互作用等),形成的具有规则形态的超分子结构的微/纳米粒子。食品天然大分子如多糖或蛋白质在合适的条件下可以由自己或与其他分子共同形成自组装结构。例如,α-乳白蛋白被特异性部分水解成两亲性羧基肽后(图9-5),可通过疏水作用自组装形成内核疏水和外部亲水的球形胶束结构[7];羧基还可以通过和钙离子的配位作用形成纳米管的胶束结构[8]。脂溶性功能因子姜黄素、槲皮素、虾青素、辣椒素和辅酶Q_{10}等可通过疏水相互作用包埋于疏水内核中,包埋率可达20%。

食品生物大分子的自组装递送载体根据天然大分子的原料来源可大致分为以下几类。①多糖大分子自组装递送体系:例如,羟乙基纤维素与亚油酸结合形成的两亲性纤维素衍生物能够在水中自组装成球形纳米胶束。该胶束对疏水化合物具有很高的包封率,因此能够显著提高β-胡萝卜素的溶解度和生物利用率。②蛋白大分子自组装递送体系:α-乳白蛋白特异性部分水解后可形成两亲性多肽,多肽通过疏水相互作用自组装形成胶束,胶束的疏水核可用于

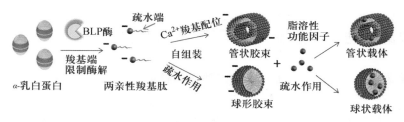

图 9-5　α-乳白蛋白纳米管自组装载体包埋疏水功能因子示意图[3]

包埋姜黄素和 β-胡萝卜素[9]。负载 β-胡萝卜素的 α-乳白蛋白纳米胶束形成过程如图 9-5 所示。此外，带负电的 α-乳白蛋白纳米胶束可以同时负载多种像花青素和姜黄素这类的抗氧化物质，具有协同的抗氧化活性。维生素 D 的溶解度和吸收可通过 β-乳球蛋白自组装载体的包埋得到明显改善。③脂质分子自组装递送体系：通过超声诱导形成的阿霉素（DOX）-脂质体自组装纳米囊泡，具有靶向癌细胞的能力。用亲水性的聚乙二醇（PEG）修饰后，基于大豆卵磷脂和胆固醇的自组装脂质体可成功包埋熊果酸（UA）。这些经由 PEG 修饰的脂质体有效改善了 UA 稳定性并实现了其缓释特性。此外，饱和磷脂和 1,2-二肉豆蔻酰基-SN-甘油-3-磷酸胆碱（DMPC）与二价或三价阳离子组合后会在稀释油中发生脂质阴离子的反向自组装，可用于包埋生物活性物质。脂质体包埋姜黄素能够显著提高胃肠道稳定性，且口服后显著提升了血液中姜黄素浓度，说明脂质体能够显著提高功能因子的生物活性和生物利用率；④混合食品大分子递送载体：多糖-蛋白[5]、卵磷脂-蛋白、蛋白-小分子等其他多种分子可以通过分子互作的自组装方式形成靶向性、响应性释放的纳米载体。

　　上述递送系统可以作为提高生物活性物质稳定性、溶解性和生物利用率的方案。表 9.1 总结了各类被包埋物质对应技术的形成机理、优势和评价模型。因此，可根据活性物质的特性选择合适的包埋技术。

表 9-1　包埋物质对应技术的形成机理以及用于研究各种载体系统消化和吸收行为的模型和优点的比较

结构	包埋物质	形成机制	评价模型	优点	文献
复合凝聚层	小分子/益生菌	静电作用	模拟 GI 流体模型	提高稳定性和抗氧化活性	（Schmitt et al.，2001）
皮克林乳液	脂溶性因子	颗粒在油水界面上吸附	TIM 模型	提高水溶性和稳定性	（Shao and Tang，2016；Williams et al.，2014）
喷雾干燥	小分子	高温下雾化	TIM 模型	提高溶解性和稳定性	（Ye et al.，2010）
层层组装	活性蛋白	高分子间弱的作用力	模拟 GI 流体模型	提高肠道靶向释放性	（Costa and Mano，2014）
凝胶	小分子/活性蛋白/益生菌/微量元素	生物聚合物的分子内或分子间物理或化学交联	细胞培养模型	提高稳定性和肠道靶向性	（Tian et al.，2016）
自组装	小分子	非共价相互作用	模拟 GI 流体模型	提高溶解性和生物利用率	（Qiu et al.，2014）
自组装	小分子/微量元素	乳液模板	细胞培养和动物模型	提高细胞摄取和生物利用率	（Shan et al.，2015）

9.3 按智能响应性分类的功能因子递送载体

食品级递送载体可以提高功能因子的水溶性和稳定性,但是荷载了功能因子的递送载体通过口服途径仍然面临巨大的挑战。例如,胃肠道中的 pH、离子强度、酶和黏液屏障。这些因素将会极大地影响载体的稳定性,从而影响功能因子的生物利用率。目前的食品载体设计主要强调功能因子在体外模拟胃肠道条件下的生物可及性(bioaccessibility),但载体在体内提高功能因子生物利用率(bioavailability)的能力更为重要。生物可及性是指功能因子从载体中释放到胃肠道的百分比,是有助于肠道吸收的部分。而生物利用率实际上是功能因子被肠上皮细胞吸收并进入血液循环的百分比,是功能因子能够被机体有效利用的部分。生物可及性的研究主要集中在体外实验,而生物利用率与体内吸收有关。为了提高食品成分的口服生物利用率,应开发更加智能的食品级递送载体,以便根据需求在适当的时间和地点释放出功能因子。载体设计应当更加强调其肠道保留率、肠道 pH 响应释放特性、克服黏液屏障渗透特性和肠道细胞摄取能力。按需控制释放、并能够特异性地识别特定细胞并发挥生理作用以及具有更高黏液渗透能力和上皮细胞摄取率的载体可有效增强功能因子的口服生物利用率。还可设计出能根据胃肠道生理环境变化而响应性释放功能因子的智能载体(表 9-2)。智能响应性载体可分为口腔响应型、pH 响应型、酶响应型、细胞靶向型、黏液渗透型和黏膜黏附型载体[1](图 9-6)。风味化合物可通过复合凝聚递送载体在口腔中进行可控释放,以延长其口腔停留时间并提高食品的风味感知。肠道 pH 响应性载体能够包埋保护功能因子在胃中不降解,而只在肠道环境下响应性释放出所包埋的功能因子。除此以外,由益生元多糖,例如,魔芋葡甘露聚糖、纤维素构建的载体能够被结肠微生物分泌的酶(如葡聚糖酶)降解而释放出所包埋的化合物,用于结肠靶向。还可以通过载体修饰小分子特异性识别某些细胞提高细胞摄取率。同时,能够快速跨越肠黏液层的载体可以高效克服肠黏液屏障以较高浓度到达上皮细胞,以提高所包埋功能因子的吸收率。黏膜黏附型载体可以长时间在黏液中停留,并在较长时间内缓慢释放所包埋的化合物。

表 9-2 各种响应性递送系统结构、响应机制和效果的对比

载体分类	结构	响应机制	作用效果
口腔响应	皮克林乳液 复合凝聚层	提高风味物质储存时的稳定性,由淀粉酶、温度或 pH 触发的口腔环境响应性释放	在口中按需求释放。延长保留时间,提供理想的感官体验
pH 响应	复合凝聚层 喷雾干燥 层层组装 自组装	该结构在酸性 pH 下保持完整,但在肠中性 pH 下裂解,释放功能因子	增加它们在酸性和消化酶条件下的稳定性。防止在胃部早期释放。在小肠进一步靶向吸收
酶响应	皮克林乳液 层层组装	抗性淀粉或魔芋葡甘露聚糖等壁材可被结肠微生物酶,如葡萄糖酶降解	结肠中靶向释放可用于结肠炎、结肠癌的干预。载体本身可作为益生元
受体靶向	大分子凝胶载体	靶向分子偶联在载体表面通过受体介导的内吞作用来提高细胞内吞	提高细胞摄取和生物活性物质的吸收

续表9-2

载体分类	结构	响应机制	作用效果
黏液渗透	层层组装复合凝聚层	载体所具有的理化特性使之减少与肠黏液层的相互作用,因此能够快速穿透黏液屏障	跨上皮细胞运输并到达上皮细胞进行吸收,然后大量进入体循环
黏膜黏液	层层组装	增加载体和黏液层之间的相互作用,延长载体在黏液的停留时间	具有肠道响应性持续释放的特点

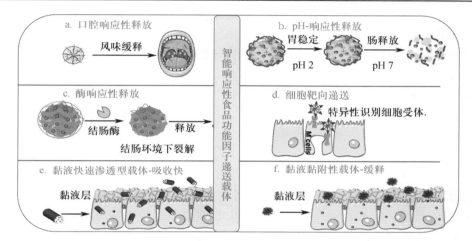

a. 口腔响应性载体:延长风味保留;b. pH响应性载体:在胃pH 2下保持稳定,但在肠道pH 7下特异性释放;c. 酶响应性载体:结肠酶降解并在结肠中特异性释放;d. 靶向递送载体:与载体连接的靶向分子增强细胞表面受体的生物识别;e. 黏液穿透载体:穿透黏液屏障并到达上皮细胞;f. 黏膜黏附载体:具有持续释放方式。

图9-6 6种智能响应性释放的载体类型示意图
(经版权许可所有2018 ELSEVIE许可使用,授权号:5054660214988)

9.3.1 口腔环境响应性释放载体

风味化合物通常是指挥发性的不稳定的小分子。例如,醛、酮和其他植物提取化合物。递送技术已广泛用于风味物质的包封,以增强某些有利的风味并掩盖一些令人不快的风味。食用香料化合物太易挥发而不能长时间保留在食品中。由于储存期间的过早释放,它们的风味浓度可能降低。包埋的主要目的是将风味物质包埋,减少挥发损失并保持其在储存期间的风味稳定性。同时,载体可以在口腔部位响应性释放出风味物质,提高其风味感知。例如,芳香薄荷酮和薄荷醇通过氢键作用包埋到直链淀粉分子的α-螺旋中,形成对唾液淀粉酶响应性释放的淀粉/风味复合物,不仅能在储存条件下长期保留风味,还能在摄取后于口腔中缓慢释放。模拟唾液释放实验表明,淀粉逐渐被唾液α-淀粉酶水解,香味持续从复合物释放并在口腔中保持更长时间。通过淀粉皮克林乳液包埋姜黄素,包埋后的姜黄素能够抵抗热和氧气从而提高其贮藏稳定性,但淀粉皮克林乳液被模拟唾液中的α-淀粉酶降解也会导致包埋的姜黄素过早释放。乳清蛋白分离物(WPI)——果胶稳定的多层乳液载体能在口腔中递送挥发性风味化合物。在口腔中性pH条件下,WPI和果胶均带负电,果胶和WPI之间的排斥作用引发疏水

性挥发物如戊酮、丁酸乙酯和庚酮在口腔的响应性释放。酪蛋白/藻酸盐复合物凝聚水凝胶可用来包埋亲脂性活性成分,储存期间可以有效地保护脂滴,但在 pH 7 条件下水凝胶颗粒发生解离而在口腔中提前释放。相关研究者还发现,由明胶和酪蛋白酸盐组成的水凝胶颗粒可以包埋多不饱和脂质以防止在储存期间发生氧化,在口腔中释放所包埋的多不饱和脂质。当颗粒粒径大于 10 μm 时,人们会感受到粒子的粗糙度。因此,需要将口服递送载体的尺寸控制在 10 μm 以下。此外,还应考虑载体和舌黏液层之间的相互作用。

口服递送系统也用于掩盖食物中的不良风味。例如,使用多糖(壳聚糖、藻酸盐和低甲氧基分泌素)脂质纳米胶囊负载橙皮素,纳米胶囊掩盖了橙皮素的苦味。用于口服给药的负载苯巴比妥的微乳液载体也可以减轻苯巴比妥的苦味。由明胶和 SPI 复合物制备的微胶囊可以通过喷雾干燥减少酪蛋白水解产物的苦味。为了掩盖强烈的蒜味,开发出了 β-乳球蛋白微胶囊来包埋硫代亚磺酸盐大蒜素。此外,口服递送载体也用于研究口腔加工和感官知觉。例如,通过电喷雾法制备淀粉纳米颗粒来负载香草醛,由于口腔中唾液淀粉酶的逐渐降解,淀粉纳米颗粒增强了口腔中香草醛的风味感知。除此之外,基于羧甲基纤维素的递送载体可以在口腔中控制钠的释放和味觉感觉,从而实现钠的风味平衡。

9.3.2 肠道 pH 响应性释放载体

多种蛋白质、多肽、多酚、维生素和益生菌等功能因子在胃肠道中的胃蛋白酶和强酸环境中容易失活,使得功能因子的健康功效降低。因此,借助 pH 环境响应性载体的包埋,可以保护这些功能因子,避免其在上消化道的提前释放和分解,继而免受胃中的酸和酶的降解,最终只在小肠中响应性定向释放,从而提高功能因子的生物利用率[2]。

具有 pH 响应性凝聚微胶囊的缺点是在 150 mmol/L 高生理盐浓度下不稳定。由于盐离子对电荷的屏蔽效应,带相反电荷的聚合物会在高盐浓度下发生解离,但通过交联相反电荷的大分子可以提高其耐盐稳定性。荷载 β-胡萝卜素的 Fe^{3+} 交联氧化淀粉水凝胶微球能够在模拟胃液(pH＜2)中仍然保持稳定的结构,而在模拟肠液(pH 7.0)中响应性释放。在 β-胡萝卜素纳米乳液吸附的淀粉水凝胶中也可观察到类似的肠道 pH 响应释放特性。层层自组装修饰的壳聚糖-氧化魔芋葡甘露聚糖微球能够共装载 β-胡萝卜素和花青素,并具有肠道 pH 响应的释放性,多重功能因子荷载的递送载体还表现出协同抗氧化的特性。除此以外,多酚与人血清白蛋白(HSA)之间通过强氢键和疏水相互作用,多酚在中性和弱碱性 pH 条件下的稳定性显著增强。(-)-表没食子儿茶素-3-没食子酸酯(EGCG)是茶提取物中的重要抗氧化剂,但其稳定性、溶解性和吸收率不理想。使用乳液包埋后的 EGCG 在胃酸性 pH 条件下保持稳定而只在肠 pH 条件下释放。益生菌作为一种新型的食品功能性成分近年来受到了广泛关注,世界粮农组织(FAO)和世界卫生组织(WHO)对益生菌的定义:益生菌是指被摄取足够数量,对宿主健康发挥有益作用的活的微生物。我国卫计委明确规定:活性益生菌保健食品在其保质期内活菌数不得低于 10^6 CFU/(mL/g),由此可见,活菌状态是益生菌的首要特征。益生菌在宿主胃肠道中存活率低会严重影响它们的活性,益生菌不耐受消化道的强酸和胆盐胁迫是导致细菌存活率变低的原因,递送载体成为提高益生菌存活率的有效解决策略。例如,使用 WPI/阿拉伯树胶(GA)的复合凝聚微胶囊来递送活性益生菌(副干酪乳杆菌 E6 和副链球菌 B1),与模拟胃液中的游离菌体相比,能够很大程度上保持其活力。由于 WPI 和 GA 之间会在酸性和碱性条件下由吸引力向排斥力转换,菌体便会在胃中稳定,而只在肠道释放。基于乙二胺四乙酸钙-海藻酸（EDTA-Ca^{2+}-Alg）体系制备而成的水凝胶微球,能够响应肠道 pH,保护益生菌免受胃酸条件的破坏,而在肠道逐渐释放,在 pH 7.0～8.0 条件下凝胶结构崩解,释放出所包埋的益生菌。在羧化多糖基础上,构建了巯基化羧化魔芋微球来包埋菌体,载体富含大量羧基能结合屏蔽胃酸 H$^+$,且巯基产生的二硫键增强了载体胃酸稳定性;双交联微球还能在肠道响应性释放菌体,解离后的巯基化多糖还能作为桥梁增强菌体和黏蛋白黏附作用。结果显示包埋后胃酸活菌数从 0 提升至 10^6 CFU/mL,且包埋后肠道活菌数比商业化制剂高出 100 倍[11] (图 9-7)。

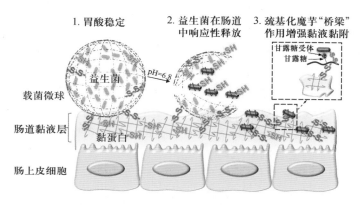

二维码 11　魔芋微球包菌动画讲解视频

图 9-7　益生菌肠道定向释放改性魔芋微球载体的设计思路[10]（附动画视频）

9.3.3　生理酶响应性释放载体

　　结肠部位聚集着大量的微生物群会分泌各种酶,如葡聚糖酶和 β-甘露聚糖酶等。因此,针对益生菌,结肠靶向的酶响应递送载体具有广阔的应用前景。魔芋葡甘露聚糖（KGM）是结肠靶向递送中常用的食源性多糖,本身就是一种益生元。例如,KGM-羟丙基甲基纤维素微胶囊能够避免胃液降解,将 5-氨基水杨酸靶向输送至结肠,被结肠中的 β-甘露聚糖酶降解,实现结肠靶向释放。基于 KGM 和黄原胶（XG）混合递送载体能够在结肠被 β-甘露聚糖酶降解,具有持续缓释递送功能因子的特性。除此以外,荷载功能因子的葡聚糖水凝胶在胃肠道的生理条件下稳定,而只在结肠中的被微生物葡聚糖酶降解从而实现结肠靶向释放特性。由聚丙烯酸（PAA）和甲基丙烯酸缩水甘油基酯右旋糖酐（GMD）组成的水凝胶也显示出了结肠葡聚糖酶响应性释放特性。包埋的 5-氨基水杨酸在胃、肠的 pH 条件下释放不明显,但由于结肠的葡聚糖酶水解糖苷键而迅速从 PAA/GMD 水凝胶中释放。壳聚糖包衣脂质体具有胰脂肪酶响应性释放特性,能够将所包埋的类胡萝卜素在小肠定向释放。壳聚糖外壳阻碍了脂肪酶向脂质体的渗透,不仅减慢了脂肪消化,可以用于低热量食品的研发,并且还显示出持续缓慢释放包埋物的特性。改变涂在油滴上微胶囊层的数量可调节脂质消化:在初级单层乳液中,脂质暴露于胃部条件后发生的絮凝或聚结导致小肠中的脂质消化速率减慢;在双层水包油型（O/W）乳液的胶体稳定性提高后,脂肪酶的渗透加快,促进包埋的脂质变成游离脂肪酸和单酰基甘油。

9.3.4　靶向受体生物识别型载体

　　在载体表面偶联靶向分子（如肽配体）可促进其与靶细胞表面受体的特异性结合,能够通过受体介导的内吞显著提高功能因子细胞摄取率。CKSTHPLSC(CKS9)肽作为一种新型 M 细胞归巢肽配体,与壳聚糖纳米粒子结合已成为一种靶向派伊尔结的滤泡相关上皮区域的有效口服载体。CKS9 肽对 M 细胞的亲和力和胞吞特性明显增强,并且实现了对派伊尔结的滤泡相关上皮(FAE)的体内特异性定位。CSKSSDYQC(CSK)修饰的固体脂质纳米颗粒(SLN),作为转运疏水性药物的潜在载体,例如,阿托伐他汀钙(ATC),是通过肽配体 CSK 偶联至硬脂酸制备得到。这种 CSK 肽修饰的 SLN 在单层肠细胞中表现出优异的黏液穿透能力,并显著提高了 ATC 的生物利用率。在肽配体 RGD(Arg-Gly-Asp)与载有抗原、PEG 化的 PLGA 纳米颗粒共价连接后,能够靶向人体 M 细胞。RGD 标记的纳米颗粒提高了化合物向人滤泡相关上皮细胞的渗透,因为 RGD 配体和 β_1 整联蛋白在共培养物顶端表面相互作用,所以 RGD 标记的纳米颗粒更易在 M 细胞中富集。涂覆香豆素 6 的聚(乙二醇)-嵌段-聚(ε-己内酯)(PEG-b-PCL)胶核与转铁蛋白受体(TfR)特异性 7 肽(7pep,组氨酸-丙氨酸-异亮氨酸-酪氨酸-脯氨酸-精氨酸-组氨酸)偶联制备纳米颗粒能够通过网格蛋白介导的内吞机制进入细胞并显著增加其细胞摄取量。此外,FQS 肽(FQSIYPpIK)能够特异性识别肠上皮细胞高表达的整联蛋白 avb3 受体。由 FQS-TMC 共轭结合聚(丙交酯-乙交酯)-单甲氧基-聚(聚乙二醇)(PLGA-mPEG)形成的纳米颗粒荷载胰岛素能够提高其在细胞的摄取,从而提高了其降血糖能力。李等构建了肝靶向的半乳糖-氧化淀粉-溶菌酶纳米载体[12](Gal-OSL),肝细胞表面存在大量能够特异性识别半乳糖纳米载体的受体,因此,Gal-OSL/Res 可以有效递送白藜芦醇并在肝脏富集,增加其肝脏局部浓度,可有效地预防脂肪肝的发生(图 9-8)。在乳清蛋白纳米载体上偶联识别乳腺癌细胞的靶向肽能够成功地将姜黄素靶向递送至乳腺癌细胞,成功地抑制了肿瘤的生长。然而,共轭连接的靶向递送载体通常用于药物递送,在食品中的应用还较为局限。在食品载体方面的应用还应考虑更加安全和绿色的方法。例如,通过酶促反应在载体上修饰靶向小分子。

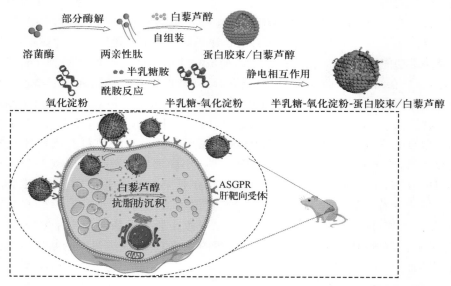

图 9-8　肝靶向递送白藜芦醇氧化淀粉纳米颗粒的构建和靶向肝细胞工作示意图[12]

(经版权许可所有 2018 ELSEVIE 许可使用,授权号:5054700344717)

9.3.5　黏液渗透和黏膜黏附型载体

黏液层(mucus layer)是一种由高度糖基化的糖蛋白构成的一种疏水三维网络结构，是用来屏蔽外界有害物入侵的天然屏障。肠道黏液层能够阻碍致病菌、毒素和病毒侵袭，是机体的天然保护屏障。肠黏液的网络阻碍作用会阻碍某些功能因子的转运和吸收。外来颗粒会被黏液层捕获，在几秒至几小时范围内被黏液清除。研究表明，与含有 β-胡萝卜素的脂质体相比，含有 EGCG 的脂质体与人肠黏液的相互作用会更强，因为疏水性生物活性分子影响黏液层的流变性质，但亲水性生物活性分子则不会。Caco-2(无黏液)和 Caco-2/HT29-MTX(分泌黏液的细胞)共培养模型用于研究黏液和脂质体之间的相互作用，发现黏液层的存在的确会阻碍功能因子在细胞层的吸收。黏液穿透型递送载体(mucus-penetrating delivery systems)可以快速扩散通过黏液层，从而高效克服肠黏液屏障被细胞吸收。亲水性聚合物 PEG 经常用于包覆纳米颗粒以改善其黏液渗透能力以减少载体与黏液层的相互作用。PEG 修饰的胶束递送维A 酸(ATRA)显著提高了其口服生物利用率。用葡聚糖-鱼精蛋白(dex-prot)复合物修饰纳米结构脂质载体的表面呈电中性，使其容易穿透肠黏液层。比较各种聚合物例如葡聚糖(DEX)、氨基葡聚糖(ADEX)、环糊精(HPBCD)、甘露糖胺(MA)和 PEG 修饰纳米颗粒(Nanoparticle-NP)的黏液渗透性的结果表明，涂有 MA 的纳米颗粒黏液渗透性最好。同时，载体的形状、硬度和粒径均会影响其在黏液中的扩散运动能力，通过制备理化性质可控的乳白蛋白载体[8]，采用由高分辨成像技术和多重粒子示踪技术结合研究载体在黏液中的运动轨迹，发现柔性短管状载体具有更大幅度的运动轨迹和更快的扩散速率(图 9-9)。通过构建粗粒化分子动力学模型阐明了其中的微观机制：与球状载体相比，其具有较大纵横比的管状载体更易于在黏液中形成垂直优势构象。另外，由于其半径小且具有的相对柔软的特性使之更容易匹配黏液的网络结构，有助于在黏液网格间进行扩散和渗透[4]。研究发现，短管状载体荷载姜黄素具有极佳的肠道递送效果，远优于脂质体等传统载体，进而提高了姜黄素在肠道的吸收利用率。此外，应该考虑设计能够克服细胞内溶酶体酶降解的载体。因为溶酶体中的一些蛋白水解酶会降解蛋白质，功能因子在溶酶体内释放而无法在细胞质中释放来发挥作用。应设计可以从溶酶体中逃逸的载体，以便能进一步将功能因子递送到细胞质中，然后进入血液循环。

黏膜黏附递送载体(mucoadhesive delivery systems)是指一种和肠黏液发生黏附作用，从而延长功能因子在肠黏膜的停留时间，能够缓慢释放功能因子的递送载体。硫醇化聚合物，如巯基、共轭聚(丙烯酸酯)、壳聚糖或脱乙酰基结冷胶衍生物，可通过与富含半胱氨酸的黏液糖蛋白形成二硫键而增强聚合物与黏蛋白之间的相互作用，显著提高黏膜黏附性。研究发现还原型谷胱甘肽(GSH)修饰的壳聚糖纳米颗粒的黏膜黏附性最好。此外，涂有壳聚糖聚合物的固体脂质纳米粒子也能够提高姜黄素的生物利用率。三甲基壳聚糖氯化物(TMC)是另一种具有黏膜黏附性的生物相容性聚合物，已用于纳米载体改性从而提高其黏膜黏附能力。例如，制备涂有 TMC 的聚乳酸-羟基乙酸共聚物(PLGA)的纳米颗粒(TMC-PLGA NP)用于口服递送胰岛素。在小鼠口服给药后，TMC-PLGA NPs 不仅可以保护胰岛素免于被胃肠道中的酶降解，而且由于 TMC 的黏膜黏附特性，还可以延长其在吸收部位的停留时间。通过巯基化修饰氧化魔芋微球在增强益生菌在肠道黏液的黏附定植能力的同时，还可避免递送载体对胃黏液的黏附作用。

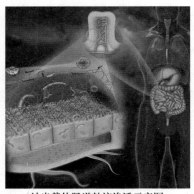

纳米载体肠道粘液渗透示意图

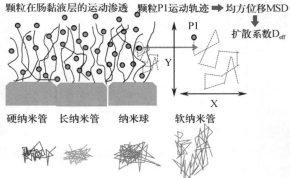

不同纳米载体的运动轨迹预示载体具有不同的黏液渗透能力

D_{eff}：有效扩散系数；MSD：均方位移。

图 9-9　乳白蛋白纳米自组装载体渗透黏液屏障的运动扩散轨迹及渗透扩散速率的计算[8]

二维码 12　纳米管在小肠黏液层渗透的分子动力学模拟视频

9.4　递送载体的细胞内吞机制

通常,大多数生物活性物质通过上皮细胞的吸收效率不会太高。例如,疏水化合物主要通过简单的被动扩散吸收；维生素 A 通过胆盐胶束转运吸收；多酚通过载体介导的转运吸收,但存在于上皮细胞外排泵 P-gp 会将吸收的多酚泵送回肠腔,极大地限制了多酚的细胞摄取量。载体可以转运较多的生物活性物质,并将其递送至细胞内部并克服外排泵的影响。在设计和应用载体之前需要了解载体的细胞摄取机制。由于纳米颗粒的尺寸显著大于小分子,因此以非特异性渗透途径进行被动的细胞转运是非常受限的,但纳米载体可通过能量依赖机制来主动运输转运,主动方式比被动运输方式更有效。

主动的细胞内吞机制大致分为 4 种:吞噬作用、大胞饮作用、网格蛋白介导的内吞作用和小窝蛋白介导的内吞作用等(图 9-10)。吞噬作用和内吞作用途径更可能发生在 M 细胞中。小窝蛋白介导的内吞作用、网格蛋白介导的内吞作用以及微胞饮现象均是肠上皮细胞摄取纳米颗粒的主要途径,这些途径非常复杂并且可能多种途径同时进行,促进对纳米载体的转胞吞作用。例如,装载姜黄素的大豆蛋白纳米载体主要通过网格蛋白介导的内吞作用途径转运。通常,肠细胞

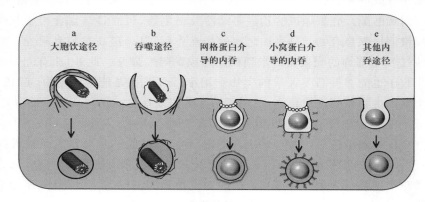

图 9-10　纳米载体的细胞内化途径

只能吸收小于 100 nm 的纳米颗粒,而派伊尔结的 M 细胞倾向于摄取大于 500 nm 的纳米颗粒。

尽管亲水性生物活性物质优选通过细胞旁路途径转运,但细胞之间的紧密连接(tight junctions)会形成约 1 nm 的细胞间隙,特别是对于高分子量的化合物来说,这是细胞间渗透的重要障碍。为了加速细胞旁路转运,打开紧密连接是一种有效的策略,TMC 结合的纳米载体能够可逆地打开紧密连接并提高胰岛素的口服吸收率。

9.5 递送载体的消化和吸收评价模型

标准化的体外和体内评价模型的建立有利于评估载体递送功能因子的作用效果,表 9-3 总结了认可度较高的体内和体外评价模型的应用范围并比较了其优缺点。最简单的模型是体外模拟胃肠液(gastrointestine,GI)模型,通常用来评价功能因子在模拟胃肠道环境下的消化和释放情况。该方法成本低、省时、重现性好且不需要动物或人体实验,因此体外 GI 胃肠液模型已广泛应用于评价功能性食品和药品的消化效率。该模型也为更加深入的体内实验之前提供初步依据。在体外模拟胃肠液消化模型的基础上,配合一些模拟胃肠道运动的机械设计,发展成相对复杂的模拟人体肠道微生物生态系统(SHIME)、TNO 胃肠道模型(TIM)、人胃模拟器(HGS)和 INFOGEST 模型。此外,体外 Caco-2 单层细胞模型、Caco-2/HT-29 混合细胞模型和肠道干细胞类器官模型为评价功能因子的吸收、转运和活性的体外细胞评价模型,动物水平生物利用率模型则使用动物活体来评价功能因子吸收利用率。

模拟胃肠液 GI 模型通常用于研究各种因素,如盐离子浓度、酶活性、消化时间和施加的机械应力等对食品成分消化的影响。SHIME 模型用于研究食物成分与结肠微生物群中微生物群落组成之间的相互作用,广泛应用于营养品、药物、一般安全评估和微生态的研究,还用于分析营养保健的功效、消化特性及生物利用率。TIM 模型广泛应用于食品和制药行业,用来研究功能性成分、药物和营养素的吸收和相互作用。此外,TIM 模型还可以用于研究食物被消化的位置,营养吸收的速率及刺激和抑制因子之间的相互作用。HGS 模型可以模拟人体消化过程,研究食物成分和胃内容物在食物消化过程中的变化。此外,HGS 模型还可以用于研究食物降解的动力学以及营养物质受机械收缩、酸和酶分泌物等生理条件影响规律。COST Infogest 国际公司提出了一种适用于生理条件下食品的通用标准化和实用的静态消化方法,命名为 INFOGEST 模型。Caco-2 细胞单层作为体外细胞模型可用于研究表观渗透性(P_{app}),以反映肠上皮细胞的跨膜转运和吸收情况。混合细胞能分泌黏液可以更加接近肠道上皮真实情况。干细胞类器官模型可以评价药物的作用效果和分子机制,是一种较为先进的评价模型。实验动物(小鼠、兔子、狗和猴等)口服功能因子后在连续时间间隔内测定血液中分子浓度的药代动力学能够用来测量功能因子的口服生物利用率,比体外模型更加接近真实情况。

表 9-3 不同 GI 消化吸收模型的比较

模型类型	应用	优势	劣势
模拟胃肠液 GI 模型	模拟胃肠液环境和消化时间,并分析胃部消化过程中食物成分的变化和功能因子的释放	易于构建和节省成本	食物在胃中遇到的机械力和流体力学不能复制

续表9-3

模型类型	应用	优势	劣势
SHIME 模型	研究结肠微生物群中微生物群落的相互作用和组成	模拟食糜通过胃肠道的动力学	不能模仿益生菌和宿主之间的相互作用
TIM 模型	监测食物消化的地点,评估营养吸收的利用度以及刺激和抑制因素间食物的相互作用	全面模拟消化过程,并且过程可控	缺少来自中枢神经系统的反馈和用于控制胃、肠运动和分泌物、黏膜细胞和免疫系统的特定激素释放
HGS 模型	研究食物在胃中的消化	模拟胃壁运动,并且胃分泌和排空是可控的	缺少生理条件的控制
细胞培养模型	测定成分的跨膜转运速率和吸收	易于构建和标准化,需要少量样品,反映细胞水平的吸收	忽略了体内其他复杂因素
动物模型	研究体内营养物质的生物利用率	提供一个在吸收、分配和新陈代谢过程中模仿完整的动态生理和生理事件的生命系统	耗时,昂贵,有时是非人道的

9.6 递送载体在功能食品中的应用

能够应用于食品体系的递送载体需要满足若干条件。首先,载体自身必须是稳定的,且不能在胃部提前释放出所包埋的化合物,尽量只在肠道释放。其次,载体应该能够快速跨越肠黏液层,以便快速到达肠细胞表面而不是被黏液更新清除掉。亲水性和电中性的粒子比较容易通过肠黏液。载体的粒径大小是影响肠黏液渗透能力的重要因素,较小的载体更容易渗透黏液屏障,在细胞中富集,从而更多进入体循环。尺寸较小的纳米载体能够以主动内吞的细胞途径进入小肠上皮细胞,显著提高包埋于载体中的活性因子的胞内有效浓度。纳米载体还能可逆地打开上皮细胞的紧密连接,通过细胞间扩散途径提高功能因子的吸收率。此外,小分子靶标修饰的纳米载体通过特异性识别特定细胞表面的受体能够提高细胞对功能因子的摄取。从应用的角度出发,载体与食品体系(液体、固体和半固体等不同状态,乳品、肉品、饮料等不同品类)需要具有较高的兼容性,不会与其他组分发生相互作用,维持相对长久的胶体稳定性,因此,一旦载体添加到食品中,就需要考虑载体与该食品体系的相互作用。

每类生物活性物质具有不同的化学结构(亲水或亲脂)、生物学功能和敏感性。例如,有些活性物质例如鱼油具有类似鱼腥味的不良味道,利用包埋技术对其进行包埋可以在一定程度上掩盖这些味道。包埋方法包括复合凝聚、络合、脂质体、结晶、纳米颗粒和乳液包埋等,包埋工艺包括混合、乳化、均质、喷雾和冷冻干燥等多种工艺。许多维生素(如维生素 A、维生素 D、维生素 E 和维生素 K)应用的主要挑战是溶解性差和对氧的敏感性。通过包埋手段可以显著改善其分散性和稳定性。研究人员已成功将维生素 E(V_E)包埋在改良的木薯淀粉纳米胶囊中,显著提高了 V_E 的热稳定性,且保持良好的溶解性。酪蛋白水解后得到的两亲性肽通过自组装形成胶束的纳米颗粒。维生素 D(V_D)通过疏水作用结合到胶束的疏水核心中,提高了其热稳定性。多不饱和脂肪酸例如二十二碳六烯酸(DHA)和二十碳五烯酸(EPA)容易氧化,通过包埋技术可以防止其氧化变质及掩盖鱼腥味。采用乳清蛋白纳米胶束能够将脂溶性辣椒素包埋进疏水内核,不仅提高了其水溶性,还掩饰了其辛辣刺激性[13]。增强了纳米胶束脂肪靶向和渗透作用,发挥了辣椒素促进白色脂肪细胞棕色化的作用[14]。由果胶和 β-乳球蛋白形成的纳米胶囊可保护 DHA 在加工贮藏条件下不降解:在 40 ℃下 100 h 内的损失率仅为 5%～10%,而未包封的 DHA 损失率则高达 80%。许多生物活性肽和蛋白质对环境高度敏感,在胃肠道中吸收率低。递送载体可以增溶、稳定和保护这些生物活性物质并将其靶向性地递送至肠道吸收。

递送载体能够在食品中发挥各种重要的作用,提高功能因子在食品中的兼容性,保护其免受外部条件的破坏,提高其在肠黏液屏障的渗透性和在上皮细胞的吸收率。亲水性较强的纳米载体可以显著提高疏水性物质的水溶性。例如,脂溶性维生素和类胡萝卜素可以包埋于外部亲水的载体中,显著提高其在水中的分散性。再如,脂溶性维生素 D 通过分子自组装和共组装包埋于 β-乳球蛋白中,维生素 D 的溶解度被显著提高。β-乳球蛋白纳米胶囊包埋的亚油酸的水溶性从 12% 增加到 45%,且白蛋白纳米颗粒包埋的辅酶 CoQ_{10} 的水溶性也得到显著提高。维生素 $C(V_C)$ 的稳定性受光、氧和热的影响,包埋于无机 SiO_2 载体中的维生素 C 存储 1个月之后保留率高达 95%,而未包封的维生素 C 低于 10%。

在体外改善生物活性物质的水溶性和稳定性之后,递送载体在体内高效吸收还面临很多阻碍,还需要克服胃肠道的低 pH、离子强度、酶和黏液屏障才能显著提高其肠道吸收率。人体复杂的生理环境会阻碍荷载功能因子的递送载体到达靶位点。因此,需要更加智能、稳定性更高的递送载体保护和递送生物活性物质到达目标部位按需释放。根据肠道中性 pH、微生物酶、特异性受体和上皮细胞的黏液屏障的微环境可以设计环境响应性释放载体,生物活性分子适时适地释放到小肠。当较多的生物活性物质被递送至小肠后,小肠上皮细胞会以主动内吞的方式进一步对功能因子进行吸收和利用。未来还应该深入研究载体与黏液相互作用、载体细胞摄取机制、靶向递送机制和载体代谢安全性及对肠道菌群的影响等。采用益生元特性的壁材来构建肠道响应性释放载体来递送高活性益生菌,具有广阔的应用前景。此外,基于水凝胶或自组装技术,同时响应胃肠道生理条件(pH、酶和肠黏液屏障)的多功能纳米载体也是较有前景的研究方向。

❓ 思考题

1. 针对包埋对象,天然小分子化合物和益生菌在递送载体设计上需要分别考虑哪些因素?

2. 递送载体需要具备什么特点才能更好地在不同的食品体系里兼容?

▨ 参考文献

[1] CHAI J J, JIANG P, WANG P J, et al. The intelligent delivery systems for bioactive compounds in foods: Physicochemical and physiological conditions, absorption mechanisms, obstacles and responsive strategies [J]. Trends in Food Science and Technology, 2018, 78: 144-154.

[2] BAO C, JIANG P, CHAI J J, et al. The delivery of sensitive food bioactive ingredients:

Absorption mechanisms, influencing factors, encapsulation techniques and evaluation models [J]. Food Research International, 2019, 120: 130-140.

[3] LIU B, LIU B, Wang R, et al. α-Lactalbumin Self-assembled Nanoparticles with Various Morphologies, Stiffness and Sizes as Pickering Stabilizers for Oil-in-water Emulsions and Delivery of Curcumin [J]. Journal of Agricultural and Food Chemistry, 2021, 69(8): 2485-2492.

[4] LI Y, De VRIES R, SLAGHEK T, et al. Preparation and Characterization of Oxidized Starch Polymer Microgels for Encapsulation and Controlled Release of Functional Ingredients [J]. Biomacromolecules, 2009, 10:1931-1938.

[5] LI Y, KADAM S, ABEE T, et al. Antimicrobial lysozyme-containing starch microgel to target and inhibit amylase-producing microorganisms [J]. Food Hydrocolloids., 2012, 28:28-35.

[6] CHEN X D, WANG S S, YUAN Q P, et al. Formation and characterization of light-responsive TEMPO-Oxidized Konjac Glucomannan Microspheres [J]. Biomacromolecules, 2014, 15:2166-2171.

[7] HU Y L, BAO C, LI D, et al. The construction of enzymolyzed α-lactalbumin based micellar nanoassemblies for encapsulating various kinds of hydrophobic bioactive compounds [J]. Food and Function 2019,2019, 10:8263-8272.

[8] BAO C, LIU B, LI B, et al. Enhanced Transport of Shape and Rigidity-tuned α-lactalbumin Nanotubes across Intestinal Mucus and Cellular Barriers [J]. Nano Letters, 2020, 20: 1352-1361.

[9] DU Y Z, BAO C, HUANG J, et al. Improved stability, epithelial permeability and cellular antioxidant activity of β-carotene via encapsulation by self-assembled α-lactalbumin micelles [J]. Food Chemistry, 2019,217: 707-714.

[10] LI D, LIU A L, LIU M Y, et al. The intestine-responsive lysozyme nanoparticles-in-oxidized starch microgels with mucoadhesive and penetrating properties for improved epithelium absorption of quercetin [J]. Food Hydrocolloids, 2020,99: 105309.

[11] LIU Y, LIU B, LI D, et al. Improved Gastric Acid Resistance and Adhesive Colonization of Probiotics by Mucoadhesive and Intestinal Targeted Konjac Glucomannan Microspheres [J]. Advanced Functional Materials, 2020, 30: 2001157.

[12] TENG W D, ZHAO L Y, YANG S T, et al. The hepatic-targeted, resveratrol loaded nanoparticles for relief of high fat diet-induced nonalcoholic fatty liver disease [J]. Journal of Controlled Release, 2019, 307: 139-149.

[13] Zuo C C, Zhang H J, Liang S, et al. The alleviation of lipid deposition in steatosis hepatocytes by capsaicin-loaded α-lactalbumin nanomicelles via promoted endocytosis and synergetic multiple signaling pathways [J]. Journal of Functional Foods,2021,79:104396.

[14] BAO C, LI Z K, LIANG S, et al. Microneedle patch delivery of capsaicin alpha-lactalbumin nanomicelles to adipocytes achieves potent anti-obesity effects[J]. Advanced Functional Materials, 2021:2011130.

10

食品胶体新型表征技术

　　内容简介：本章主要介绍评价胶体特性的表征技术，包括胶体尺寸、微观结构、电荷、流变和稳定性等。所选择的表征技术包括传统经典方法（如显微镜技术）和新兴方法（如多散斑扩散光谱技术），从表征原理、仪器结构及应用等方面对各表征技术进行详细介绍。

　　食品胶体新型表征技术以高水平科技自立自强支持未来食品高质量发展，引导健康、营养、安全可持续食品面向人民生命健康，推动食品行业绿色、高质量发展。

　　学习目标：要求学生能掌握仪器的测定原理，能合理选择表征技术以达到实际的检测目的，了解仪器的组成及使用流程。

食品是一个多组分、多相的复杂体系。在加工过程中,食品组分因自身组装或与其他组分发生相互作用,从而形成各种胶体结构。胶体在食品加工过程与营养组分递送中发挥着重要作用。这种作用方式及递送效率与胶体的理化结构及特性密不可分。

10.1 胶体尺寸性质

胶体结构常见于食品体系。一些液体食品,如牛乳、色拉调味料、咖啡、汤等,它们部分或全部以分散液或乳状液的状态存在;还有一些固体食品,如奶粉、面粉、冲剂等,它们以粉末颗粒形式存在。不论是液体还是固体食品,其特性(质构、外观和风味)均会受乳状液、粉末颗粒等胶体尺寸大小的影响。因此,表征胶体的尺寸性质尤为重要。根据不同的测定原理,胶体尺寸的表征技术包括直接分析方法(显微镜技术和筛分法)、光学技术法(静态光散射法、动态光散射法等)、沉降技术法(重力沉降、离心沉降等)、声学技术法、核磁共振法、小角度 X 射线散射(SAXS)等。还有一些新技术有望应用于胶体尺寸的表征,如纳米粒子跟踪分析(nanoparticle track analysis,NTA)、荧光相关光谱术(fluorescence correlation spectroscopy,FCS)、激光诱导击穿检测(laser-induced breakdown detection,LIBD)和单粒子计数器(single particle counter,SPC)等。本节将选择光学技术法进行详细介绍,显微镜技术法将在微观结构表征这一节进行介绍。

10.1.1 静态光散射法

静态光散射法(static laser light scattering,SLS),又称激光衍射技术(laser diffraction)或米氏散射(mie scattering),可用于测量 0.1~1 000 μm 颗粒的粒径及粒径分布。

10.1.1.1 测定原理

SLS 是利用激光束穿过分散的颗粒样品时,散射光强度的角度变化来测量其粒径及粒径分布。较大的粒子相对于激光束以较小的角度散射光,较小的粒子相对于激光束以较大的角度散射光。然后,使用光散射的米氏理论,分析光强度数据,以计算所创建散射图案的颗粒尺寸。激光衍射技术是根据米氏散射理论,以体积等效球体模型为基础,计算粒径及粒径分布。

实际上,胶体体系所含颗粒的粒径大小并不是一个值而是一个范围,所以又被称为多分散体系,因此粒径通常不是用单个液滴粒径大小而是用平均粒径来表示。粒径的平均尺寸有多种表达方式,包括长度平均粒径、表面积平均粒径或体积平均粒径等(表 10-1)。在实际使用过程中,可选择合适的表达方法反映粒径大小,常用表面积平均粒径 d_{32} 或体积平均粒径 d_{43} 表示。在测量结束后,软件可同步提供样品的粒径分布情况,见图 10-1。其纵坐标可以是数量分数或体积分数。

表 10-1 乳状液颗粒平均粒径常用的表达方法

平均粒径	符号	定义
数量-长度平均直径	d_{NL} 或 d_{10}	$d_{10} = \dfrac{\sum\limits_{i=1} n_i d_i}{\sum\limits_{i=1} n_i}$

续表10-1

平均粒径	符号	定义
数量-面积平均直径	d_{NA} 或 d_{20}	$d_{20} = \sqrt{\dfrac{\sum\limits_{i=1} n_i d_i^2}{\sum\limits_{i=1} n_i}}$
数量-体积平均直径	d_{NV} 或 d_{30}	$d_{30} = \sqrt{\dfrac{\sum\limits_{i=1} n_i d_i^3}{\sum\limits_{i=1} n_i}}$
面积-体积平均直径	d_{AV} 或 d_{32}	$d_{32} = \dfrac{\sum\limits_{i=1} n_i d_i^3}{\sum\limits_{i=1} n_i d_i^2}$
体积分数长度平均直径	d_{Φ} 或 d_{43}	$d_{43} = \dfrac{\sum\limits_{i=1} n_i d_i^4}{\sum\limits_{i=1} n_i d_i^3} = \sum\limits_{i=1} \Phi_i d_i$

注：N，L，A，V 和 Φ 分别代表数量、长度、表面积、体积和体积分数。n_i 表示直径为 d_i 的液滴数量；d_i 为液滴直径。

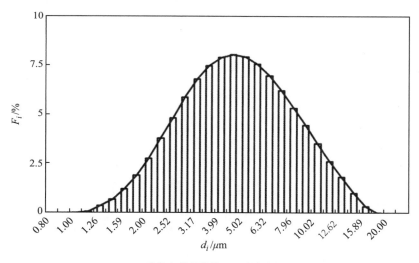

F_i：分散相数量分数；d_i：液滴直径。

图 10-1 胶体粒径分布图

10.1.1.2 仪器组成

静态光散射仪主要由激光器、透镜、光检测器、遮光度检测器、数据采集分析软件等组成（图 10-2）。

①激光器。采用氦-氖（He-Ne）激光器发射激光，波长为 633 nm，该光源具有稳定性高、抗震性好、背景噪声低等特性。

②检测系统。仪器在主检测器的基础上，增加大面积的前向和背向检测器群组，使检测角最高达到 135°，检测下限可达 20 nm，从而实现纳米、亚微米或微米级颗粒的粒径检测。为保证小颗粒的散射光强信号足够大，同时有效降低大颗粒散射信号的噪声，仪器采用非均匀交叉排列扇形检测器，检测器灵敏度呈对数规律增加，使其始终保持高信噪比，避免散射信号的丢失。

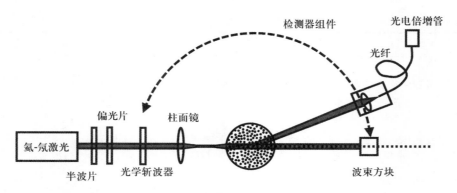

图 10-2　静态光散射仪组成结构示意图

③数据采集分析软件:主要用于光路校正、背景扣除、数据采集与处理、报告生成等操作。

10.1.1.3　测定步骤及应用实例

以常规湿样测定为例,测量步骤包括测量参数设定与样品测量。测量参数设定主要包括两相折射率和遮光率:分散相根据物质选取折射率,连续相通常选取水,其折射率为 1.333;遮光率在 3%～10%。测定时吸取适量的胶体样品分散到蒸馏水中,如果分散效果不佳,可借助超声处理提高样品的分散性,以确保遮光率在 3%～10%,然后用软件控制样品测量过程。图 10-3 为壳聚糖乳液的粒径及粒径分布。

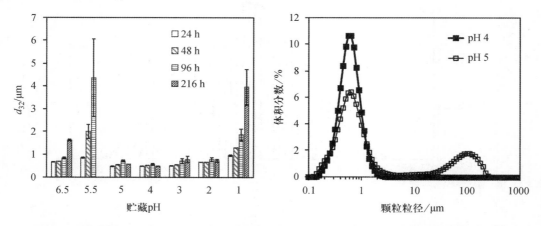

图 10-3　壳聚糖乳液在不同 pH 和贮藏时间下的粒径及贮藏 96 h 后乳液的粒径分布情况[1]

(文献引自 Chen et al.,2017,经版权所有 2020 American Chemical Society 许可使用)

10.1.2　动态光散射法

动态光散射法(dynamic light scattering,DLS),也称为光子相关光谱法(photon correlation spectroscopy,PCS)或准弹性光散射法(quasi-elastic light scattering),可用于测量 0.3 nm～10 μm 亚微米尺寸范围内胶体的粒径及粒径分布。

10.1.2.1　测定原理

当胶体溶液放置在单色光束的路径中时,颗粒的布朗运动会引起光的散射,多元检测器对散射光强度进行测量,再由软件通过适当的光学模型和数学程序,对散射数据进行分析,计算出颗粒粒径及粒径分布。颗粒的布朗运动与其流体动力学粒径相关,颗粒越小,其扩散速度就越大。单个颗粒的布朗运动经由 DLS 内置软件,使用 Stokes-Einstein 方程 10-1 计算出颗粒大小:

$$D = \frac{kT}{6\pi\eta R_h} \tag{10-1}$$

式中,D 为扩散系数;k 为玻尔兹曼常数;T 为温度;η 为溶剂黏度;R_h 为颗粒半径或流体力学半径。

10.1.2.2 仪器组成

动态光散射仪由光学平台、检测部件、温度控制器和数据采集分析软件等组成(图 10-4)。

① He-Ne 激光光源,信噪比高、单色性高、发散性好、单位面积功率高,输出光强不受供电电压波动及温度变化的影响。

② 检测部件,光电倍增管检测器在一个特定的散射角(90°或 173°的 DLS 模块)处测量净散射量。

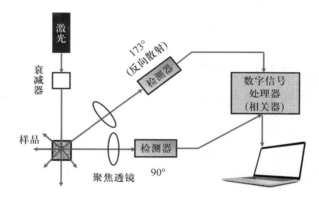

图 10-4 动态光散射仪组成结构示意图

③ 温度湿度控制部件,0~90 ℃控温范围,控温精度为±0.1 ℃。

10.1.2.3 测定步骤及应用实例

将待测样品加入至干净的玻璃比色皿或光学一次性塑料比色皿中,最小样品量随比色皿规格的不同而不同。为了避免多重光散射对测量结果的影响,测量前将样品稀释到一定浓度。然后设定测量参数,样品折射率根据所测样品进行选择,水相折射率为 1.333,在一定温度和平衡时间后进行测量,每个样品重复 3 次测量(重复次数可视样品而定)。仪器可提供平均粒径、粒径分布、粒径分布指数(即多分散指数 PDI)等参数信息,其中平均粒径常以 z-average 表示。图 10-5 为纳米乳液的粒径、多分散指数及粒径分布图。

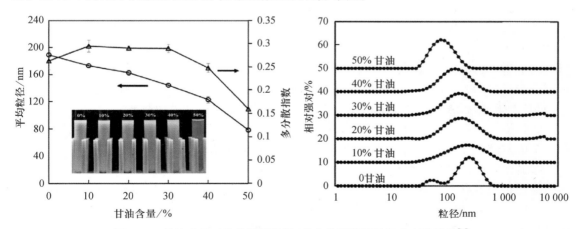

图 10-5 甘油含量对纳米乳液粒径、多分散指数及粒径分布的影响[2]

(文献引自 Wan et al.,2017,经版权所有 2020 Elsevier 许可使用,版权号:4971790819733)

10.2 微观结构

微观结构涉及的范围较广,比如,晶体结构(晶格)、微观形貌(多孔性、堆积状态、三维结构、表界面的粗糙度)等。这些微观结构会影响食品的感官特性、质地及功能特性,因此,掌握胶体微观结构对食品的设计与开发十分重要。为获取不同的微观结构信息,常见的表征方法包括显微镜技术(光学显微镜、电子显微镜、扫描探针显微镜)、衍射技术等。本节将选择显微镜技术,特别是激光共聚焦显微镜、扫描电镜显微镜、透射电子显微镜、原子力显微镜进行详细介绍。

10.2.1 激光共聚焦显微镜

激光共聚焦显微镜(confocal laser scanning microscope,CLSM)是在荧光显微镜成像基础上配置激光光源和扫描装置,在传统光学显微镜基础上采用共轭聚焦装置,利用计算机进行图像处理,对观察样品进行断层扫描和成像,是一种具有高灵敏度和高分辨率的显微镜。CLSM 在生命科学领域的组织、细胞和分子水平研究中的应用十分广泛,具体可用于样品荧光定量检测、共聚焦图像分析、三维图像重建、活细胞动力学参数分析和细胞间通信等方面的研究。

10.2.1.1 测定原理

CLSM 脱离了传统光学显微镜的场光源和局部平面成像模式,采用激光束作光源,激光束经照明针孔,由分光镜反射至物镜,并聚焦于样品上,对标本焦平面上每一点进行扫描。样品中如果有可被激发的荧光物质,受到激发后发出的荧光经原入射光通路直接反向回到分光镜,通过探测针孔时先聚焦,聚焦后的光被光电倍增管(PMT)探测收集,并将信号输送到计算机,经处理在计算机显示器上显示图像。在整个光路中,只有在焦平面的光才能穿过探测针孔,焦平面以外区域射入的光线在探测小孔平面是离焦的,不能通过小孔。因此,非观察点的背景呈黑色,反差增加,成像清晰。

10.2.1.2 仪器组成

CLSM 主要包括光源系统、扫描探测系统、显微镜和图像采集处理系统(图 10-6)。

①光源系统。该系统包括 4 个独立激光器,可提供 6 个不同波长,即 405 nm 固体紫外激光器(100 mW);蓝色氩激光器,谱线含 458 nm、488 nm、514 nm(65 mW);561 nm 固体激光器(100 mW);640 nm 固体激光器(100 mW)。激光波长选择和激光能量控制均由 8 通道声光可调滤光器(AOTF)和超快激光控制系统完成,激光输出模式为单线/多线混合,输出功率 0～100% 连续可调,激光强度调节精度为 0.01%,可实现激光纳秒级切换。

②扫描探测系统。采用双检流计式扫描振镜,内置 4 个光电倍增管(PMT)荧光探测通道和 1 个透射光微分干涉(DIC)通道。通过软件控制可实现多种模式的图像扫描。

③显微物镜。显微物镜是 CLSM 中最为重要的器件,对成像质量起决定性作用。根据初始结构校正轴上点求差,保证较大的数值孔径,增强物镜的聚光能力,以提高物镜的分辨率。

④图像采集处理系统。通过降低扫描速度、增加扫描次数以及改变其他相关参数的设置,可以更好地降低背景噪声,提高图像信噪比,从而获得高清图像。

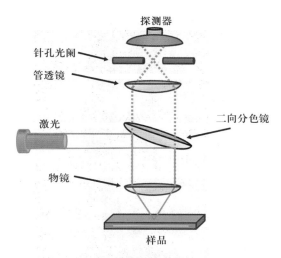

图 10-6   激光共聚焦显微镜组成结构示意图

10.2.1.3   测定步骤及应用实例

CLSM 具有多种功能。针对不同的观察目的,我们需要有针对性地对样品进行处理。这里介绍一种常规的样品处理方法。首先准备待测样品和染料,将一定浓度染料以一定体积加入至样品中,混匀。然后取 1 滴或 5 μL 样品加在载玻片上,盖上盖玻片,置于显微镜下。这与其他光学显微镜的样品准备流程一样。随后调节显微镜将观察目标聚焦,根据观察目标所需,设置显微镜软件中的观察参数,进而对样品进行扫描。通过设定扫描模式,可获得二维图像和三维图像。图 10-7 为玉米醇溶蛋白粒子-甲壳素纳米纤维共稳定的乳液,将油相(绿色)和玉米醇溶蛋白粒子-甲壳素复合物(红色)分别用尼罗红和荧光白染色。图 10-8 为不同纳米颗粒在肠道黏液中渗透的 CLSM 三维图像。

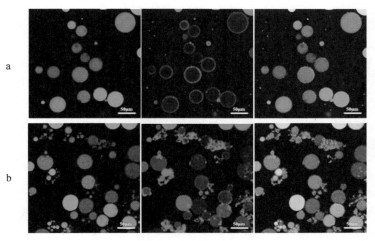

图 10-7   玉米醇溶蛋白粒子-甲壳素纳米纤维共稳定的乳液在 pH 4(a)和 pH 6(b)下的显微结构[3]
(文献引自 Sun et al.,2019,经版权所有 2020 Elsevier 许可使用,版权号:4971800667143)

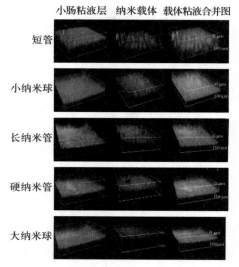

小肠粘液层　　纳米载体　载体粘液合并图

短管

小纳米球

长纳米管

硬纳米管

大纳米球

图 10-8　不同纳米颗粒在肠道黏液中渗透的 CLSM 三维图像[4]

（文献引自 Bao et al.，2020，经版权所有 2020 American Chemical Society 许可使用）

10.2.2　扫描电子显微镜

扫描电子显微镜（scanning electronic microscopy，SEM）简称扫描电镜，是对样品表面形态进行测试的一种大型仪器。

10.2.2.1　测定原理

从灯丝发射出来的热电子，受 2～30 kV 电压加速，经 2 个聚光镜和一个物镜聚焦后，形成具有一定能量、强度和斑点直径的入射电子束。在偏转线圈产生的磁场作用下，入射电子束按一定时间、空间顺序做光栅式扫描，入射电子和样品相互作用，产生二次电子、背散射电子、俄歇电子以及 X 射线等一系列信号。扫描电镜中最基本的成像模式是二次电子成像，二次电子发射量随试样表面形貌而变化，从而反映样品的表面立体形貌。具体而言，由于样品表面的高低参差、凹凸不平，电子束照射到样品上，不同点的作用角度不同，因此造成激发的二次电子数就不同；同样，入射光的方向不同，二次电子向空间散射的角度和方向也不同。在样品凸出部分和面向检测器方向的二次电子多些，样品凹处和背向检测器方向的二次电子就少些。二次电子信号被探测器收集转换成电信号，经视频放大后输入到显像管栅极，调制与入射电子束同步扫描的显像管亮度，得到反映试样表面形貌的二次电子像。

10.2.2.2　仪器组成

SEM 主要由电子光学系统、电子系统、显示部件和真空系统组成（图 10-9）。

①电子光学系统。该系统由电子枪、电磁透镜和偏转线圈（又称扫描线圈）组成，是扫描电镜的核心部分，决定 SEM 的类型和性能。其主要用于产生一束电子能量分布极窄、能量确定的电子束用以扫描成像。

②电子系统。其主要包括电源系统和检测系统。电源系统主要是指各种部件的电源，如加速电压电源、透镜电源和光电倍增管电源等。检测系统主要由探测器、信号放大器和电信号处理器组成。探测器在接收到样品信息后，经放大器放大，转换为电信号进行处理，最终在显

示器上成像。探测器类型有 X 射线探测器、二次电子探测器和背散射电子探测器等。

③显示部件。主要是显像管,将经处理后的信号通过显像管转换成图像显示。

④真空系统。真空系统为电子光学系统提供必需的高真空,保证了电子束的正常扫描,还可以防止样品受到污染。

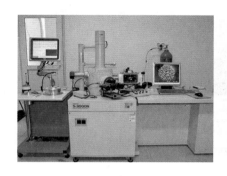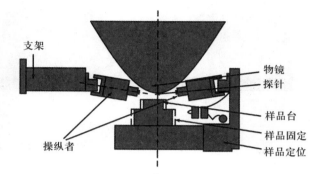

图 10-9　扫描电子显微镜组成结构示意图

10.2.2.3　测定步骤及应用实例

由于扫描电镜的高真空系统,样品进入交换室之前要仔细检查,确保没有易挥发的物质及未粘牢的粉末,以免破坏样品室的真空度。磁性样品不可进入样品室,以免破坏电磁透镜系统。样品的高度要严格控制,以防止碰坏样品室的光学部件。样品在测量前需进行清洗、固定、脱水、干燥等步骤的处理。将干燥的样品用导电性好的黏合剂或其他粘合剂粘在金属样品台上,然后放在真空蒸发器中喷镀一层 50～300 Å 厚的金属膜,以提高样品的导电性和二次电子发射率,改善图像质量,并且防止样品受热和辐射损伤。采用离子溅射镀膜机喷镀金属,可获得均匀的细颗粒薄金属镀层,提高扫描电子图像的质量。将干燥后的样品放入样品室后开始抽真空,当真空信号指示灯变绿,加高压,选择合适的高压及束斑,观察倍数由小到大。聚焦清晰后,选择合适的对比度和亮度,反复聚焦及消像散(3 000 倍以上时),当图像调节清楚后,选择适当的扫描速度和分辨率将图像保存(图 10-10)。

10.2.3　透射电子显微镜

透射电子显微镜(transmission electron microscope,TEM),简称透射电镜,是利用高能电子束充当照明光源而进行放大成像的大型显微分析设备,TEM 可以观察在光学显微镜下无法看清的细微结构(通常是尺寸小于 0.2 mm 的亚显微结构或超微结构)。TEM 的分辨率可达 0.2 nm。

10.2.3.1　测定原理

由电子枪发射出来的电子束,在真空通道中沿着镜体光轴穿越聚光镜,会聚成一束尖细、明亮而又均匀的光斑,照射在样品室内的样品上。透过样品后的电子束携带有样品内部的结构信息,即样品内致密处透过的电子量少,稀疏处透过的电子量多。经过物镜的会聚调焦和初级放大后,电子束进入下级的中间透镜和第 1、第 2 投影镜进行综合放大成像。放大的电子影像投射在观察室内的荧光屏上,荧光屏将电子影像转化为可见光影像以供使用者观察。

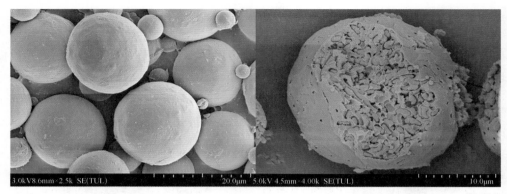

益生菌微球表面形貌　　　　　　　　　　　　　包菌微球切面图

左:空载体;右:包埋益生菌的载体[5]。

图 10-10　氧化魔芋微球表面形貌图

（文献引自 Liu et al.，2020,经版权所有 2020 John Wiley and Sons 许可使用,版权号:4971820093847）

10.2.3.2　仪器组成

TEM 主要由照明系统、成像系统、真空系统、观察记录系统等组成(图 10-11)。

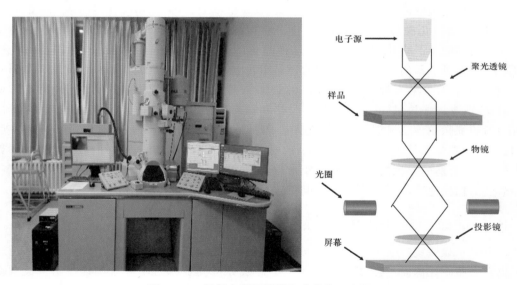

图 10-11　透射电子显微镜组成结构示意图

①照明系统。其包括电子枪、聚光镜和调节装置(偏转器)等,提供亮度高、孔径角小、平行度好、束流稳定、可平移倾斜的电子束。

②成像系统。其主要由物镜、中间镜和投影镜构成。其作用是成像,电磁透镜和光学透镜作用相似,成像公式也相同。

③观察记录系统。其分为荧光屏和照相系统。反映样品微观特征的电子束由成像系统投射到荧光屏后,被转换成与电子强度成比例的可见光图像,进而利用照相系统拍摄图片。

10.2.3.3　测定步骤及应用实例

样品在表征时需暴露在真空环境,且尽可能选择样品较薄的区域。具体的样品需采取合适的样品前处理方法。根据测量需要,胶体样品可将其稀释至合适浓度,然后均匀分散在铜网上,测量前进行干燥处理。对于生物样品,常采用超薄切片技术对其进行处理。其制样过程通常包括取材、固定、清洗、脱水、浸透、包埋、超薄切片、染色等过程。在制样时,需要考察不同样品的结构、化学成分及水分含量等信息,结合生物样本高度非均匀性的特点,优化合理的制样方法,尽可能减少样品前处理步骤,减少外源化学物对样本组织的干扰,避免造成测试假象。测量时,在低倍镜下观察,选择感兴趣的视野,将其移到荧光屏中心,然后调节并确定放大倍数,调节物镜电流使荧光屏上的图像聚焦至最清晰,便可照相记录,正常曝光时间以 4～8 s 为宜(图 10-12)。

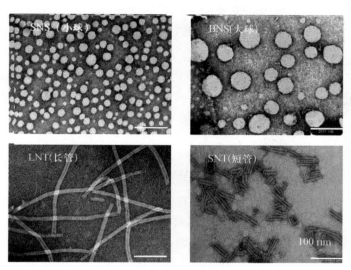

图 10-12   不同形貌的乳清蛋白纳米颗粒 TEM 照片,标尺为 200 nm[4]

(文献引自 Bao et al.,2020,经版权所有 2020 American Chemical Society 许可使用)

10.2.4 原子力显微镜

原子力显微镜(atomic force microscopy,AFM)是扫描探针显微镜中的一种,可以表征导体和绝缘体表面的形貌和性能。AFM 突破了扫描隧道显微镜只能测量导体的限制而得到广泛应用。

10.2.4.1 测定原理

AFM 采用显微制作的探针扫描待测样品表面,探针被固定在一根有弹性的悬臂末端,悬臂通常由金和硅的材料制成。探针在样品表面扫描时,测量探针与样品之间的相互作用力,随着针尖与样品表面之间距离的不同,相应产生微小的作用力,就会引起悬臂的偏转。通过控制扫描头在垂直方向上的移动,反馈回路使扫描过程中的每一点(x,y)上探针和样品之间的作用力保持恒定。当激光束照射在悬臂的末端,经反射进入光电检测器。针尖与样品表面的距离不同使得激光束的方向发生了改变,检测和输送的信号随之变化。检测器将反射的激光束转化成电脉冲,计算机对电脉冲信号处理,将这些信息转换成或明或暗的区域,记录扫描头在每一点(x,y)上的垂直位置,作为样品表面形貌成像的原始数据,从而产生了有明暗对比度的样品的表面形貌图像,进而获得样品表面的三维形貌图像。

10.2.4.2 仪器组成

AFM 的系统构成主要包括：用于产生激光的激光系统(laser)，带针尖的悬臂系统(cantilever)，进行样品表面扫描并可三维移动的压电驱动器(XYZ actuator)，接受激光反馈信息的探测系统(detection)，监控探针运动的反馈回路以及数据处理系统等(图 10-13)。此外，一般 AFM 还配备有防震系统、防噪声系统和温度湿度控制系统，以减少测量误差和稳定测量条件。

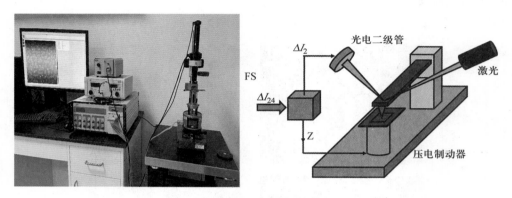

图 10-13　原子力显微镜组成结构及成像原理

①激光系统。二极管激光器发出的激光束经过光学系统聚焦在悬臂背面，而后反射到由光电二极管构成的光斑位置检测器。悬臂随样品表面形貌而弯曲起伏，反射光束随之偏移。因此，通过光电二极管检测光斑位置的变化，就能获得被测样品表面形貌的信息。

②悬臂系统。AFM 的针尖与样品表面之间作用力的变化，是通过弹性悬臂的形变量来体现的。用作悬臂的材料必须容易弯曲，发生的形变均为弹性形变，同时也需要具有合适的弹性系数。悬臂具有一定规格，其选择需依照样品的特性及操作模式而定。

③压电驱动器。在逆压电效应作用下，压电材料可以产生亚纳米级别的高精度位移。因此，探针能够扫描到整个样品表面并记录探针高度的变化。

④探测系统与反馈回路。探测系统按 Z 方向上的控制方式通常分为开环控制方式和闭环控制方式，相应产生了样品形貌的 2 种表征方式，分别称作恒高模式和恒力模式。将改变产生的电信号传输到反馈回路，经过系统分析后，再将调整位置或高度的电信号传输到压电驱动器，驱动样品台运动，从而使针尖与样品表面之间的作用力恢复原有大小。

10.2.4.3 测定步骤及应用实例

AFM 测量流程通常为样品准备、探针选择、测量模式设定。样品表征前，需平铺在一个平整干净的载体上。载体包括云母片、玻璃片、石墨、抛光硅片、二氧化硅和某些生物膜等，其中最常用的是云母片，其非常平整且容易处理。探针需根据样品形态、测量模式进行选择。AFM 的运行模式取决于表征的物理量。根据不同的测量物理量，运行模式可分为接触模式、非接触模式、轻敲模式、扭转共振模式、峰值力模式等。这里主要介绍常见的三种模式。

①接触模式。针尖一直和样品接触并在其表面上简单地移动。针尖与样品间的相互作用力是两者相接触原子间的排斥力，其大小为 $10^{-11} \sim 10^{-8}$ N。接触模式靠这种斥力模式来获取样品表面的形貌信息，产生稳定的、高分辨率的图像(图 10-14)。

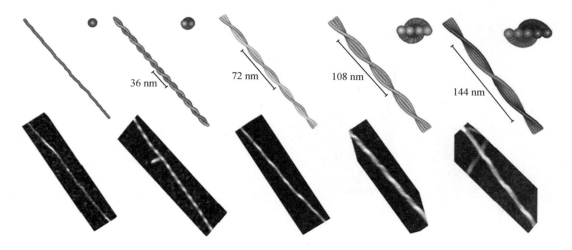

图 10-14　β-乳球蛋白淀粉样蛋白纤维螺旋卷曲过程的原子力显微镜照片及其示意图[6]

（文献引自 Adamcik et al.，2012，经版权所有 2012 Elsevier 许可使用，版权号：5054550534890）

②非接触模式。控制探针不与样品表面接触，让探针始终在样品上方 5～20 nm 距离内扫描。该模式可避免接触模式中破坏样品和污染针尖的问题，灵敏度比接触式高，但分辨率相对接触模式较低。非接触模式不适合在液体中成像。

③轻敲模式。其是介于接触模式和非接触模式之间新发展起来的成像模式，类似于非接触模式，但微悬臂共振频率的振幅相对非接触模式较大，一般在 0.01～1 nm。分辨率和接触模式接近，且避免对样品的破坏，克服以往常规模式的局限。

10.3　电荷性质

10.3.1　激光粒度仪

10.3.1.1　测定原理

粒子表面存在的净电荷会影响粒子界面周围区域的离子分布，从而导致接近表面抗衡离子（与粒子电荷相反的离子）浓度增加。于是，每个粒子周围均存在双电层。一是内层区，称为stern 层，其中离子与粒子紧紧地结合在一起；另一个是外层分散区，称为 diffuse 层，其中离子与粒子相吸附不太紧密（图 10-15）。在分散层内，有一个抽象边界，在边界内的离子和粒子形成稳定实体。当粒子运动时，在此边界内的离子随着粒子运动，但此边界外的离子不随着粒子运动，这个边界称为流体力学剪切层或滑动面。在这个边界上存在的电位即称为 Zeta 电位。一旦知道粒子的电泳速度和所应用的电场强度，再利用已知的样品参数——黏度和介电常数就可以计算出 Zeta 电位。

10.3.1.2　仪器组成

仪器主要分为样品池、检测平台和数据处理软件。在样品池两端加一电场，软件计算得到Zeta 电位。激光粒度仪（图 10-16）可同时测定粒径和电位。

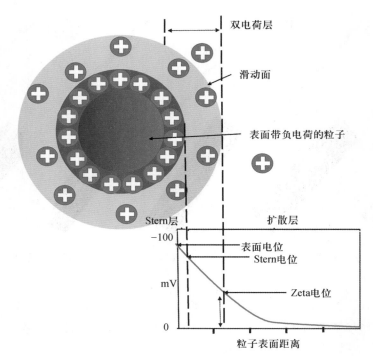

图 10-15　粒子表面的离子分布图

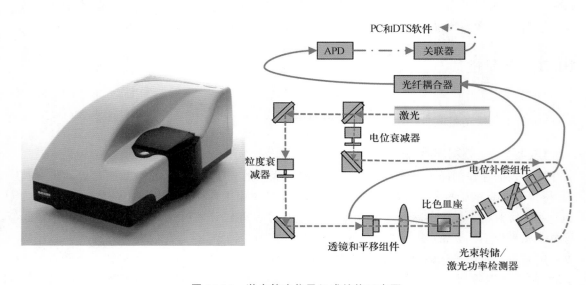

图 10-16　激光粒度仪及组成结构示意图

10.3.1.3　测定步骤及应用实例

将胶体样品进行适当处理后,加入至合适的测量皿中,然后放入测量室,设定参数进行测定。Zeta 电位范围:无实际限制;电泳迁移率:无实际上限;最大样品电导率:200 mS/cm;最大样品浓度:40 $w/v\%$;最小样品量:150 μL;粒径范围:3.8～100 μm。具体应用限制可在使用前查看仪器说明书。值得提醒的是，胶体样品如需稀释，尽量采用和样品相同的溶剂进行处理。

10.4 流变学特性

10.4.1 旋转流变仪

旋转流变仪（rotary rheometer）是现代流变仪中的重要组成部分，可用来快速确定高分子材料的模量、黏度及黏弹性等性能参数。黏弹性可以为高分子的加工和应用提供力学方面的依据，也可提供胶体结构与分子运动的信息。

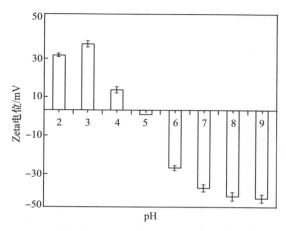

图 10-17　乳清蛋白稳定的乳液在不同 pH 下的电位值[7]

（文献引自 Chen et al.，2018，经版权所有 2020 Elsevier 许可使用，版权号：4971810851053）

10.4.1.1 测定原理

旋转流变仪分为同轴圆筒式、锥板式和平板式 3 种（表 10-2）。将待测液体置于 2 个同轴圆筒的环形空间（同轴圆筒式），或平板与锥体的间隙内（锥板式），或平板与平板的间隙内（平板式），通过圆筒、锥板或平板的旋转，使试样受到剪切，测定转矩值 M 和角频率 ω，便可以得到流体的剪切应力和剪切速率，进而计算出黏度。若将应力或应变以交变形式作用在试样上，就可测定其动态黏弹性。反映黏弹性的参数主要是储能模量（G'）和损耗模量（G''）。

表 10-2　3 种常用夹具的几何特征

项目	平板（PP）	锥板（CP）	同心筒（CC）
几何特征参数			
应变方程	$\gamma_a = \dfrac{R \times \varphi}{h}$	$\gamma = \dfrac{\varphi}{\beta}$	$\gamma = \dfrac{\overline{R} \times \varphi}{R_c - R_b}$
剪切速率方程	$\dot{\gamma}_a = \dfrac{R \times \Omega}{h}$	$\dot{\gamma} = \dfrac{\Omega}{\beta}$	$\dot{\gamma} = \dfrac{\overline{R} \times \Omega}{R_c - R_b}$
应力方程	$\sigma_a = \dfrac{2M}{\pi R^3}$	$\sigma = \dfrac{3M}{2\pi R^3}$	$\sigma = \dfrac{M}{2\pi L R_b^2}$

续表10-2

项目	平板(PP)	锥板(CP)	同心筒(CC)
流场特点	应变、剪切速率对半径成正比	流场均匀,应变、剪切速率处处相等	间隙较小时为均匀场
适用场合	线性测试	线性、非线性测试	线性、非线性测试
不适用场合	非线性测试	变温或控轴向力	法向力测试

10.4.1.2　仪器组成

流变仪主要由测试主机和电控箱两部分组成(图10-18)。测试主机部件主要分为马达、测试夹具、感应部件、温控系统及空气压缩机。DHR 系列流变仪的温控系统主要有基于 Peltier 热电技术的 Peltier 温控单元、基于电热技术的温控单元和基于流体循环的温控单元等。流变仪所用径向轴承为空气轴承,因此需要配套空气压缩机来压缩气源为径向轴承提供支撑。流变仪的测试夹具类型有平行板、锥板和同心筒,可根据样品的黏度和模量进行夹具选择。

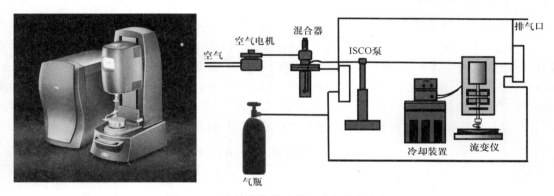

图 10-18　旋转流变仪及其组成结构示意图

10.4.1.3　测定步骤及应用实例

将样品放置于样品台,让样品沉积在板上并等待 5 min 以达到温度平衡。如需做温度扫描,则需要加上控温套。易挥发的样品需加上密封套。实验过程中选取合适的程序进行测定,测量开始时利用软件控制,使夹具与样品接触,然后采取测量模式进行测样,每个样品至少测量 3 次。

旋转型流变仪的测试模式一般可分为稳态测试、瞬态测试和动态测试,它们的区别在于应变或应力的施加方式。稳态测试采用连续的旋转来施加应变或应力以得到恒定的剪切速率,在剪切流动达到稳态时,测量由于流体形变而产生的扭矩。瞬态测试是指通过施加瞬时应变(速率)或应力来测量流体的响应随时间的变化。动态测试主要指对样品施加振荡的应变或应力,测量样品响应的应力或应变,从而获得黏度和模量数据。振荡模式可以是共振频率下的自由振荡,也可以是固定频率下的正弦振荡。后者不仅获得模量对频率的依赖性,还可获得模量对应变或应力的依赖性。图 10-19 是采用稳态模式测定壳聚糖乳液的黏度随剪切速率的变化。

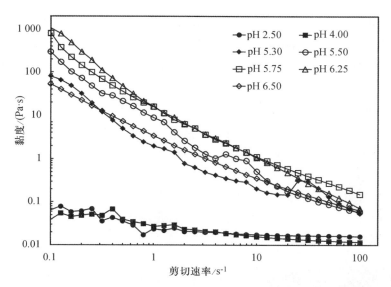

图 10-19　不同 pH 条件下，壳聚糖-肉桂醛乳液黏度随剪切速率的变化[8]

（文献引自 Hu et al.，2020，经版权所有 2020 Elsevier 许可使用，版权号：4971811291386）

10.4.2　光学法微流变仪

光学法微流变仪（micro-rheology）是一种研究软物质流变学的新兴技术，主要分析软物质在微纳米尺度的黏弹性特性。胶体属于软物质的一类，包括乳液、聚合物、悬浊液、凝胶、泡沫、分散剂等。传统机械流变仪会破坏软物质的结构，导致测量有误差或数据不真实。光学法微流变仪利用扩散波光谱可以测得样品静置时的黏弹性行为，实现无损检测。

10.4.2.1　测定原理

光学法微流变仪的测定采用了扩散波光谱（diffusion wave spectroscopy，DWS）技术，这是一项可以用于表征光学浑浊介质的现代化光散射技术。基于微流变学的 DWS 原理如图 10-20 所示。从 DWS 所采用的光路来分，DWS 可以选择背散射和前散射两种模式。在前散射模式下，在这种模式中仅分析穿透厚度为 L 的样品池之后的散射光。散射光强 $I(t)$ 随时间涨落，被相关器收集并得到强度相关函数（intensity correlation function，ICF）$g_2(\tau)$。在背散射模式下，检测器和入射光位于样品池同侧，仪器收集与背散射的散射光，并进行散射光强涨落的测量分析。

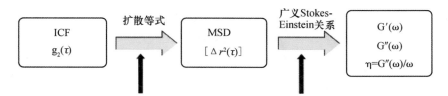

l^* 光子传播自由程；R 粒径，n 媒质折光指数；L 样品瓶厚度。

图 10-20　光学法微流变仪测定原理

测量时需要输入样品的折光指数 n、样品池的厚度 L 以及光子传播平均自由程 l^*。由均方根位移（MSD）通过广义的斯托克斯-爱因斯坦关系（Stokes-Einstein relation）可以推算出储存模量 $G'(\omega)$ 和损耗模量 $G''(\omega)$。在这一步，需要给出准确的示踪粒子尺寸 R，使储存模量 $G'(\omega)$ 和损耗模量 $G''(\omega)$ 标准化。

10.4.2.2　仪器组成

光学微流变仪主要由激光器、前散射和背散射模式下的检测器和数据处理系统组成（图10-21）。从 DWS 所采用的光路来分，DWS 可以选择背散射和前散射两种模式。在前散射模式下，在这种模式中仅分析穿透厚度为 L 的样品池之后的散射光。散射光强 $I(t)$ 随时间涨落，被相关器收集并得到强度相关函数（ICF）$g_2(\tau)$ 在背散射模式下，检测器和入射光位于样品池同侧，仪器收集与背散射的散射光，并进行散射光强涨落的测量分析。

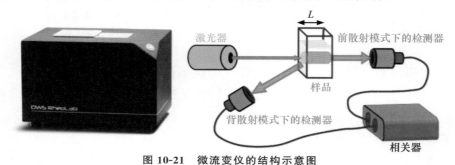

图 10-21　微流变仪的结构示意图

10.4.2.3　测定步骤及应用实例

将样品加入石英样品池中，然后放入仪器的样品槽。测量前，按仪器操作说明设置仪器参数，随后开始样品扫描，扫描的时间间隔可依据测定需求进行设置。经过扫描及软件换算，得到颗粒位移的变化曲线。依据测量的原始数据，软件能提供样品粒径、黏弹性参数，以及这些参数随时间的变化。该测量完全没有机械的剪切力，可以测量特别脆弱的样品，如弱凝胶、酸奶、乳液等，所得结果能反映样品的原始情况。图 10-22 为不同温度的 κ-卡拉胶均方根位移

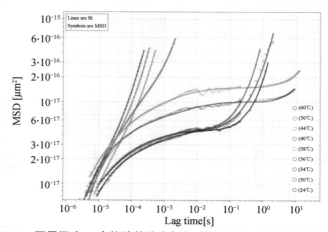

图 10-22　不同温度 κ-卡拉胶的均方根位移（MSD）与去相关时间的关系

（MSD）与去相关时间（lag time）的关系图，自上而下可以判断样品的弹性，自左而右可以判断其黏性。MSD 曲线可直观地反映样品的黏弹性行为，曲线的斜率与介质的黏度成正比。

10.5 稳定性

10.5.1 基于多重光散射的稳定性分析

以 Turbiscan 为例，它是一种可在较短时间内检测出样品聚集、絮凝、浮油及沉淀等失稳现象的仪器。

10.5.1.1 测定原理

Turbiscan 分析仪通过探头收集透射光和背散射光的数据，透射光检测器用于研究清澈透明的样品，背散射光检测器用于研究高浓度样品（图 10-23）。

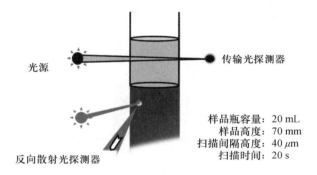

光源　　　传输光探测器

样品瓶容量：20 mL
样品高度：70 mm
扫描间隔高度：40 μm
扫描时间：20 s

反向散射光探测器

图 10-23　Turbiscan 中光的穿透方式

根据 Lambert-Beer 定律，透射光强度（T）与粒子的体积分数（φ）和平均粒径 d 的具体关系如下所示：

$$T(l, r_i) = T_0 \cdot e^{-\frac{2r}{l}}, \quad l(d, \varphi) = \frac{2d}{3\varphi Q_s} \tag{10-2}$$

式中，l 为光子平均自由程；r_i 为测量池的内径；T_0 为连续相的透光强度。

背散射光强度由样品的分散相浓度（即分散相体积分数）和粒子平均直径来决定，具体关系如下所示：

$$BS = \frac{1}{\sqrt{I^*}}, \quad I^*(d, \varphi) = \frac{2d}{3\varphi(1-g)Q_s} \tag{10-3}$$

式中，I^* 为光子的平均迁移路径；φ 为粒子的体积分数；d 为粒子的平均粒径；g 和 Q_s 为 Mie 理论常数，对特定的仪器，二者为常数。

当胶体体系出现不稳定现象时，体系内粒子的体积分数和粒径均发生改变，由以上公式可得出，背散射光和透射光强度也会发生相应变化。因此，可通过多次扫描所接收光强的偏差来判断样品中的粒径大小变化、粒子沉淀或上浮等情况。当样品浓度不变时，ΔBS（背散射光的变化值）或 ΔT（透光度的变化值）将直接反映样品中粒子随时间的变化规律。$\Delta BS(\Delta T)$ 越

小,胶体体系越稳定,反之稳定性较差。同时,也可以根据光强值的变化来计算样品的稳定情况,即不稳定性动力学指数 TSI。

$$TSI = \sum_i \frac{\sum_h |scan_i(h) - scan_{i-1}(h)|}{H} \tag{10-4}$$

式中,TSI 为不稳定性动力学指数,可用于判断样品的稳定性;$scan_i(h)$ 是样品 h 高度位置第 (i) 次扫描的背散射光强度;$scan_{i-1}(h)$ 是样品 h 位置第 $(i-1)$ 次扫描的背散射光强度;H 是样品整体高度。

10.5.1.2　仪器组成

基于多重光散射原理的 Turbiscan 分析仪(图 10-24),其组成包括光源、光检测器、样品室、记录和分析软件。光源为脉冲近红外光源($\lambda = 850\ nm$ 或 $\lambda = 880\ nm$)。两个同步光学探测器分别探测透过样品的透射光和被样品反射的反射光(偏离入射光 135°处),在无接触、无稀释和无扰动的条件下,对样品进行自下而上式地垂直扫描。所采集的数据信息可在空间与时间上反映样品体系的变化情况,判断其短期或长期稳定性,推测样品的不稳定性机制。

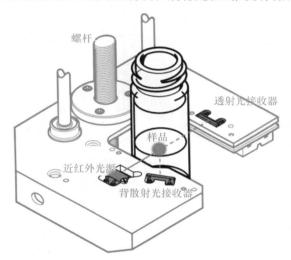

图 10-24　Turbiscan 分析仪组成结构示意图

10.5.1.3　测定步骤及应用实例

把待测样品装在一个圆柱形的样品槽中,而后设定测量参数。采用扫描模式进行测量,以样品测试室底部为坐标 0 点,光学探测头从低于样品测试室底部的 $-2\ mm$ 处起,沿样品测试室向上扫描,最大高度为 70 mm。每 $20\ \mu m$ 高度采集一次透射光和反射光数据。样品浓度最高可达 95%,粒子尺寸为 10 nm～1 mm,在 10 s 扫描一次或经一定时间连续扫描后,根据收集到的数据来判断样品的稳定情况。图 10-25 为样品的透射光和背散射光的变化图谱。

10.5.2　基于离心及近红外检测技术的稳定性分析

LUMiSizer 稳定性分析仪可连续记录样品透光率的动态变化行为。适用于配方稳定性及

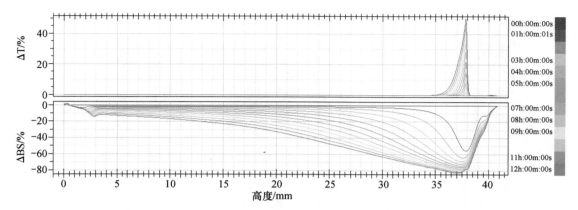

图 10-25　利用 Turbiscan 测量样品透射光及背散射光的情况

固-液、液-液分离过程的快速测定,记录与分析产品贮藏稳定性;预测样品的流变行为、粒径分布、粒子密度分析、键结、张力、黏着力等多元化应用。可用于多种类型的样品,如工业油品、泥浆、悬浮液、分散液、乳化液、泡沫液、胶体液等。

10.5.2.1　测定原理

LUMiSizer 稳定性分析仪采用 Stokes Law 离心方法和 Lambert-Beer Law 光学近红外检测技术,通过加速分层和量化沉淀、悬浮的方法快速测定胶体分散液的物理稳定性。LUMiSizer 稳定性分析仪可达到对整个样品测量区域的实时监测,用近红外光的折射、反射情况作为样品顶部和底部差异的指标,并以时间和位置为参数观察透光率变化情况。透光率高说明该位置样品较澄清,透光率低说明该位置样品较浑浊,通过观察整个测量区域的透光率变化情况可以推测样品的稳定性。将样品的透光率变化情况进行线性回归分析,可得到斜率值。斜率值越大,说明样品在离心过程中透光率变化越快,即样品稳定性越差。粒子移动受重力或离心力的驱动可以通过 Stokes 定律进行计算,从而推测体系的沉降、聚集、聚结等不稳定性机制:

$$V_T = \frac{2gr^2(\rho - \rho')}{9\eta} \tag{10-5}$$

式中,V 为样品的沉降速度;g 为重力加速度;r 为悬浮物颗粒半径;ρ 为悬浮颗粒密度;ρ' 为分散介质的密度;η 为分散介质的黏度。

10.5.2.2　仪器组成

LUMiSizer 稳定分析仪的组成包括光源、光检测器、样品池、离心系统、记录和分析软件等。光源配置有 3 种不同波长的光源(蓝光 420～450 nm、红光 620～780 nm、近红外光 780～1 500 nm),可同时观测分析样品的移动行为,测量 500 nm～300 μm 粒径的颗粒分布情况,实现重力环境下的样品测试。

10.5.2.3　测定步骤及应用实例

将样品装入特定的样品池,随后放入仪器的样品槽。在实验过程中,取胶体分散液约1.8 mL 均匀注射至样品试管底部,温度设定为 25 ℃,离心转速为 4 000 rpm,样品透光率特征线每 30 s 记录一次,共 255 次,最后的图谱见图 10-26,从红色到绿色的色标显示了测量顺序。

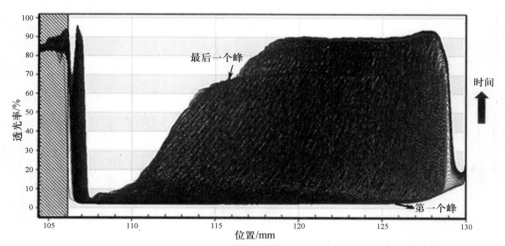

图 10-26　通过 LUMiSizer 分散分析仪收集的乳液透光率随测量时间变化的曲线[9]

（文献引自 Chen et al.，2016，经版权所有 RSC 许可使用）

10.5.3　界面流变仪

界面流变仪可用于测定稳定剂的界面张力、界面膜的黏弹性参数等。界面膜黏弹性是一种动态性质，可反映界面膜抗形变的能力，对胶体稳定性有重要影响。界面流变仪除了能间接反映胶体稳定性外，还能为胶体的界面特性提供信息。

10.5.3.1　测定原理

一定的频率和振幅下，使液滴按正弦规律周期性地压缩和扩张，在界面面积或体积发生变化的同时测定界面张力的变化。利用界面流变学分析技术，可以研究相界面在剪切和膨胀时形变和破坏的过程，进而获得相界面的黏弹特性、结构特征、内部分子间相互作用以及相界面的形成和稳定机制等信息。

以 Tracker 软件为例，该软件运用两个公式计算获取表/界面张力数据（图 10-27）：

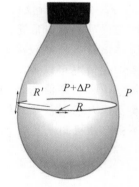

图 10-27　软件分析计算原理

（1）Young-Laplace 方程：

$$\Delta P = \gamma \left(\frac{1}{R} + \frac{1}{R'} \right) \tag{10-6}$$

式中，ΔP 为在界面上的某点在滴内外两边的压力差；γ 为界面张力；R、R' 分别为某点在界面上的曲率半径。

（2）界面上某点（M 点）平面流体静力方程：

$$2\pi x\gamma\sin\theta = V(\rho_h - \rho_l)g + \pi x 2\Delta P \tag{10-7}$$

式中，ΔP 为在界面上的某点在滴内外两边的压力差；g 为重力加速度；γ 为界面张力；V 为某点（M 点）平面下方的体积；ρ_h、ρ_l 分别为重、轻相的密度。

10.5.3.2 仪器组成

仪器主要由四大部分组成,即控制单元、液滴形成系统、摄像系统和电脑(图 10-28)。电动注射控制单元与微量注射器相连并带有卤灯光源,主要用于准确控制液滴的体积。液滴形成系统主要是控制液滴的形状,可以在水平和垂直方向上移动。摄像系统主要用于采集液滴外形图像,通过自动变焦可以获得清晰度很高的图像。在高速视频摄像系统采集液滴外形图像时,最大拍摄速度为 50 次/s。电脑主要用于存储、分析图像以及通过系统软件计算液滴的特征参数。

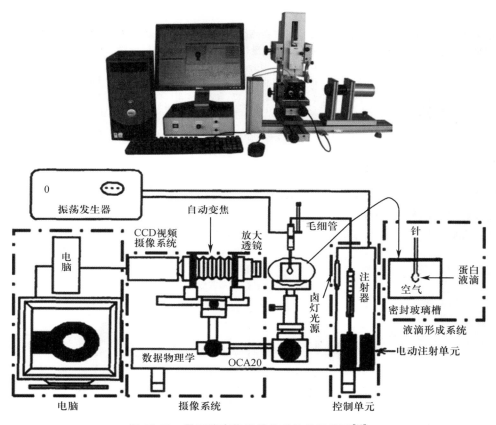

图 10-28 界面流变仪及其组成结构示意图[10]

10.5.3.3 测定步骤及应用实例

将溶液推入空气或油相中形成液滴下悬滴,或者在样品溶液中吹入气泡或油滴形成上悬滴,视频摄像系统(charge coupled device,CCD)连续记录气泡、油滴或液滴的外形图像,系统软件对图像进行数字化处理,然后通过对外形轮廓图像进行分析,计算界面张力。此外,加载正弦振荡等动态模式,CCD 视频摄像系统采集液滴外形图像的周期性变化,可获得表/界面张力、相角等参数的周期性变化,可进一步计算界面膜的黏弹性参数,如图 10-29所示。

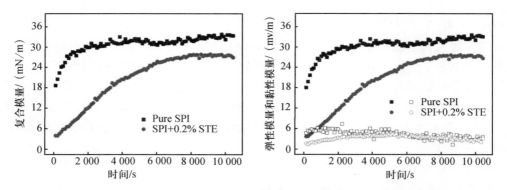

图 10-29 大豆分离蛋白(SPI)和大豆分离蛋白-甜菊糖苷(SPI-STE)复合体系的油水界面吸附层的扩张复合模量(E)、扩张弹性模量(E')和黏性模量(E'')随时间的变化。蛋白浓度恒定为 **0.1** *wt*%[11]

（文献引自 Wan et al.，2020，经版权所有 2020 Elsevier 许可使用，版权号:4971801103359）

10.6　构象特性

10.6.1　X射线衍射仪

　　X射线衍射技术(X-ray diffraction,XRD)是通过对材料进行 X 射线照射,分析其衍射图谱,从而获得材料的成分、内部原子或分子的结构或形态等信息。X 射线衍射分析法作为材料结构和成分分析的一种现代科学方法,已逐步在各学科研究和生产中被广泛应用,如图 10-30 所示。

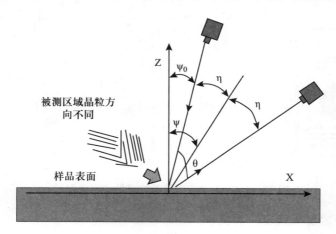

图 10-30　X射线衍射仪成像原理

10.6.1.1　测定原理

　　当 X 射线通过晶体时发生衍射,衍射波叠加的结果使射线的强度在某些方向上加强,在其他方向上减弱。分析在照相机底片上得到的衍射花样,利用 Bragg 方程可以获得晶体结构、晶格大小等信息。

$$2d\sin\theta = n\lambda$$

（10-8）

式中,d 为晶面间距,θ 为入射 X 射线与相应晶面的夹角,λ 为 X 射线的波长,n 为衍射级数。

10.6.1.2　仪器组成

X 射线衍射仪主要由 X 射线源、射线检测器和处理分析系统组成(图 10-31)。高稳定度 X 射线源提供测量所需的 X 射线,改变 X 射线管阳极靶材质可改变 X 射线的波长,调节阳极电压可控制 X 射线源的强度。射线检测器可检测衍射光的强度及方向,通过仪器测量记录系统或计算机处理系统可以得到多晶衍射图谱数据。现代 X 射线衍射仪都附带安装有专用衍射图处理分析软件的计算机系统,可实现自动化和智能化。

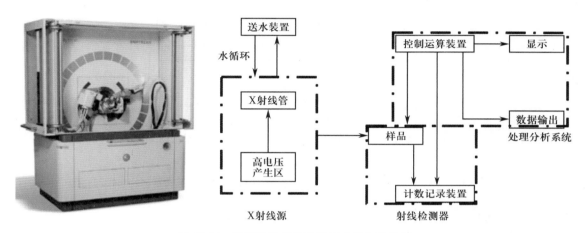

图 10-31　X 射线衍射仪及其组成结构示意图

10.6.1.3　测定步骤及应用实例

取少量样品粉末,用玻璃板压平于样品板的凹槽中,按照仪器操作程序,采集各样品粉末的 X 射线衍射原始图谱,并导入分析软件中,对图谱做平滑处理,得到川陈皮素粉末、空白海藻酸盐-Ca^{2+} 水凝胶、纳米乳液填充的水凝胶、负载 4.5 mg/mL 川陈皮素纳米乳液的水凝胶、负载 6.0 mg/mL 川陈皮素纳米乳液的水凝胶、负载 7.5 mg/mL 川陈皮素纳米乳液的水凝胶的分析图谱,如图 10-32 所示。

10.6.2　多角度激光光散射凝胶色谱仪(GPC-MALLS)

光散射技术在高分子分析领域的应用得到了快速发展,可用于测定大分子的重均绝对分子量、分子旋转半径与第二维利系数。将光散射技术与凝胶渗透分析技术(GPC-MALLS)联用还可测得分子量分布。GPC-MALLS 联用技术已成为测定聚合物分子量的一种非常有效的工具。该技术受聚合物结构及分子量的限制较小,操作非常简单,有较高的精度。与传统 GPC 相比,无须标样校正,无须建立标准曲线就能直接测出绝对分子量及其分布,因而受到越来越多的关注。

10.6.2.1　测定原理

当一束光通过介质时,其中一部分光偏离主要传播方向的现象,称为光散射。高分子溶液中高分子的重均分子量 M_w、均方根旋转半径 R、第二维利系数 A_2 与光散射的关系为:

$$K^* c/R(\theta) = 1/M_w[1+1/3q^2 \langle r_g^2 \rangle] + 2A_2 c \qquad (10\text{-}9)$$

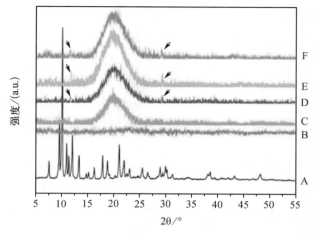

A. 川陈皮素粉末,B. 空白海藻酸盐-Ca^{2+}水凝胶,C. 纳米乳液填充的水凝胶,
D. 负载 4.5 mg/mL 川陈皮素纳米乳液的水凝胶,E. 负载 6.0 mg/mL 川陈皮
素纳米乳液的水凝胶,F. 负载 7.5 mg/mL 川陈皮素纳米乳液的水凝胶[12]。

图 10-32 不同样品的 XRD 图谱

（文献引自 Lei et al.,2017,经版权所有 2020 Elsevier 许可使用,版权号:4971810709260）

对上面公式进行齐姆图法作图,即 Zimm 图(图 10-33)。Zimm 图是将实验测得的不同浓度的溶液,在不同角度下的散射光强按照一定格式,在同一张图上分别作浓度外推和角度外推,构成一个栅格状图形,即利用 $K^*c/R(\theta)$ 对浓度 c 和散射光角度 θ 作图(图 10-33),从中可以得到高分子的分子量、第二维利系数及旋转半径等信息。当每一组相同 θ 的点外推至 $c=0$ 时,以 $K^*c/R(\theta)$ 对 $\sin^2(\theta/2)$ 作图,截距给出 $1/M_w$,斜率给出 R_g。当每一组相同 c 的点外推至 $\theta=0$ 时,以 $K^*c/R(\theta)$ 对 c 作图,斜率为 $2A_2$。

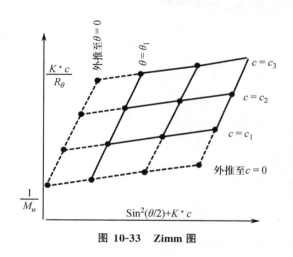

图 10-33 Zimm 图

10.6.2.2 仪器组成

GPC-MALLS 为凝胶渗透色谱与十八角激光散射仪联用系统(图 10-34),包括注射泵、注射器、色谱柱、MALLS 光度计、检测器。组件名称:Waters 515 单元泵,Wyatt-DAWN HELEOS 18 角度激光光散射仪,Wyatt-OPTILAB rEX 示差检测器(dn/dc 仪)和 ASTRA 5.3.1.5 激光光散射数据采集及处理软件。色谱柱:MZ GPC-PRECOLUMN 100 Å 10 μm、MZ-gel SDplus 500 Å 5 μm、MZ-gel SDplus Linear 10 μm,3 根柱子依次串联使用。

10.6.2.3 测定步骤及应用实例

样品在测定前先进行 dn/dc 值的测定,然后打开 GPC-HELEOS 联机软件模板并设好相关参数,输入 dn/dc 值,准备采集实验数据。接着打开示差检测器 PURGE 阀,用 THF 冲洗

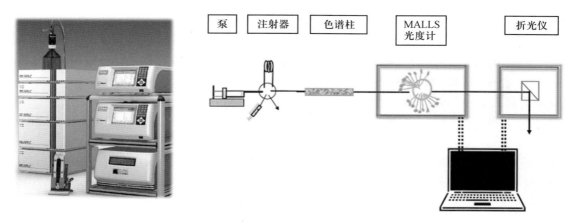

图 10-34 凝胶渗透色谱与十八角激光散射仪联用系统

平衡整个联用系统后,关闭示差检测器 PURGE 阀,清零后,开始运行数据采集。用手动进样器将样品溶液通过针头过滤器注入进样阀中,开始收集数据。最后用数据处理软件处理所收集的实验数据。数据处理主要步骤的流程为:定激光基线和示差基线,然后定激光峰和示差峰,最后运行软件,得到图谱,如图 10-35 所示,测量样品为葡甘露聚糖(YGM)。

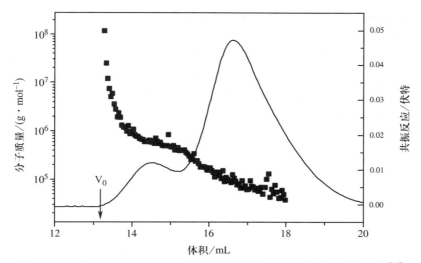

图 10-35 用 Hema-Bio column 研究葡甘露聚糖(YGM)的摩尔质量分布[13]

(文献引自 Ratcliffe et al.,2005,经版权所有 2005 American Chemical Society 许可使用)

❓ **思考题**

1. 在利用原子力显微镜表征样品时,对于刚性的材料和柔性的材料而言,我们该如何选择探针?

2. 在测定胶体尺寸时,我们可以采用光学技术,也可以采用显微镜技术。对于一种纳米粒子而言,当用 TEM 检测时,其粒径约为 200 nm;当用 DLS 检测时,其粒径约为 450 nm。请思考并解释该结果不同的原因。

■ 参考文献

［1］CHEN H L，McClements D J，CHEN E M，et al. In Situ interfacial conjugation of chitosan with cinnamaldehyde during homogenization improves the formation and stability of chitosan-stabilized emulsions ［J］. Langmuir，2017，33(51)：14608-14617.

［2］WAN J W，LI D，SONG R，et al. Enhancement of physical stability and bioaccessibility of tangeretin by soy protein isolate addition ［J］，Food Chem，2017，221：760-770.

［3］SUN G G，ZHAO Q F，LIU S L，et al. Complex of raw chitinnanofibers and zein colloid particles as stabilizer for producing stable pickering emulsions ［J］. Food Hydrocoll，2019，97：105178.

［4］BAO C，LIU B，LI B，et al. Enhanced transport of shape and rigidity-tuned alpha-lactalbumin nanotubes across intestinal mucus and cellularbarriers ［J］. Nano Lett，2020，20(2)：1352-1361.

［5］LIU Y，LIU B，LI D，et al. Improved gastric acid resistance and adhesive colonization of probiotics by mucoadhesive and intestinal targeted konjac glucomannan microspheres ［J］. Adv Funct Mater，2020，30：2001157.

［6］ADAMCIK J R. MEZZENGA R. Study of amyloid fibrils via atomic force microscopy ［J］. Curr Opin Colloid Interface Sci，2012，17：369-376.

［7］CHEN E M，CAO L Q，MCCLEMENTS D J，et al. Enhancement of physicochemical properties of whey protein-stabilized nanoemulsions by interfacial cross-linking using cinnamaldehyde ［J］. Food Hydrocoll，2012，77：976-985.

［8］HU J J，HUANG C Z，GONG A D，et al. Influence of pH on property and lipolysis behavior of cinnamaldehyde conjugated chitosan-stabilized emulsions ［J］. Int J Biol Macromol，2012，161：587-595.

［9］CHEN H L，JIN X，LI Y，TIAN J. Investigation into the physical stability of a eugenol nanoemulsion in the presence of a high content of triglyceride ［J］. RSC Adv，2016，6(93)：91060-91067.

［10］周春霞. 大豆蛋白在空气—水和油—水界面上的流变学研究［D］. 广州：华南理工大学，2006.

［11］WAN Z L，WANG L Y，WANG J M. Synergistic interfacial properties of soy protein-stevioside mixtures：Relationship to emul sionstability ［J］. Food Hydrocoll，2014，39：127-135.

［12］LEI L L，ZHANG Y Z，HE L L，et al. Fabrication of nanoemulsion-filled alginate hydrogel to control the digestion behavior of hydrophobic nobiletin ［J］. LWT，2017，82：260-267.

［13］RATCLIFFE I，WILLIAMS P A，VIEBKE C，et al. Physicochemical characterization of konjac glucomannan ［J］. Biomacromolecules，2005，6(4)：1977-1986.